全国高等职业教育计算机类规划教材·实例与实训教程系列

 湖南省职业院校教育教学改革研究项目成果教材

U0062737

Windows 程序设计（C#2.0）
实例教程

刘志成　宁云智　林东升　编著

電子工業出版社·

Publishing House of Electronics Industry

北京·BEIJING

内 容 简 介

《Windows 程序设计(C#2.0)实例教程》分析了软件行业程序员对 Windows 项目开发能力的需求，介绍了 C#语言的基础知识和基于 C#的数据库程序开发技术。全书通过 WebShop 电子商城后台管理系统的开发实践，按照实际的软件开发过程和开发规范，完整地介绍了应用 C#开发 C/S 数据库应用程序的各种知识和技能，主要内容包括 C#.NET 编程基础、面向对象编程技术、教学案例系统分析与设计、WebShop 后台登录界面的设计、WebShop 后台登录功能的实现、WebShop 用户管理模块的设计与实现、WebShop 商品管理模块的设计与实现、WebShop 订单管理模块的设计与实现、WebShop 系统管理模块的设计与实现、WebShop 后台主模块的设计与实现、WebShop 报表制作和 WebShop 电子商城后台系统的发布。

作者在多年开发经验与教学经验的基础上，紧跟软件技术的发展，根据软件行业程序员的岗位能力要求和学生的认知规律精心组织了本书内容。通过一个实际的"WebShop 电子商城"项目，遵循模块化的思想，以任务驱动的方式介绍了 C#.NET 中基本控件的使用和 ADO.NET 数据库访问技术等。同时，设计了"图书管理系统"供学生进行模仿实践。本书面向教学环节，适合"项目驱动、案例教学、理论实践一体化"的教学方法，讲述过程中将知识讲解和技能训练有机结合，融"教、学、练"于一体。为方便教学，提供配套教学资源包。

本书可作为高职高专软件技术、信息管理和电子商务等专业的教材，也可作为计算机培训班的教材及软件行业程序员自学者的参考书。

图书在版编目（CIP）数据

Windows 程序设计（C#2.0）实例教程 / 刘志成，宁云智，林东升编著. —北京：电子工业出版社，2010.8
全国高等职业教育计算机类规划教材·实例与实训教程系列
ISBN 978-7-121-11380-2

Ⅰ．①W… Ⅱ．①刘… ②宁… ③林… Ⅲ．①窗口软件，Windows—程序设计—高等学校：技术学校—教材 ②C 语言—程序设计—高等学校：技术学校—教材 Ⅳ．①TP316.7 ②TP312

中国版本图书馆 CIP 数据核字（2010）第 136650 号

策划编辑：左　雅
责任编辑：左　雅　　特约编辑：王鹤扬
印　　刷：北京市李史山胶印厂
装　　订：
出版发行：电子工业出版社
　　　　　北京市海淀区万寿路 173 信箱　邮编　100036
开　　本：787×1 092　1/16　印张：20.5　字数：524.8 千字
印　　次：2010 年 8 月第 1 次印刷
印　　数：4 000 册　定价：34.00 元

前　言

本书是湖南省职业院校教育教学改革研究项目（项目编号：ZJGB2009014）的研究成果，是国家示范性建设院校重点建设专业（软件技术专业）的建设成果，是实践环节系统化设计的实验成果。

在当前全球信息化浪潮中，数据库技术作为信息存储和信息处理的基础，在信息时代有着举足轻重的地位。目前，数据库及基于数据库技术的应用程序开发已经渗透到社会生活的各个领域，成为计算机应用领域重要的组成部分。Microsoft Visual C#是一种功能强大、使用简单的语言，Microsoft Visual Studio 2005 提供的开发环境使得 C#的优良特性更易于体现和应用。基于 C#.NET 既可以进行传统的 C/S 模式的应用程序开发，也可以进行基于 Web 的 B/S 模式的应用程序开发。虽然 Web 应用程序发展和普及的速度很快，但 C/S 模式的应用程序由于其开发速度快、安全性能高等特点在许多中小型企业的信息管理中仍得到广泛应用。C/S 模式的应用程序所拥有的模块化、可视化编程和事件驱动编程的特性，也一直为广大程序员所喜爱。

本书沿用在电子工业出版社已出版的《SQL Server 2005 实例教程》和《UML 建模实例教程》中使用的"WebShop 电子商城"项目，按照真实的软件开发中的模块化开发过程重构课程内容，将 C#.NET 的基本技术和真实项目中的子模块开发所需的技术进行系统分析，将基本控件的使用和 ADO.NET 数据库访问技术合理分解到实际项目的各模块中，在真实的应用场景中介绍 C#.NET 技术。同时通过"图书管理系统"的开发过程让学生进行同步练习，实现讲练结合。让学生通过这两个系统的完整的开发实践，掌握应用 C#语言进行 Windows 程序开发的知识和技能。本书的主要特点如下。

（1）基于 C#课程学习链路，准确定位课程。

根据软件行业 C#程序员的岗位能力的要求，设置了基于 C#的课程学习链路。该课程目标为培养 C#程序员的 Windows 项目开发能力，与该系列中的其他教材成为"C/S 系统"的支撑教材，从不同侧面讲解完整软件的开发技术。该课程在 C#程序员的课程链路中的位置如下图所示。

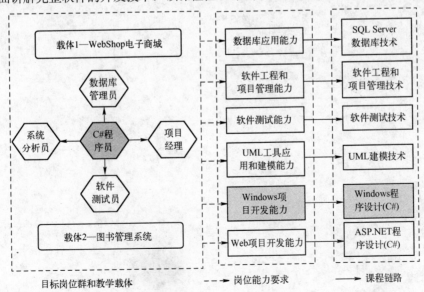

（2）以真实项目为中心，合理设置教学模块，重构课程内容。

基于"WebShop电子商城后台管理系统"开发实践，经过精心设计将项目分解为多个既独立又具有一定联系的程序模块。学生在完成各程序模块的开发过程中，掌握C#语言的基本知识和数据库编程的基本操作。

（3）面向教学环节，理论和实践融合，适合理论实践一体化教学。

面向教学环节，合理设计教材内容，基于点的实例和基于面的案例相结合。将教师的知识讲解和操作示范与学生的技能训练设计在同一教学单元和教学地点完成，融"教、学、练"于一体，体现"在做中学、学以致用"的教学理念。

本书由湖南铁道职业技术学院刘志成、宁云智、林东升编著，湖南铁道职业技术学院的陈承欢、彭勇、冯向科、翁健红、杨茜玲、薛志良、刘荣胜、李蓓蓓、唐丽玲参与了部分章节的编写，中软国际的向凤工程师、湖南株洲华通科技有限公司的左振宇高级工程师参与了教学案例的编写。电子工业出版社左雅老师对本书的编写提出了许多宝贵的意见。在此一并表示感谢，同时也感谢家人的支持。

本书适合作为高职高专软件技术、信息管理和电子商务等专业的教材，也可以作为培训教材使用。由于时间仓促以及编者水平有限，书中难免存在错误和疏漏之处，欢迎广大读者和同仁提出宝贵意见和建议。E-mail：liuzc518@163.com。

编著者

教学安排建议

序号	教学章节	课时	教学内容	
1	第1章	4	1.1 .NET 与 C#概述 1.1.1 .NET 概述 1.1.2 C#概述 【例1-1】创建一个简单的控制台程序 1.2 C#数据类型 1.2.1 数据类型概述 1.2.2 数据类型转换 【例1-2】使用数据类型 【课堂实践1】	1.3 常量与变量 1.3.1 变量和变量作用域 1.3.2 常量和const 关键字 【例1-3】根据指定的半径求圆的面积 1.3.3 标识符和关键字 1.3.4 运算符和表达式 【例1-4】使用表达式 【课堂实践2】
		4	1.4 字符串和数组 1.4.1 字符串 1.4.2 数组及应用 【例1-5】应用数组实现选择排序 【课堂实践3】 1.5 流程控制 1.5.1 if-else 选择结构 【例1-6】判断指定数的奇偶性 1.5.2 switch 选择结构 【例1-7】百分制成绩到五级制	1.5.3 for 和 for-each 循环结构 【例1-8】计算1到100的累加和 1.5.4 while 和 do-while 循环结构 【例1-9】猜数字游戏 1.5.5 跳转语句 【课堂实践4】 1.6 知识拓展——typeof 运算符
2	第2章	4	2.1 面向对象概述 2.1.1 面向对象的基本概念 2.1.2 面向对象的基本特性 【课堂实践1】 2.2 C#中的类与对象 2.2.1 类的声明 2.2.2 字段、方法和属性 2.2.3 对象的创建 【例2-1】编写描述学生的C#类	2.2.4 构造函数 【例2-2】使用构造函数 【课堂实践2】 2.3 继承与多态 2.3.1 继承 【例2-3】编写交通工具类和小汽车类 2.3.2 多态 【例2-4】编写绘画类 【课堂实践3】
		4	2.4 接口、委托和事件 2.4.1 接口 【例2-5】遥控器接口及实现 2.4.2 委托 【例2-6】实例化委托对象	2.4.3 事件 【课堂实践4】 2.5 知识拓展 2.5.1 名称空间 2.5.2 异常处理
3	第3章	4	3.1 WebShop 电子商城系统简介 3.2 电子商城需求分析 3.3 功能模块设计 3.4 数据库设计 3.5 图书管理系统功能介绍	

序号	教学章节	课时	教学内容	
7	第 7 章	4	7.1 技术准备 　　7.1.1　ListBox 控件 　【例 7-1】简易点菜单 　　7.1.2　DataAdapter 类 　　7.1.3　DataSet 类 　【例 7-2】使用 DataSet 进行登录验证 　【课堂实践 1】	7.1.4　ComboBox 控件 　【例 7-3】组合框数据绑定 　　7.1.5　DateTimePicker 控件 　　7.1.6　Timer 组件 　【例 7-4】简易备忘录 　【课堂实践 2】
		4	7.2 商品管理功能的实现 　　7.2.1　界面设计 　　7.2.2　功能实现 　　7.2.3　通用数据库访问类 7.3 添加/修改商品功能的实现 　　7.3.1　界面设计	7.3.2　功能实现 　【课堂实践 3】 7.4 知识拓展 　　7.4.1　MonthCalendar 控件 　　7.4.2　App.config 文件
8	第 8 章	4	8.1 技术准备 　　8.1.1　DataGridView 控件 　【例 8-1】数据源向导 　【例 8-2】查询商品信息 　【课堂实践 1】 　　8.1.2　BindingSource 类	8.1.3　BindingNavigator 控件 　【例 8-3】订单详情导航 　　8.1.4　存储过程的调用和 　　　　　　SqlParameter 　【例 8-4】调用存储过程查询商品 　【课堂实践 2】
		4	8.2 订单管理功能的设计与实现 　　8.2.1　界面设计 　　8.2.2　数据访问层的实现 　　8.2.3　功能实现 8.3 知识拓展	【例 8-5】DataGridView 分页显 　　　　　　示信息 　【课堂实践 3】 　　8.3.1　使用 sa 用户连接数据库 　　8.3.2　WebBrowser 控件
9	第 9 章	4	9.1 技术准备 　　9.1.1　OpenFileDialog 　　9.1.2　I/O 流类 　【例 9-1】打开文本文件 　　9.1.3　SaveFileDialog 　【例 9-2】保存文件 　　9.1.4　ProgressBar 控件 　【例 9-3】倒计时器 　【课堂实践 1】 9.2 数据备份/恢复功能的设计与实现 　　9.2.1　界面设计	9.2.2　功能实现 　【课堂实践 2】 9.3 数据导入/导出功能的设计与实 　　现 　　9.3.1　界面设计 　　9.3.2　功能实现 9.4 知识拓展 　　9.4.1　ColorDialog 　　9.4.2　FolderBrowserDialog 　　9.4.3　FontDialog 　　9.4.4　文件操作 　【例 9-4】自动备份
10	第 10 章	4	10.1 技术准备 　　10.1.1　MenuStrip 控件 　　10.1.2　StatusStrip 控件 　【例 10-1】使用状态栏 　　10.1.3　ToolStrip 控件 　【课堂实践 1】 　　10.1.4　MDI 窗体与 SDI 窗体	【课堂实践 2】 10.2 后台主界面的设计与实现 　　10.2.1　界面设计 　　10.2.2　功能实现 10.3 知识拓展 　　10.3.1　TreeView 控件 　　10.3.2　ListView 控件

序号	教学章节	课时	教 学 内 容	
			【例10-2】使用多文档窗口	
11	第11章	4	11.1 水晶报表基础知识 　11.1.1 水晶报表简介 　11.1.2 水晶报表设计器（Crystal Report）环境介绍 11.2 水晶报表数据源和数据库的操作 　11.2.1 水晶报表的数据源 　11.2.2 报表数据的"拉"模式和"推"模式	11.2.3 CrystalReportViewer 控件 【例11-1】使用拉模式访问 SQL Server 数据库 【课堂实践1】 【例11-2】使用推模式访问 SQL Server 数据库 【例11-3】制作图表报表 【课堂实践2】
12	第12章	4	12.1 发布应用程序 　12.1.1 新建安装项目 　12.1.2 配置基本安装选项 　12.1.3 使用特殊文件夹 　12.1.4 生成安装文件 【课堂实践1】	12.2 C/S 应用程序安全 【例12-1】使用 MD5 加密 【例12-2】限制软件试用次数 【例12-3】设计软件注册程序 【课堂实践2】
合计		76		

 【提示】

（1）具体教学内容，请根据实际教学情况酌情进行增减。

（2）建议课堂教学全部在多媒体机房内完成，以实现"讲-练"结合。

（3）建议课堂教学以4个学时为一个教学单元，以实现多次"讲-练"循环。如果条件不允许，也可以2个学时为一个教学单元（每章节中【课堂实践】作为2学时教学单元的结束点）。

目　　录

第 1 章　C#.NET 编程基础

学习目标

本章主要讲述 C#.NET 的数据类型、常量与变量、字符串和数组、流程控制结构。通过本章的学习，读者应能了解 C#的基本语法和常见程序流程控制结构，能应用 C#语言编写简单的控制台程序。本章的学习要点包括：

- C#常用数据类型及其转换；
- C#变量的类型、定义和作用范围；
- C#常量的定义和使用；
- 字符串的基本操作；
- 数组的定义和使用；
- 顺序结构、选择结构和循环结构的简单编程。

教学导航

本章主要介绍 C#的基础语法，为后续的学习奠定语言基础。本章主要内容及其在 C# Windows 程序开发技术中的位置如图 1-1 所示。

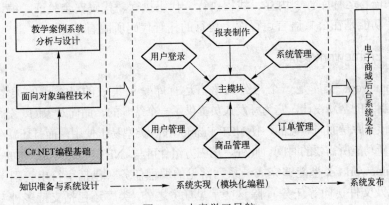

图 1-1　本章学习导航

1.1　.NET 与 C#概述

1.1.1　.NET 概述

1. .NET 定义

.NET 技术是微软公司推出的一个全新概念，它代表了一个集合、一个环境和一个可以支持下一代 Internet 编程的平台。.NET 的目的就是将互联网作为新一代操作系统的基础，对互联网的设计思想进行扩展，使用户在任何地方、任何时间、利用任何设备都能访问所需要的信息、文件和程序。.NET 平台包括.NET 框架和.NET 开发工具等多个组成部分。.NET 框架（Framework）是整个开发平台的基础，包括公共语言运行库和.NET 类库。.NET 开发工具包括 Visual Studio.NET 集成开发环境和.NET 编程语言。.NET 编程语言包括 Visual Basic、Visual C++和 Visual C#等用来创建运行在公共语言运行库（Common Language Runtime，CLR）上的应用程序。.NET 框架结构如图 1-2 所示。

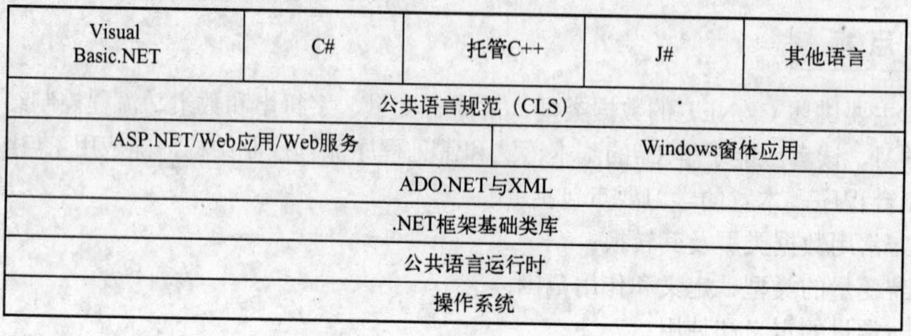

Visual Basic.NET	C#	托管C++	J#	其他语言
公共语言规范（CLS）				
ASP.NET/Web应用/Web服务			Windows窗体应用	
ADO.NET与XML				
.NET框架基础类库				
公共语言运行时				
操作系统				

图 1-2　.NET 框架结构

2．公共语言运行库

公共语言运行库是 .NET Framework 的基础。可以将运行库看成一个在执行时管理代码的代理，它提供核心服务（如内存管理、线程管理和远程处理），而且还强制实施严格的类型安全以及可确保安全性和可靠性的其他形式的代码准确性。事实上，代码管理的概念是运行库的基本原则。以运行库为目标的代码称为托管代码，而不以运行库为目标的代码称为非托管代码。公共语言运行库管理内存、线程执行、代码执行、代码安全验证、编译以及其他系统服务。这些功能是在公共语言运行库上运行的托管代码所固有的。

3．.NET Framework 类库

.NET Framework 类库是一个与公共语言运行库紧密集成的可重用的类型集合，是对 Windows API 封装的全新设计，它为开发人员提供了一个统一的、面向对象的、分层的和可扩展的庞大类库。该类库是面向对象的，使.NET Framework 类型易于使用，而且还减少了学习.NET Framework 的新功能所需要的时间。此外，第三方组件可与 .NET Framework 中的类无缝集成。

.NET Framework 类型能够完成一系列常见的编程任务（包括字符串管理、数据收集、数据库连接以及文件访问等任务）。除这些常见任务之外，类库还包括支持多种专用开发方案的类型。例如，可使用 .NET Framework 开发下列类型的应用程序和服务：

- 控制台应用程序；
- Windows GUI 应用程序（Windows 窗体）；
- ASP.NET 应用程序；
- XML Web 服务；
- Windows 服务。

【提示】

- 本书第 1 章、第 2 章主要介绍控制台应用程序；
- 本书主要以 WebShop 电子商城后台管理系统为例介绍 Windows 应用程序的开发。

1.1.2　C#概述

1．C#及其特点

C#是微软公司在 2000 年 7 月发布的一种全新、简单、安全、面向对象的程序设计语言，是专门为.NET 的应用而开发的语言。它吸收了 C++、Visual Basic、Delphi、Java 等语言的优点，体现了当今最新的程序设计技术的功能和精华。C#继承了 C 语言的语法风格，同时又继承了 C++的面向对象特性。不同的是，C#的对象模型已经面向 Internet 进行了重新设计，使用的是.NET 框架的类库；C#不再提供对指针类型的支持，使得程序不能随便访问内存地址空间，从而更加健壮；C#不再支持多重继承，避免了以往类层次结构中由于多重继承带来的不可预测的后果。.NET 框架为 C#提供了一个强大的、易用的、逻辑结构一致的程序设计环境。同时，公共语言运行时（Common Language Runtime）为 C#程序语言提供了一个托管的运行时环境，使程序比以往更加稳定、安全。其特点有：

- 语言简洁；
- 保留了 C++的强大功能；
- 快速应用开发功能；
- 语言的自由性；
- 强大的 Web 服务器控件；
- 支持跨平台；
- 与 XML 相融合。

2．C#与 C++的比较

C#对 C++进行了多处改进，主要区别如下：

- 编译目标：C++代码直接编译为本地可执行代码，而 C#默认编译为中间语言（IL）代码，执行时再通过 Just-In-Time 将需要的模块临时编译成本地代码；
- 内存管理：C++需要显式地删除动态分配给堆的内存，C#采用垃圾回收机制自动在合适的时机回收不再使用的内存；
- 指针：C++中大量地使用指针，而 C#使用对类实例的引用，如果确实想在 C#中使用指针，必须声明该内容是非安全的；
- 字符串处理：C#中字符串是作为一种基本数据类型来对待的，因此比 C++中对字符串的处理要简单得多；
- 库：C++依赖于以继承和模板为基础的标准库，C#则依赖于.NET 基库；
- C++允许类的多继承，而 C#只允许类的单继承，而通过接口实现多继承。

在后面的学习中会发现，C#与 C++相比还有很多不同和改进之处，包括一些细节上的差别，这里就不一一列举了。

【例 1-1】创建一个简单的控制台程序

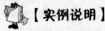 【实例说明】

该实例说明了 C#控制台程序的编写、编译和运行的基本步骤：

（1）可以使用普通的文本编辑器（记事本等）完成 C#程序的编写；

（2）进入 Visio Studio 2005 命令提示符状态；

（3）使用 CSC 命令完成 C#程序的编译；

（4）直接运行编译后的 exe 文件即可完成程序的运行。

程序运行后，显示欢迎信息，如图 1-3 所示。

【程序实现】

（1）编写程序。启动"记事本"程序，编写程序，其程序结构如图 1-4 所示。

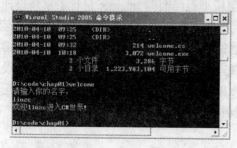

图 1-3　Welcome 程序运行结果

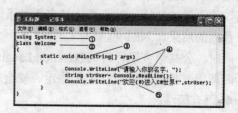

图 1-4　Welcome.cs 程序结构

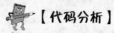**【代码分析】**

① 程序中的第一行语句"using System;"的作用是导入命名空间（System 是.NET 框架提供的最基本的命名空间之一），该语句类似于 C 和 C++中的#include 命令。导入命名空间之后，就可以自由使用其中的元素了。

② class 为定义类的关键字，类的名称为 Welcome。C#程序的基本单位是类。

③ 程序中的语句"static void Main(string[] args);"为类 Welcome 声明了一个主方法（Main 关键字中的首字母要大写）。在 C#程序中，程序的执行总是从 Main()方法开始的，一个程序只能包含一个主方法。

④ Console 是 System 命名空间中包含的系统类库中已定义的一个类。利用该类的 ReadLine()和 WriteLine()方法可以进行输入输出。

⑤ {0}代替 WriteLine 方法的参数表中紧随格式串后的第一个变量。

（2）保存文件。保存所编写的程序到指定的文件夹（如 d:\code\chap01\Demo1_1），文件名为 welcome.cs（扩展名指定为.cs），如图 1-5 所示。

【提示】

● 保存文件名的扩展名为.cs；

● 文件名使用引号括起来，否则默认的文件扩展名为.txt；

● 本书中的所有实例程序保存在 d:\code\chapX\DemoX_Y 文件夹中，其中 X 表示章序号，Y 表示章中的实例序号。

（3）进入 Visio Studio 2005 命令提示状态。Visual Studio 2005 提供了"命令提示"方式来编译程序，依次选择 "开始"→"程序"→"Microsoft Visual Studio 2005" →"Microsoft Visual Tools" →"Visual Studio 2005 命令提示"，打开"Visio Studio 2005 命令提示"对话框，再进入保存 C#程序的文件夹（d:\code\chap01），如图 1-6 所示。

图 1-5 "另存为"对话框

图 1-6 Visual Studio.NET 开发环境

【提示】

● 必须通过以上方式进入到 Visio Studio 2005 命令提示状态,如果选择"开始"→"程序"→"附件"→"命令提示符"进入命令提示符状态,运行 CSC 程序时将会出错;

（4）编译程序。在 Visio Studio 2005 命令提示状态下，输入以下命令即可编译 welcome.cs 程序。

```
csc welcome.cs
```

如果程序编译正确，将会显示 csc 编译器的相关信息，如图 1-7 所示。

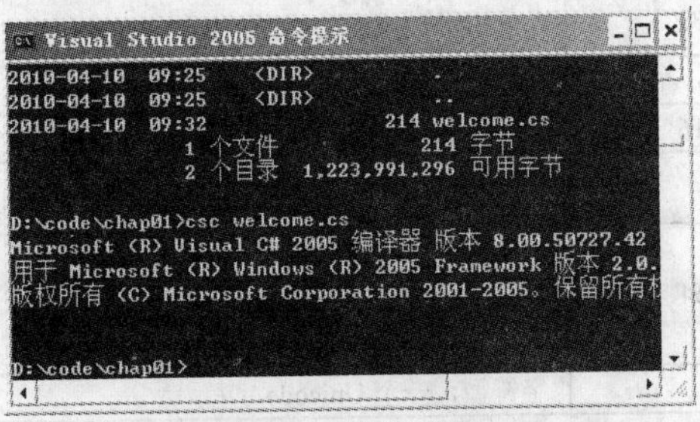

图 1-7 编译程序

（5）运行程序。C#程序编译成功后，将会生成可运行的 exe 文件（可以输入 DIR 命令查看到文件），在命令提示符下输入文件名即可执行程序。Welcome 程序运行结果如图 1-3 所示。

1.2 C#数据类型

1.2.1 数据类型概述

1. C#语言中的数据类型划分

C#语言的数据类型按内置和自定义划分，有内置类型和构造类型，如图 1-8 所示。内置类型是 C#提供的、无法再分解的一种具体类型。每种内置类型都有其对应的公共语言运行库类型（或称为.NET 数据类型）。构造类型是在内置类型基础上构造出来的类型。表 1-1 列出了 C#包含的内置类型。

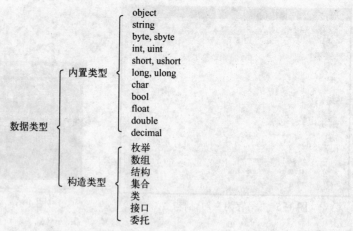

图 1-8 按内置和自定义划分的类型

表 1-1 内置数据类型

C#类型	.NET 类型	说　明	示　例
object	System.Object	所有其他类型的基类型	object obj=null;
string	System.String	字符串类型，Unicode 字符序列	string s="hello";
sbyte	System.Sbyte	8 位有符号整型	sbyte val=12;
byte	System.Byte	8 位无符号整型	short val=12;
int	System.Int32	32 位有符号整型	int val=12;
uint	System.UInt32	32 位无符号整型	uint val1=12; uint val2=32U;
short	System.Int16	16 位有符号整型	short val1=12;
ushort	System.UInt16	16 位无符号整型	ushort val1=12;
long	System.Int64	64 位有符号整型	long val1=12; long val2=12L;

ulong	System.UInt64	64 位无符号整型	ulong val1=23;
			ulong val2=23U;
			ulong val3=56L;
			ulong val4=78UL;

char	System.Char	字符型，一个 Unicode 字符	char val='h';
bool	System.Boolean	布尔型，值为 true 或 false	bool val1=true; bool val2=false;
float	System.Float	32 位单精度浮点型，精度为 7 位	float val=12.3F;
double	System.Double	64 位双精度浮点型，精度为 15～16 位	double val=23.12D;
decimal	System.Decimal	128 位小数类型，精度为 28～29 位	decimal val=1.23M;

C#语言的数据类型按数据的存储方式划分，有值类型和引用类型，如图 1-9 所示。值类型在其内存空间中包含实际的数据，而引用类型中存储的是一个指针（地址），该指针指向存储数据的内存位置。值类型的内存开销小，访问速度快，但是缺乏面向对象的特征；引用类型的内存开销大（在堆上分配内存），访问速度稍慢。

2. 值类型

各种值类型总是含有对应该类型的一个值。当把一个值赋给一个值类型时，实际上是该值被复制

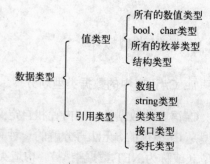

图 1-9 按数据的存储方式划分的类型

了。而对于引用类型，仅是引用被复制了，而实际的值仍然保留在相同的内存位置。C#的值类型有以下几种：

- 简单类型（Simple types）；
- 枚举类型（Enumeration types）；
- 结构类型（Structure types）。

C#的简单类型具有如下特性：第一，它们都是.NET 系统类型的别名；第二，由简单类型组成的常量表达式仅在编译时而不是运行时受检测；最后，简单类型可以按字面被初始化。C#简单类型包括整数类型、布尔类型、字符类型（整型的一种特殊情况）、实数类型以及枚举类型。

1）整数类型

C#中定义了 8 种整数类型，包括字节型（sbyte）、无符号字节型（byte）、短整型（short）、无符号短整型（ushort）、整型（int）、无符号整型（uint）、长整型（long）、无符号长整型（ulong）。表示方法有：

- 十进制整数　如：123，– 456，0。
- 十六进制整数　以 0x 或 0X 开头，如：0x123 表示十进制数 291，– 0X12 表示十进制数–18。
- 无符号整数　可以用正整数表示无符号数，也可以在数字的后面加上 U 或 u，如 125U。
- 长整数　可以在数字的后面加上 L 或 l，如 125L。

2）实数类型

有三种实型：float、double、decimal。其中 double 的取值范围最广，decimal 取值范围其次，但它的精度高。实型数据的表示形式有：

- 十进制数形式　由数字和小数点组成，且必须有小数点，如：0.123，1.23，123.0。
- 科学计数法形式　如：123e3 或 123E3。
- float 型的值　在数字后加 f 或 F，如：1.23f。
- double 型的值　在数字后加 D 或 d，如：12.8d。
- decimal 型的值　在数字后加 M 或 m，如：99.2m。

3）字符类型

字符型变量类型为 char，它在机器中占 16 位，其范围为 0～65535，每个数字代表一个 Unicode 字符。字符一般是用单引号括起来的一个字符，如'a', 'A'，也可以写成转义字符、十六进制转换码或 Unicode 表示形式。此外，整数也可以显式地转换为字符。

4）布尔类型

布尔型数据只有 true 和 false 两个值，且它们不对应于任何整数值，在内存中占用 4 个字节。与 C 和 C++相比，在 C#中，true 值不再为任何非零值。

5）枚举类型

枚举（enum）是值类型的一种特殊形式，它从 System.Enum 继承而来，并为基础类型的值提供替代名称。枚举类型有名称、基础类型和一组字段。基础类型必须是一个除 char 类型外的内置的有符号（或无符号）整数类型（如 Byte、Int32 或 UInt64）。

enum 关键字用于声明枚举类型，基本格式如下：

[修饰符]　enum 枚举类型名[:基类型]　{ 由逗号分隔的枚举数标识符 } [;]

枚举元素的默认基础类型为 int。默认情况下，第一个枚举数的值为 0，后面每个枚举数的值依次递增 1。例如：

```
enum WeekDay {Sun,Mon,Tue,Wed,Thu,Fri,sat};//Sun 为 0,Mon 为 1,Tue 为 2,…
enum WeekDay {Mon=1,Tue,Wed,Thu,Fri,Sat,Sun};  //第一个成员值从 1 开始
enum MonthDays {January=31,February=28,March=31,April=30};//指定值
```

在定义枚举类型时，可以选择基类型，但可以使用的基类型仅限于 long、int、short 和 byte。

6）结构类型

结构类型是用户自己定义的一种类型，它是由其他类型组合而成的，可包含构造函数、常数、字段、方法、属性、索引器、运算符、事件和嵌套类型的值类型。结构在几个重要方面不同于类：结构为值类型而不是引用类型，并且结构不支持继承。

结构类型主要用于创建小型的对象，如 Point 和 FileInfo 等。这样可以节省内存，因为没有如类对象所需的那样有额外的引用产生。

struct 关键字用于声明枚举类型，基本格式如下：

```
struct 结构类型名
{
    成员声明;
}
```

下面的例子中包含一个命名为 IP 的简单结构，它表示一个使用 byte 类型的 4 个字段的 IP 地址。

```
using System;
struct IP
{
    public byte b1,b2,b3,b4;
}
```

3. 引用类型

和值类型相比，引用类型不存储它们所代表的实际数据，但它们存储实际数据的引用。在 C#中引用类型主要包括 object 类型、类、接口、string 类型、数组以及委托。这里先简单介绍一下 object，其他内容在后续的章节中介绍。

object 类是所有类的基类，C#中所有的类型都是直接或间接地从 object 继承而来。因为它是所有对象的基类，所以可把任何类型的值赋给它，例如，将一个整型赋值给 object。

```
object obj = 123;
```

1.2.2 数据类型转换

数据类型转换就是指相互兼容的数据类型之间数值的相互转换。例如，将一个整数类型变量，赋值给一个双精度类型变量；或将一个双精度类型变量赋值给一个整数类型变量。数据类型转换有隐式转换和显示转换两种。

1. 隐式转换

隐式转换是指数据类型值之间转换不需强制类型说明就可以进行。如：

```
short a = 4;s
int b = a;
```

显然，short 型的值转换到 int 型不会有数据丢失。如果反过来，则不行。如：

```
int a = 4;
```

```
short b = a;  //出错，int 型无法转换到 short 型
```
语句会出错。int 型数据长，short 型数据短，会存在数据丢失，无法转换到 short 型。但显然 4 的值没有超出 short 型的表示范围，如果丢失一些无用信息就可以转换了。要达到这一目的就要用到显式转换。下面是一些常用的基本数据类型隐式转换的途径：

byte→short

char → int→ long

float → double

int →float

long → double

隐式转换可能在多种情形下发生，包括调用方法和赋值等。预定义的隐式转换见表 1-2。

表 1-2　C#数据类型隐式转换表

源　类　型	目　的　类　型
sbyte	short, int, long, float, double 或 decimal
byte	short, ushort, int, uint, long, ulong, float, double 或 decimal
short	int, long, float, double 或 decimal
ushort	int, uint, long, ulong, float, double 或 decimal
int	long, float, double 或 decimal
uint	long, ulong, float, double 或 decimal
long	float, double 或 decimal
char	ushort, int, uint, long, ulong, float, double 或 decimal
float	double
ulong	float, double 或 decimal

2. 显式转换

显式转换是指数据类型值之间转换需要通过强制类型说明才可以进行。如：

```
int a = 4;
short b = a;  //出错，int 型无法转换到 short 型
```

会出错，需要修改为：

```
int a = 4;
short b = (short)a;//使用（short）先将 a 的值转换成 short 型再赋值给 b
```

含义是用（short）先将 a 的值转换成 short 型，如果 a 的值超出了 short 范围，也可以执行，但会丢失超出的数据信息。如：

```
int a=65539;
short b = (short)a; //65539 超出 short 型的取值范围-65536 至+65535
```

执行以后 b 的值为 2，显然丢失了有效信息。这是程序开发人员不希望的。这可能会导致程序的严重错误。这时可用 checked 运算符解决这一问题。程序如下：

```
int a=65539;
short b = checked((short)a); //程序会报错，提示出现溢出
```

运算符 checked 用于控制整型算术运算和转换的溢出检查。

兼容的数据类型之间相互转换需要显式转换的情况见表 1-3。

表 1-3　C#数据类型显示转换表

源 类 型	目 的 类 型
sbyte	byte，ushort，uint，ulong 或 char
byte	sbyte 或 char
short	sbyte，byte，ushort，uint，ulong 或 char
ushort	sbyte，byte，short 或 char
int	sbyte，byte，short，ushort，uint，ulong 或 char
uint	sbyte，byte，short，ushort，int 或 char
long	sbyte，byte，short，ushort，int，uint，ulong 或 char
ulong	sbyte，byte，short，ushort，int，uint，long 或 char
char	sbyte，byte 或 short
float	sbyte，byte，short，ushort，int，uint，long，ulong，char 或 decimal
double	sbyte，byte，short，ushort，int，uint，long，ulong，char，float 或 decimal
decimal	sbyte，byte，short，ushort，int，uint，long，ulong，char，float 或 double

【例 1-2】使用数据类型

【实例说明】

该实例主要用来演示 C#基本数据类型的使用及其转换。程序运行后，要求输入一个字符，程序判断输入字符是否为字母，并显示程序中相关运算后的结果，如图 1-10 所示。

【程序实现】

图 1-10　【例 1-2】运行结果

打开记事本，编写程序如下，并将文件保存到 d:\code\chap01\Demo1_2 文件夹中，文件名为 MixedTypes.cs。

【例 1-2】 MixedTypes.cs

```
1  using System;
2  public class MixedTypes
3  {
4    static void Main(string[] args)
5    {
6        int x;
7        bool b;
8        float y=6.5f;
9        short z=5;
10       double v=1.5E+2;
11       char c;
12       Console.WriteLine("请输入一个字符:");
13       c=(char)Console.Read();
14       b=char.IsLetter(c);
15       x=c;
16       if (b)
17           Console.WriteLine("您刚才输入的为字母!");
18       Console.WriteLine("x 的值为:{0}",x);
```

```
19        Console.WriteLine("加 x 的和为:{0}",x+y+z+v);//结果为 double 类型
20        Console.WriteLine("加 c 的和为:{0}",c+y+z+v);//结果为 double 类型
21    }
22  }
```

【代码分析】

- 第 6~11 行: 声明变量;
- 第 12 行: 从键盘输入一个字符;
- 第 13 行: 将从键盘输入的内容（字符串类型）强制转换为字符型;
- 第 14 行: 利用 char.IsLetter 方法判断输入的字符是否为字母，并将判断结果保存在布尔变量 b 中;
- 第 15 行: 将 c 赋值给 x（进行隐式转换）;
- 第 17~20 行: 输出相关内容。

【提示】

- 字符型变量在表达式中可以作为整型变量参与运算;
- 算术运算过程中，会完成数据的隐式转换。

课堂实践 1

1. 操作要求

（1）编写一个显示"欢迎来到湖南铁道职业技术学院"的程序。

（2）通过程序实例，小组讨论 C#程序和 C++程序或 Java 程序的区别。

2. 操作提示

（1）重复 C#程序编写、编译和执行的过程。

（2）尽可能理解 C#程序的结构。

1.3 常量与变量

变量和常量是程序设计中常用的存储数据的单元，变量是程序运行过程中其值可以改变的量；常量是程序运行过程中固定的不能再改变的量。变量必须先定义后使用，这是因为变量没有定义，就没有存储变量内容的空间。任何没有定义就使用的变量，在程序编译时都会出错。

这里的变量和常量是指在方法中定义，只在定义的位置开始至所在语句块结束位置的区域内有效的量。在方法外也可以定义变量和常量，这些量被称为类的数据成员，有关类的数据成员可参阅第 2 章的有关内容。

1.3.1 变量和变量作用域

1. 变量

简单地讲，变量是指在方法中其值可以被改变的量。在 C#语言中，变量定义的基本格式:

[访问修饰符] 数据类型 变量名 [= 变量值];

其中，中括号"[...]"表示可选项。例如：

```
int a=4;     //int 是整数类型
double b=7; //double 是双精度类型
int c;
c=12;
```

【提示】

● 在 C#程序中，变量在使用前必须初始化；
● 如果没有显式地进行初始化，在默认状态下会给变量一个最简单的值。如整数类型其
  值默认为 0。

2. 变量的作用域

C#是完全面向对象的程序设计语言，变量必须在类的内部进行声明。但类的内部（类体）
可以有各种语句块，如方法体、分支语句块、循环体等。在语句块内部又可以再有语句块。
每一语句块都可以声明所需的变量。变量的作用域就是指声明的变量的作用范围。

C#规定变量的作用域是从声明它的位置直至语句块结束，并在它的下一级的语句块中也
有效。语句块执行完后变量不再存在，内存空间被释放。例如：

```
int i = -5;
{   //大括号对内为一个语句块
    int j = 2;
    if(j>0)  //if 分支语句，当逻辑表达的值为真（true）时执行分支语句体
    {
        int k = 3;
        Console.WriteLine("i={0}  j={1}  k={2}",i,j,k);
          //将 i 值、j 值、k 值分别写到{0},{1},{2}
    }
    Console.WriteLine("i={0} j={1}",i,j);
    //Console.WriteLine("i={0} j={1} k={2}",i,j,k);  //该句出错，k 变量不存在了
}
Console.WriteLine("i={0}",i);
//Console.WriteLine("i={0}  j={1}  k={2}",i,j,k);  //该句出错，j 变量不存在了
```

再如：

```
int m = 5;
for(int i=0;i<4;i++) //循环语句，i 从 0 开始每次增 1，至 4 结束循环，i 在循环体外无效
{
    int m = m + 1;  //定义变量 m 出错，因为在外层变量 m 的作用域内，不能再声明变量 m
    //...
}
```

变量的生命周期相对很短暂，程序进入语句块至定义变量处申请变量的存储空间，退出
语句块变量消失，变量所占内存空间被释放。这是系统有效利用内存空间采取的措施。

1.3.2　常量和 const 关键字

在计算机程序设计语言中，常量是指其值在程序运行过程中始终不再改变的量。常量有
两种，分别为在类内、方法外作为数据成员的常量和方法内的常量。作为数据成员的常量不

能用 static 修饰（static 表示是不属于某个实例对象，是对象共有的，属于类的，通过类访问），但默认为 static。定义常量用关键字 const。

常量定义的格式：

[访问修饰符]　const　数据类型　常量名=常量；

例如：

```
const double PI = 3.1415926 ; //double 是双精度数据类型，用于存小数
const int HEIGHT = 100;
```

不允许在作为数据成员的常量声明中使用 static 关键字，可以使用访问修饰符，如 public，private 等。常量赋值可以用常数表达式，例如：

```
public const double X = 5.4;
public const double Y = X + 3.8;
```

【提示】

● 常量在声明时初始化，其值不能再修改；
● 不能从变量中提取值来初始化常量；
● 常量应用可读性强的名称，使程序更易于阅读；
● 为了阅读方便，习惯上常量名用大写字母表示；
● 如果值是不变的，且有多处要使用该值就应定义为常量；
● 常量使程序更易于修改，程序中只需修改一处，在使用该常量的所有位置都起作用，这样更科学、更方便。

【例 1-3】根据指定的半径求圆的面积

【实例说明】

该实例主要用来演示 C#中变量和常量的使用。程序运行后提示用户输入圆的半径（本例输入 5），程序根据圆面积计算公式，计算圆的面积后显示圆的面积，如图 1-11 所示。

图 1-11　【例 1-3】运行结果

【程序实现】

打开记事本，编写程序如下，并将文件保存到 d:\code\chap01\Demo1_3 文件夹中，文件名为 CalcArea.cs。

【例 1-3】CalcArea.cs

```
1  using System;
2  public class CalcArea
3  {
4    public const double PI=3.14;
5    static void Main(string[] args)
6    {
7        double dRadius;
8        double dArea = 0;
9        Console.WriteLine("请输入半径:");
10       dRadius=Convert.ToDouble(Console.ReadLine());
```

```
11        dArea=PI*dRadius*dRadius;
12        Console.WriteLine("半径为"+dRadius+"的圆面积为"+dArea);
13   }
14 }
```

【代码分析】

- 第 4 行: 使用 const 关键字声明圆周率常量 PI;
- 第 7 行: 声明保存圆半径的变量 dRadius;
- 第 8 行: 声明保存圆半径的变量 dArea, 并赋初值为 0;
- 第 10 行: 使用 Convert.ToDouble 方法将输入的内容（字符串）强制转换为 double 类型;
- 第 11 行: 计算圆面积;
- 第 12 行: 输出圆面积。

1.3.3　标识符和关键字

1. 标识符

标识符是用来命名类、方法、变量、常量等的有效字符序列。标识符的命名规则为:

- 标识符不能与关键字同名, 但如果关键字前加上字符@, 则可作为标识符;
- 标识符由大小写字母、数字、下画线或 Unicode 汉字字符的字符序列构成;
- 标识符的前缀可用字母、下画线、字符@和 Unicode 汉字字符;
- 标识符中可以有 Unicode 汉字字符, 也可以全部由 Unicode 汉字字符构成;
- 标识符中可以用字符@、下画线作为标识符前缀, 但字符@不能在标识符的其他位置出现, 而下画线可以在其他位置出现。

习惯上标识符是以字母、下画线开头的字母、数字、下画线序列, 且标识符由多个单词构成时, 每个单词的第一个字母要大写。有两个特例, 常量名全部用大写字母, 变量名的第一个单词的第一个字母用小写。

下面举例说明变量命名的合法性。

```
int width; //合法
bool bool; //非法, bool 是关键字
bool @bool; //合法
string st@name //非法, 字符@只能作为前缀
string s; //合法
string name&age; //非法, 字符&不能用于标识符
double d1; //合法, double 是一种数据类型
double 1d; //非法
int circleradius; //合法, 不规范
int CircleRadius; //合法, 不规范
int circleRadius; //合法, 规范
```

【提示】

- 规范命名易于理解和便于代码维护;
- C#的变量命名规范遵循 Camel 规范, 即除第一个单词外的所有单词第一个字母大写, 其他字母小写, 如 circleRadius。

2．关键字

在前面的内容中，已经接触到了 using，namespace，class，int，static，void，string，double，bool，public，const 等用小写字母表示的特殊单词，在 C#程序设计中，它们被叫做关键字。在 C#程序设计中关键字有着特殊的用途。例如，可用 class 定义一个类；用 using 引入命名空间；int，string，double，bool 表示不同的数据类型，可用于定义变量。

在 C#程序设计中选择类名、方法名、变量名、常量名等的标识符时，要避开 C#的关键字。关键字是对编译器具有特殊意义的预定义保留标识符。它们不能在程序中用做标识符，除非它们有一个字符"@"作为前缀。例如，bool 不是合法的标识符，因为它是关键字，而 @bool 可以作为一个合法的标识符。C#关键字如表 1-4 所示。

表 1-4　C#关键字

abstract	as	base	bool	break
byte	case	catch	char	checked
class	const	continue	decimal	default
delegate	do	double	else	enum
event	explicit	extern	false	finally
fixed	float	for	foreach	goto
if	implicit	in	int	interface
internal	is	lock	long	namespace
new	null	object	operator	out
override	params	private	protected	public
readonly	ref	return	sbyte	sealed
short	sizeof	stackalloc	static	string
struct	switch	this	throw	true
try	typeof	uint	ulong	unchecked
unsafe	ushort	using	virtual	volatile
void	while			

1.3.4　运算符和表达式

1．运算符

C#提供的运算符如表 1-5 所示。这些运算符是指定在表达式中执行何种操作的符号。表 1-5 中越靠前的运算符优先级越高。在包含多个运算符的表达式中，优先计算优先级高的运算符。结合性是指优先级相同的情况下，根据运算符结合方向决定运算符的优先执行顺序。

表 1-5　运算符

名　称	运　算　符	结合方向
初级运算符	() . []	从左至右
一元运算符	+ -! ~ ++ --	从右至左
乘/除运算符	* / %	从左至右
加/减运算符	+ -	从左至右
移位运算符	<< >>	从左至右
关系运算符	< > <= >=	从左至右
比较运算符	== !=	从左至右
位与运算符	&	从左至右
位或运算符	|	从左至右
位异或运算符	^	从左至右
逻辑与运算符	&&	从左至右

名　称	运　算　符	结 合 方 向
逻辑或运算符	||	从左至右
条件运算符	?:	从右至左
赋值运算符	= += -= *= /= %= &= |= ^= <<= >>=	从右至左

【提示】

① +, -, *, /是基本算术运算符。%运算符为整除取余。在 System.Math 类中提供了大量的如计算正弦、对数、乘方、开方等操作的静态方法，还包含两个静态成员 E（自然对数的底）和 PI（圆周率）。

② &执行按位与操作，|执行按位或操作，~执行按位非操作，^执行按位异或操作，如下所示：

```
  11001011          11001011                          11001011
&01101101        |01101101        ~01001111        ^01101101
  01001001          11101111          10110000          10100110
```

③ &&和||分别执行逻辑与和逻辑或操作，!是逻辑非运算符。对于&&运算，只有两个表达式同为 true，结果才为 true，如果两个表达式有一个为 false，则结果为 false；且若左边表达为 false，表达式返回 false，将不再对右边表达式进行运算。例如操作 x && y++>0，如果 x 为 false，则不计算 y++，所以 y 增量操作没有完成，这被称做"短路"。对于||运算，如果两个操作数只要有一个为 true，结果为 true，两个操作数均为 false，则表达式为 false；如果左边表达为 true，表达式返回 true，右边表达式也将"短路"。要避免"短路"现象的出现。

④ ++ 和 --，执行整数类型变量的增1和减1。增量、减量运算放在变量前后是有区别的。例如：对于"y=++x;"，若操作前 x=5，y=0，则操作后 x=6，y=6；而对于"y=x++;"，操作前 x=5，y=0，则操作后 x=6，y=5。所以，增量、减量运算放在变量前表示变量先增、减量后赋值，放在变量后表示变量先赋值后增、减量。要避免多个++或--运算符出现在同一个表达式中，可将这样的表达式分解成多个表达式，清晰地表示出其含义。

⑤ << 和 >>，执行整数类型的左移位和右移位。有符号整数和无符号整数都按二进制数形式进行移位操作。对有符号数负整数的右移位运算最高位补"1"，对有符号数正整数和无符号数移位操作都补"0"。移位运算符应用举例如下：

2618	=	00000000 00000000 00001010 00111010
2618<<3	=	00000000 00000000 01010001 11010000
2618>>3	=	00000000 00000000 00000001 01000111
-2618	=	11111111 11111111 11110101 11000110
-2618<<3	=	11111111 11111111 10101110 00110000
-2618>>3	=	11111111 11111111 11111110 10111000

⑥ +=赋值运算符是缩写，如 a+=4 意指 a=a+4，a/=4 意指 a=a/4，其余类推。

⑦ ?:是条件运算符，用于两个可能的值选择一个。选择结果取决于表达式值是 true 还是 false。例如，c=a>b?a:b 若 a>b 为真则 c=a，反之 c=b。又如：

```
int iScore = 50;
int iResult = x <60 ? 60:x;
//条件表达式的值与被赋值变量类型要保持一致
string type = iScore <60 ? "不及格":"及格";
```

⑧ =用于给一个变量赋值，而==用于测试运算符两边的表达式的值是否相等。这两个运算符容易混淆。=是赋值运算符，左边只能为一个变量，右边为表达式，目的是将表达式的值赋给变量。==是关系运算符，用于判断两个表达式的值是否相等，结果为 bool 类型值 true 或 false。

⑨ 结合方向是指在多个优先级相同的运算符在同一个表达式中的优先顺序，有左优先和右优先之分。除一元运算符、条件运算符、赋值运算符结合方向是从右至左外，其他运算符结合方向都是从左至右。如：x=y=6 等同于 x=(y=6) 因为赋值运算符的结合方向是从右至左。而 a+b*c+d 等同于(a+(b*c))+d，因为算术运算符的结合方向是从左至右，*优先级高于+。

2．表达式

表达式是符合一定语法规则的运算符和操作数的序列。如：

```
"x=y", "a + 5", "(a-b)*c-4", "(i<30) && ((i%10)!=0)"
```

表达式也是有类型和值的。表达式中操作数进行运算得到的结果称为表达式的值，表达式的值的数据类型即为表达式的类型。但表达式中操作数的类型要兼容，如：表达式 a+5，若 a 为字符型，出错；若 a 为字节型、短整型、整型，表达式 a+5 的值为 int 型；若 a 为字符串型表达式 a+5 的 '+' 为字符串连接运算符，结果也为字符串型。

在程序设计学习阶段定义整数变量应选用 int 型，定义浮点数应选用 double 型。整型常量、浮点数型常量如果无后缀说明，默认的是 int 型和 double 型。例如：若 a 为字节型或短整型，a = 3 表达式会出错。同理，若 a 为单精度型，a=3.1 表达式也会出错。

还要注意的是赋值表达式的值是赋值运算符左边变量所赋的值。如表达式 a=b=5 可表示为 a=(b=5)，其中表达式 b=5 的值就为 5，再将 b=5 表达式的值 5 赋值给变量 a。所以，a 和 b 的值都为 5。

表达式的运算顺序首先应按照运算符的优先级从高到低的顺序进行，优先级相同时按运算符结合方向进行。

【例 1-4】使用表达式

【实例说明】

该实例主要用来演示 C#中各种表达式的计算以及运算符的优先级。程序运行后显示了相关的运算结果，如图 1-12 所示。

图 1-12 【例 1-4】运行结果

【程序实现】

打开记事本，编写程序如下，并将文件保存到 d:\code\chap01\Demo1_4 文件夹中，文件名为 Operator.cs。

【例 1-4】 Operator.cs

```
1  using System;
2  public class Operator
3  {
4      public static void Main(string[] args) {
5          int iNum1=7,iNum2=5,iNum3=10;
6          Console.WriteLine("---条件:iNum1=7 iNum2=5 iNum3=10");
7          Console.WriteLine("x 除以 y 的结果为:"+iNum1/iNum2);
```

```
8        Console.WriteLine("x 除以 y 的余数为:"+iNum1%iNum2);
9        Console.WriteLine("x>=y 的结果为:"+(iNum1>iNum2));
10       Console.WriteLine("x==y 的结果为:"+(iNum1==iNum2));
11       bool bFirst,bSecond;
12       bFirst=iNum1>iNum2;
13       bSecond=iNum1<iNum3;
14       Console.WriteLine("\n---条件:a=x>y:"+bFirst+"  b=x<z:"+bSecond);
15       Console.WriteLine("a 与(&)b 的结果为:"+(bFirst&bSecond));
16       Console.WriteLine("a 或 b(|)的结果为:"+(bFirst|bSecond));
17       Console.WriteLine("a 与 b 异或的结果为:"+(bFirst^bSecond));
18       Console.WriteLine("a 与(&&)b 的结果为:"+(bFirst&&bSecond));
19       Console.WriteLine("a 或 b(||)的结果为:"+(bFirst||bSecond));
20       Console.WriteLine("a 取反后或 b 的结果为:"+(!bFirst|bSecond));
21       Console.WriteLine("a 或 b 的结果取反为:"+(!(bFirst|bSecond)));
22       int iTemp=12;
23       Console.WriteLine("\n---条件:x=7 iTemp=10");
24       iTemp+=iNum1;
25       Console.WriteLine("iTemp+=x 结果为:"+iTemp);
26       iTemp-=iNum1;
27       Console.WriteLine("iTemp-=x 结果为:"+iTemp);
28       iTemp*=iNum1;
29       Console.WriteLine("iTemp*=x 结果为:"+iTemp);
30       iTemp/=iNum1;
31       Console.WriteLine("iTemp/=x 结果为:"+iTemp);
32       int iResult=(iNum1>4)?iNum2:iNum3;
33       Console.WriteLine("d=(x>4)?y:z 的结果为:"+iResult);
34    }
35 }
```

【代码分析】

- 第 5 行: 整型变量声明及初始化;
- 第 7～8 行: 算术运算操作及结果输出;
- 第 9～10 行: 关系运算操作及结果输出;
- 第 11～13 行: 逻辑变量声明及赋值操作;
- 第 14～21 行: 逻辑运算操作及结果输出;
- 第 23、25 行、第 27 行、第 29 行: 复合赋值运算操作及结果输出;
- 第 32～33 行: 三目运算操作及结果输出。

课堂实践 2

1. 操作要求

（1）调试【例 1-4】程序。
（2）编写测试位移位运算符的程序。

2. 操作提示

（1）在调试程序过程中，适当改变相关操作以进一步理解运算符的优先级和表达式的计算。
（2）注意移位运算符使用后的结果的显示方式。

1.4 字符串和数组

字符串和数组的处理，在程序设计中占有很大的比重。字符串和数组的处理经常用到分支、循环、跳转等程序结构。掌握好字符串和数组的处理，能够为程序设计打下良好的基础。

1.4.1 字符串

字符串是引用类型。字符串不是字符数组，因为数组元素可以更改，而字符串是常量，常量不允许更改。所以，字符串是一个整体。C#采用 16 位的 Unicode 编码在内存中保存字符和字符串。

作为常量的字符串将一组紧挨在一起的字符视为一个整体。使用 string 关键字定义字符串类型变量，string 是 System.String 的别名。

1. 字符串的定义

定义一个字符串变量并赋值，用得最多最简单的方式如下：

```
string s = "Hunan Railway"
```

下面是几种常用的构造字符串的方法。

● 将一个字符重复多次以构成一个字符串的方法：public string (char, int)。例如：

```
string s1 = new string('呵',5);   //s1 = "呵呵呵呵呵"
```

● 将字符数组内容全部转换为一个字符串的方法：public string (char[])。例如：

```
char[] ch = new char[]{'这','是', '一', '个','字','符','数','组'};
string s2 = new string(ch); //s2 = "这是一个字符数组"
```

● 将字符数组部分转换为一个字符串的方法：public string (char[], int, int)。例如：

```
string s3= new string(ch,4,4); //s3 = "字符数组"
```

2. 字符串常量

两条赋值语句如下：

```
string str1 = "Visual Studio";
string str2 = "Visual Studio";
```

上述语句中 str1 和 str2 这两个变量将拥有相同的引用值，即上面两条语句将已在编译时分配内存空间的常量字符串的引用赋值给 str1 和 str2。

使用"+"可以实现字符串的连接，以生成新的字符串。使用==或！=用于比较 string 对象的"值"。

3. 字符串的基本操作

字符串的基本操作主要有字符操作、子串操作、比较操作。字符串操作相关的方法如表1-6 所示。

表 1-6　运算符

序　　号	方 法 名 称	方 法 功 能
1	ToCharArray()	将字符串的所有字符（或部分字符）复制到一个字符数组
2	CopyTo	将字符串中某一部分字符复制到字符数组中的指定位置

序　号	方法名称	方法功能
3	IndexOf()	从字符串中查找指定的第一个匹配字符的位置
4	Substring()	从字符串指定位置开始直至结束位置提取子串
5	StartsWith()	判断参数字符串是否是字符串开始处的子串
6	EndsWith()	判断参数字符串是否是字符串结束处的子串
7	Remove()	删除从字符串指定位置开始的子串
8	Compare()	比较两个指定的 String 对象
9	CompareTo()	将字符串与指定的对象或 String 进行比较，并返回二者相对值的指示
10	Trim()	移除字符串中开始位置和结尾位置的空白字符

【提示】

● 在 C#中，字符串被看成一个整体，不允许进行修改。如已声明字符串常量：string str = "visual Studio"，再使用 str[0] = 'V'将会出现错误。

● 使用==和 Equals 方法可以进行字符串的比较，前者是比较值，后者是比较引用地址。

1.4.2　数组及应用

数组是一种引用数据类型，数组包含若干数据类型一致的数组元素。数组元素通过数组名和下标的组合访问。下标是用中括号括起来的一个序号，它标示数组元素在数组中的位置。C# 数组下标从零开始索引，最后一个元素的下标为数组长度减 1。所有数组元素必须类型一致，该类型称为数组的元素类型。数组元素可以是任何类型，包括数组类型。数组可以是一维数组或多维数组。数组类型从抽象基类型 System.Array 派生。

数组分为一维数组和多维数组。一维数组是指它的维度（也称为秩）为 1，多维数组的维度大于 1。

1．一维数组

一维数组的定义和初始化有以下几种格式：

格式 1：<类型>[] 数组名；//未实例化，没有配空间

```
int[] myArr;
```

格式 2：<类型>[] 数组名 = new <类型>[<长度>]；//用最简单的默认值

```
int[] myArr=new int[5];
```

格式 3：<类型>[] 数组名 = new <类型>[]{ <元素集> }；

```
int[] myArr=new int[]{1,3,5,7,9};
```

格式 3 的简写：<类型>[] 数组名 = { <元素集> }；

```
int[] myArr={1,3,5,7,9};
```

下面程序段可以定义并访问一维数组的各个元素。

```
int[] myArr=new int[]{1,3,5,7,9};
for(int i=0;i< myArr.Length;i=i+1)
{
    Console.Write("myArr[{0}]={1} ",i,myArr [i]);
}
```

2. 多维数组

数组有一个维度,数组的维度又称为秩。维度为 1 的数组称为一维数组。维度大于 1 的数组称为多维数组。根据维度的大小称多维数组为二维数组、三维数组等。

数组的每个维度都有一个关联的长度,它是一个大于或等于零的整数。维度的长度不是数组类型的组成部分,它只与数组类型的实例相关联,它是在创建实例时确定的。维度的长度确定该维度的下标的有效范围:对于长度为 n 的维度,下标范围可以为 $0 \sim n-1$。数组中的元素总数是数组中各维度长度的乘积。如果数组的一个或多个维度的长度为零,则称该数组为空。数组的元素类型可以是任意类型,包括数组类型,但所有数组元素必须是同一种类型。

多维数组定义格式:

```
<类型>[, …] <数组名>;
```

二维数组定义格式 1:

```
<类型>[,] <数组名>= new <类型>[<第 0 维个数>,<第 1 维个数>];
int[,] myArr=new int[4,2];  //声明二维数组
int[,] myArr=new int[4,2,3];  //声明三维数组
```

二维数组定义格式 2:

```
<类型>[,] <数组名>= new <类型>[<第 0 维个数>,<第 1 维个数>] {{<列元素数>},{<列元素数>},…};
int[,] myArr=new int[4,2]{[1,2],[3,4],[5,6],[7,8]};
```

二维数组定义格式 3:

```
<类型>[,] <数组名>= new <类型>[,] {{<列元素数>},{<列元素数>},…};
int[,] myArr=new int[,]{[1,2],[3,4],[5,6],[7,8]};
```

【例 1-5】应用数组实现选择排序

 【实例说明】

该实例主要用来演示数组的声明、赋值、数组元素的读取和选择排序算法。程序运行后显示了排序后的结果,如图 1-13 所示。

【程序实现】

打开记事本,编写程序如下,并将文件保存到

图 1-13 【例 1-5】运行结果

d:\code\chap01\Demo1_5 文件夹中,文件名为 SortBySelect.cs。

【例 1-5】 SortBySelect.cs

```
1  using System;
2  class SortBySelect
3  {
4      public static void Main()
5      {
6          int i, j, m, temp;
7          int[] iNum = new int[] { 91, 24, 158, 223, 34, 88, 43, 184 };
8          for (i = 0; i < iNum.Length - 1; i++)
9          {
```

```
10              m = i;
11              for (j = i + 1; j < iNum.Length; j++)
12                  if (iNum[m] > iNum[j])
13                      m = j;
14              if (m!= i)
15              {
16                  temp = iNum[i];
17                  iNum[i] = iNum[m];
18                  iNum[m] = temp;
19              }
20          }
21          Console.WriteLine("选择排序后的结果为:");
22          for (i = 0; i < iNum.Length; i++)
23              Console.Write(" {0}",iNum[i]);
24          Console.WriteLine();
25      }
26  }
```

【代码分析】

- 第 6 行: 声明整型变量;
- 第 7 行: 声明保存整型变量的一维数组，并赋初值;
- 第 12～13 行: 如果第 *j* 个元素比第 *m* 个元素小，将 *j* 赋给 *m*;
- 第 14～19 行: 交换 iNum[i]和 iNum[m]。

课 堂 实 践 3

1．操作要求

（1）了解冒泡排序方法的基本原理，应用冒泡排序方法实现对【例 1-5】中的数组元素排序。
（2）了解插入排序方法的基本原理，应用插入排序方法实现对【例 1-5】中的数组元素排序。
（3）了解快速排序方法的基本原理，应用快速排序方法实现对【例 1-5】中的数组元素排序。

2．操作提示

（1）每一学习小组可以选择其中的一种排序方法。
（2）本例需要用到的循环的知识见 1.5 节。

1.5 流 程 控 制

1.5.1 if-else 选择结构

选择结构语句分为 if 语句和 switch 语句。if 语句和 switch 语句也被分别称为分支语句和多分支语句。

1．if 语句

if 结构是最常用的基本结构，程序根据所给定的选择条件的"真"和"假"，决定程序执

行的路径。"真"和"假"的值分别用 bool 类型值 true 和 false 表示。if 语句控制流程如图
1-14 所示。

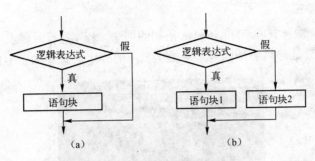

图 1-14 if 语句控制流程

if 语句也称为分支语句,if 语句的一般格式为:

```
if (逻辑表达式)
{
    //当逻辑表达式为 true 时,执行的语句块(真语句块)
}
[else
{
    //当逻辑表达式为 false 时,执行的语句块(假语句块)
}]
```

if-else 结构中的 else 为可选项,程序执行时将判断 if 语句的逻辑表达式,如果为真(true)
则执行真语句块;如果为假(false),且存在 else 项时,执行假语句块。

2. if 语句嵌套

if 语句嵌套的一般格式为:

```
if (逻辑表达式)
{
    if (逻辑表达式)
        { … }
    else
        { … }
}
else
{
    if (逻辑表达式)
        { … }
    else
        { …}
}
```

【提示】

● 理论上嵌套的 if 语句又可以再嵌套 if 语句,并且可以一直嵌套下去。
● if 语句的语句体若只有一条语句,则大括号可以省略,但对初学者不建议这么做;因
  为对 if 嵌套语句,由于有多个 if 和 else,省略大括号更容易出错。

【例 1-6】判断指定数的奇偶性

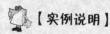**【实例说明】**

　　该实例主要用来演示 if 语句和 if-else 语句的用法。程序运行时要求用户从键盘输入一个整数，程序判断该数是奇数还是偶数，并给出相应的提示信息。如图 1-15 所示。

图 1-15 【例 1-6】运行结果

【程序实现】

　　打开记事本，编写程序如下，并将文件保存到 d:\code\chap01\Demo1_6 文件夹中，文件名为 EvenOrOdd.cs。

【例 1-6】EvenOrOdd.cs

```
1  using System;
2  public class EvenOrOdd
3  {
4    public static void Main()
5    {
6       Console.WriteLine("请输入数字:");
7       int iNum = Convert.ToInt16(Console.ReadLine());//获取键盘输入
8       if(iNum%2==0)
9       {
10          Console.WriteLine("数字 "+ iNum + " 为偶数");
11      }
12      else
13      {
14              Console.WriteLine("数字 " + iNum + " 为奇数");
15      }
16    }
17 }
```

【代码分析】

● 第 7 行: 获取键盘输入的内容并将其转换为整型值后赋值给 int 类型变量 iNum;
● 第 8 行: 对变量 iNum 的值进行模 2 (判断 iNum 是否能被 2 整除) 运算;
● 第 8~11 行: 如果 iNum 能被 2 整除，表示 iNum 为偶数，并给出偶数的提示信息;
● 第 12~15 行: 如果 iNum 不能被 2 整除，表示 iNum 为奇数，并给出奇数的提示信息。

1.5.2　switch 选择结构

　　if 分支语句，只有两条选择路径。switch 语句是多分支语句，可有多条选择路径，适合于从一组互斥的分支中选择一个分支执行。switch 语句控制流程如图 1-16 所示。

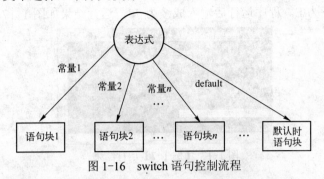

图 1-16　switch 语句控制流程

switch 语句的一般格式为：

```
switch(表达式)
{
    case 常量1:
        语句块1;
        break;
    case 常量2:
        语句块2;
        break;
        ...
    case 常量n:
        语句块n;
        break;
    [default:
        语句块;
        break;]
}
```

【提示】

● 表达式的值类型可以是整数类型、字符类型、字符串类型或枚举类型；
● case 子句中的常量值必须与表达式的值是同类型常量，且所有 case 子句中的值应是不同的；
● default 子句是可选项，如果表达式的值不等于所有 case 子句的常量值，程序执行 default 子句的语句块，若无 default 子句，则直接跳出 switch 语句；
● break 语句用来在执行完一个 case 分支后使程序跳出 switch 语句块，一般每个 case 分支最后一句都是 break 语句，也可以是其他跳转语句。

switch 语句中有一组 case 子句。如果 switch 表达式的值等于某个 case 子句的常量值，就执行该 case 子句中的语句块。此时可以不使用花括号把语句组合到块中；只需使用 break 语句标记选择的 case 子句的结尾即可。

【例 1-7】百分制成绩转换到五级制

【实例说明】

该实例主要用来演示 switch 语句的用法。从键盘输入百分制的成绩，将其转换为 A、B、

C、D、E 五个等级输出。转换的规则为：90～100 分为 A，80～89 为 B，70～79 为 C，60～69 为 D，60 分以下为 E。程序运行后输入成绩为 78，运行结果如图 1-17 所示。

图 1-17 【例 1-7】运行结果

【程序实现】

打开记事本，编写程序如下，并将文件保存到 d:\code\chap01\Demo1_7 文件夹中，文件名为 ScoreToGrade.cs。

【例 1-7】ScoreToGrade.cs

```
1  using System;
2  public class ScoreToGrade {
3    public static void Main()
4      {
5        char cGrade;
6        int iScore;
7        Console.WriteLine("请输入成绩:");
8        iScore=Convert.ToInt16(Console.ReadLine());
9        switch(iScore/10)
10       {
11           case 10:cGrade='A';break;
12           case 9:cGrade='A';break;
13           case 8:cGrade='B';break;
14           case 7:cGrade='C';break;
15           case 6:cGrade='D';break;
16           default:cGrade = 'E'; break;
17         }
18       Console.WriteLine("您的成绩为:" + iScore + "\t" + "等级为:" + cGrade);
19     }
20  }
```

【代码分析】

● 第 5～6 行：声明成绩和成绩等级变量；
● 第 8 行：接收从键盘输入的内容，并转换为整型的成绩；
● 第 9～17 行：iScore/10 值与 case 后面的值进行比较，如果相等就执行相应的 case 语句后面提供的语句（相当于 if 条件语句中的 if iScore/10=?）。

【提示】

● C#中的 switch 语句的 case 子句和 default 子句的顺序是无关紧要的，甚至可以把 default 子句放在最前面；

- 任何两个 case 子句的常量值都不能相同；
- default 子句后面也需要使用 break 跳出。

1.5.3　for 和 foreach 循环结构

C#提供了 4 种不同的循环语句，它们是 while 循环语句、do-while 循环语句、for 循环语句和 foreach 循环语句。循环语句是在某个条件被满足后，让程序重复多次执行循环体程序块，直至条件不满足退出循环。

1．for 循环语句

for 循环语句特别适合已知循环次数的情况，其控制流程如图 1-18 所示。

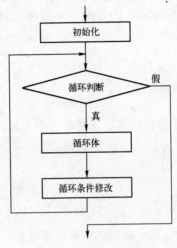

图 1-18　for 语句控制流程

for 循环语句的一般格式为：

```
for ([初始化];[循环判断];[循环条件修改])
{
    //for 循环语句循环体
}
```

for 语句执行规则如下：

① 首先执行初始化项（只执行一次）；

② 计算循环判断逻辑表达式项的逻辑表达式的值；

③ 若循环判断逻辑表达式的值为假（false）转移至⑥；

④ 若循环判断逻辑表达式的值为真（true），执行 for 循环的循环体语句（循环体语句一般不包含循环条件的修改，如果有将会有两处对循环条件修改，会使循环不易控制，降低程序可读性）；

⑤ 执行循环条件修改项，进行循环条件的修改，循环条件修改执行完转至②；

⑥ 若逻辑表达式的值为假（false），则循环语句执行结束。

2．foreach 循环语句

C#的 foreach 循环语句用于对数组、字符串及集合类型实例中的每一个元素进行只读访问。foreach 语句为数组或对象集合中的各元素的只读访问提供了一种机制。foreach 语句用于循环访问集合以获取信息，但不用于更改集合内容。此语句的形式如下：

```
foreach (迭代类型 迭代变量名 in 集合)
{
    //foreach 语句循环体
}
```

【提示】

● 迭代类型不是一种新数据类型，是 C#数据类型的其中之一，可以用于定义迭代变量，从集合中重复、更替地取元素，将元素的值传递给迭代变量；
● 集合是指实现的 System.Collections.IEnumerable 接口的类的实例对象，包括.NET 框架 System.Collection 中的集合类的实例对象及数组、字符串等的实例对象。

下面的代码创建一个名为 numbers 的数组，并用 foreach 语句循环访问该数组。

```
int[] numbers = { 4, 5, 6, 1, 2, 3, -2, -1, 0 };
foreach (int i in numbers)
{
    System.Console.WriteLine(i);
}
```

由于有了多维数组，可以使用相同方法来循环访问元素，例如：

```
int[,] numbers2D = new int[3, 2] { { 9, 99 }, { 3, 33 }, { 5, 55 } };
foreach (int i in numbers2D)
{
    System.Console.Write("{0} ", i);
}
```

foreach 语句执行规则很简单：第一轮循环从集合中取第一个元素，第二轮取第二个元素，一直取到最后一个元素为止，结束 foreach 循环。循环次数取决于集合中元数的个数。每一轮取出的数据元素存放于迭代变量中，供本轮循环体使用。

【例 1-8】计算 1 到 100 的累加和

【实例说明】

该实例主要用来演示 for 语句的用法。程序运行后会显示从 1 加到 100 的累加和，如图 1-19 所示。

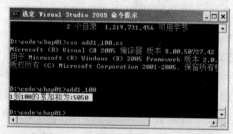

图 1-19 【例 1-8】运行结果

【程序实现】

打开记事本，编写程序如下，并将文件保存到 d:\code\chap01\Demo1_8 文件夹中，文件名为 Add1_100.cs。

【例 1-8】Add1_100.cs

```
1   using System;
2   public class Add1_100
3   {
4       public static void Main()
5       {
6           int i,iSum=0;
7           for(i=1;i<=100;i++)
8           {
9               iSum+=i;
10          }
11          Console.WriteLine("1到100的累加和为:"+iSum);
12      }
13  }
```

【代码分析】

● 第 6 行：定义循环控制变量 i 和累加和变量 iSum；
● 第 7~10 行：for 循环实现累加。i 的值从 1~100 开始变化，让 isum 变量加上 i 的值，得到计算结果 $1 + 2 + 3 + \cdots + 100$；
● 第 11 行：输出累加和 iSum。

1.5.4   while 和 do-while 循环结构

1. while 循环语句

while 循环也称为"当"型循环。while 语句控制流程如图 1-20 所示。

while 循环语句的一般格式为：

```
while（逻辑表达式）
{
    //循环体
}
```

while 语句的执行规则如下：

① 首先计算逻辑表达式的值；
② 若逻辑表达式的值为假（false）转移至④；
③ 若逻辑表达式的值为真（true），执行循环体语句（循环体语句应包括对循环条件的修改）；循环体语句执行完转移至①；
④ 循环语句执行完毕。

【提示】

● while 循环语句结尾是没有分号"；"。C#规定一个语句块（用大括号括起来的语句）结尾不加分号"；"。
● 逻辑表达式不能为空，否则会出错。
● 要对循环语句的循环条件进行有效控制，满足实际的循环需求，避免死循环的出现。

2. do-while 循环语句

do-while 循环也称为"直到"型循环。do-while 语句控制流程如图 1-21 所示。

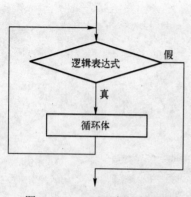
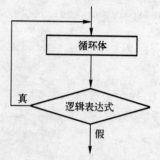

图 1-20　while 语句控制流程　　　　图 1-21　do-while 语句控制流程

do-while 循环语句的一般格式为：

```
do
{
        //循环体
} while ( 循环判断逻辑表达式 );
```

do-while 语句执行规则如下：

① 首先执行循环体语句（在循环体语句前应有对循环的初始化，循环体内应有对循环条件的修改）；

② 计算循环判断逻辑表达式的值；

③ 若循环判断逻辑表达式的值为假（fasle）则转移至④，若逻辑表达式的值为真（true）转移至①；

④ 循环语句执行完毕。

3. 循环语句嵌套

和分支语句一样，循环结构语句也可以嵌套。如 while 语句嵌套格式为：

```
while ( 表达式 )
{
    while ( 表达式 )
    { ... }
}
```

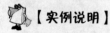 【提示】

● 当满足循环条件时循环体被执行，循环中须修改循环条件，才能使循环能够被中止；如果不满足循环条件，while 循环语句执行完毕。也就是说如果第一次循环条件不满足，则循环体一次都没有被执行。

● 如果要使循环条件不满足，循环体也被执行一次，可用 "do-while" 型循环结构。

【例 1-9】猜数字游戏

【实例说明】

该实例主要用来演示 while 循环语句和 if 语句的用法。程序运行后产生一个 1 到 100 之间的随机整数，用户可以反复猜测所生成的数的大小，在用户每次猜数之后，程序会给出相应的提示信息。用户根据"大了"或"小了"的提示信息，反复输入猜测数。直到在控制台显示"恭喜你,猜对了!"，循环终止，程序也结束运行，如图1-22所示。

图1-22 【例1-9】运行结果

【程序实现】

打开记事本，编写程序如下，并将文件保存到 d:\code\chap01\Demo1_9 文件夹中，文件名为 GuessNumber.cs。

【例1-9】 GuessNumber.cs

```
1  using System;
2  public class GuessNumber
3  {
4      public static void Main()
5      {
6          int iSource,iGuess=0;
7          Console.WriteLine("请在 1~100 之间猜数");
8          Random iRand = new Random();
9          iSource=iRand.Next(1,100);
10         Console.WriteLine("我猜一猜:");
11         iGuess=Convert.ToInt16(Console.ReadLine());
12         while (iSource!=iGuess)
13         {
14             if (iGuess>iSource)
15             {
16                 Console.WriteLine("大了,请重新猜:");
17                 iGuess=Convert.ToInt16(Console.ReadLine());
18             }
19             else if (iGuess<iSource)
20             {
21                 Console.WriteLine("小了,请重新猜:");
22                 iGuess=Convert.ToInt16(Console.ReadLine());
23             }
24         }
25         Console.WriteLine("恭喜你,猜对了!");
26     }
27 }
```

【代码分析】

- 第 6 行：定义产生的被猜的原数和用户猜的数的变量；
- 第 8 行：使用 Random 类生成一个随机数对象；
- 第 9 行：通过 Random 类的 Next 方法生成 1～100 之间的随机数；
- 第 11 行：通过键盘获取用户猜测的数；
- 第 12～24 行：如果用户没猜对，使用 while 循环进行相应信息提示并重新接受用户猜测的数据；
- 第 14～18 行：用户猜大了的处理；
- 第 19～23 行：用户猜小了的处理；
- 第 25 行：如果用户猜对了，显示提示信息。

1.5.5 跳转语句

跳转语句会将控制转到某个位置，这个位置就是跳转语句的跳转目的。

1. break 语句

在 switch，while，do-while，for 或 foreach 语句体中，使用 break 语句将直接退出当前所在的循环或 switch 语句。break 语句格式如下：

```
break;
```

如果 break 语句不是由循环或 switch 语句所封闭（try 块除外），则会发生编译错误。

当 break 语句在多个循环或 switch 语句彼此嵌套的最里层时，break 语句只退出最里层的循环或 switch 语句。若要穿越多个嵌套层直接转移控制，可使用 goto 语句。

2. continue 语句

在 while，do-while，for 或 foreach 等循环语句的语句体中，程序执行至 continue 语句将结束当前所在的循环语句的本轮循环。continue 语句格式如下：

```
continue;
```

如果 continue 语句不是由循环语句所封闭（try 块除外），则会发生编译错误。当 continue 语句在多个循环语句彼此嵌套的最里层时，同 break 语句一样，continue 语句只对最里层的循环语句起作用。若要穿越多个嵌套层直接转移控制，也须使用 goto 语句。

课堂实践 4

1. 操作要求

（1）根据输入的体重和身高，计算 BMI 指数，并显示健康状况。

BMI 指数（身体质量指数，英文为 BodyMassIndex，简称 BMI），是用体重公斤数除以身高米数平方得出的数字，是目前国际上常用的衡量人体胖瘦程度以及是否健康的一个标准。它的计算公式为：BMI 指数=体重（KG）÷身高（M）的平方

BMI 指数与健康状况对照见表 1-7。

表 1-7　BMI 指数与健康状况对照表

BMI 指数	<18.5	18.5～25	25～30	30～35	35～40	>40
健康状况	偏瘦	正常	超重	轻度肥胖	中度肥胖	重度肥胖

（2）使用 while 循环完成【例 1-8】。

（3）使用 for 循环完成【例 1-9】。

2．操作提示

（1）每一学习小组可以选择完成其中的一种操作。

（2）比较各种循环应用的场合和使用特点。

1.6　知识拓展——typeof 运算符

typeof 操作符用于获得指定类型在 system 名字空间中定义的类型名字，例如：

```
using System;
class Test
{
    static void Main()
    {
        Console.WriteLine(typeof(int));
        Console.WriteLine(typeof(System.Int32));
        Console.WriteLine(typeof(string));
        Console.WriteLine(typeof(double[]));
    }
}
```

程序运行后将产生如下输出，由输出可知 int 和 System.int32 是同一类型。

```
System.Int32
System.Int32
System.String
System.Double[]
```

课外拓展

一、填空题

下列程序的运行结果是（　　　）。

```
using System;
class Test
{
    public static void Main()
    {
        const double PI = 3.14;
        int radius = 1;
        int area = radius*radius*(int)PI;
        Console.WriteLine("area = "+area);
```

```
        }
    }
```

二、选择题

1. 下面的字符组合不能作为标识符的是（   ）。

    A. #_type   B. public   C. _bool   D. 2008year

    E. Double   F. English   G. a12345678   H. new

2. 下面数据类型是值类型的有（   ）。

    A. 浮点数类型   B. 字符串类型   C. 数组类型   D. 接口类型

    E. 小数类型   F. 布尔类型   G. object 类型   H. 枚举类型

3. 下面哪一种类型是所有类型的基类类型?（   ）

    A. 值类型   B. 类类型   C. 委托类型   D. object 类型

4. 下面有关数据类型转换的说法正确的是（   ）。

    A. 结构类型和类类型主要的区别在于结构是值类型，类是引用类型

    B. 字符类型和数值类型是不能进行相互转换的

    C. 整数类型至双精度类型必须显示转换

    D. 浮点数类型到整数类型的显示转换可以进行，但可能会丢失数据

5. 下面关于引用类型的说法正确的是（   ）。

    A. 委托可以封装一个方法的引用，进行适当处理就可以执行被封装的方法

    B. 结构类型是值类型，但结构中成员可以是引用类型

    C. 接口中只能有方法说明，而无方法的实现

    D. 类和结构的主要区别是类可以有方法，而结构不能有方法

6. 下面有关数组的说法正确的是（   ）。

    A. 数组中元素必须是同一种类型

    B. 字符数组和字符串是一样的，只是叫法不同

    C. 字符串变量可以用与字符数组类似的方法读取字符串中字符

    D. 数组元素如果是值类型，则该数组就为值类型

7. 下面关于选择结构的说法正确的是（   ）。

    A. if-else 语句是二分支语句，所以，else 项不能缺少

    B. if 语句的表达式值只能为布尔类型

    C. switch 语句的表达式值只能为布尔类型

    D. switch 语句的 default 项是可选项，可有可无

    E. switch 语句的 case 子句，在某种情况下可以贯穿至下一 case 子句

    F. switch 语句中只能通过常量选择执行哪一 case 子句

8. 对循环结构下面说法正确的是（   ）。

    A. 一个正常的循环结构语句，都有对循环的初始化、循环判断和循环条件修改等内容

    B. 循环结构语句的逻辑判断表达式的值如果为常量 true，则循环不可能终止，是死循环

    C. while 循环结构语句的循环体至少会被执行一次

D. do-while 循环结构语句的循环体至少会被执行一次

E. 任何 for 循环结构语句都可以改写为 while 循环结构语句

F. foreach 循环结构语句可以与 for 循环结构语句互换

三、简答题

1. 什么是变量？变量的作用域是怎样的？变量和常量有什么区别？

2. 举例说明 while 循环和 do-while 循环的区别。

四、操作题

1. 操作要求

（1）银行的年利率为 3%，存入 5 000 元，编写程序，求 10 年后存款总额为多少。提示：公式为存款总额=本金×(1+年利率)^n。

（2）编写程序，计算 10 以内的素数的积。

（3）编写程序，求输入的两个正整数的最大公约数。

2. 操作说明

（1）求 x^y 可用 System 命名空间下的 Math 类的 Pow(x,y)方法。

（2）注意合理选择各种程序结构。

第2章 面向对象编程技术

学习目标

本章主要介绍面向对象程序设计（OOP）的基本概念和主要特性，并重点介绍了在 C# 语言中声明类、使用类、实现继承和使用接口等方法。本章的学习要点包括：

- 面向对象程序设计的基本概念；
- C#语言中声明类的方法；
- 由类创建对象并使用对象的方法；
- C#语言中继承的实现方法；
- 在 C#语言应用接口实现多态。

教学导航

本章的目的是帮助读者初步形成面向对象的基本思想。通过本章的学习，读者应能够理解 OOP 的主要概念和特性，熟练掌握类的定义，对象的创建及对象之间的交互，派生类和抽象类的定义及多态的实现与使用。本章主要内容及其在 C# Windows 程序开发技术中的位置如图 2-1 所示。

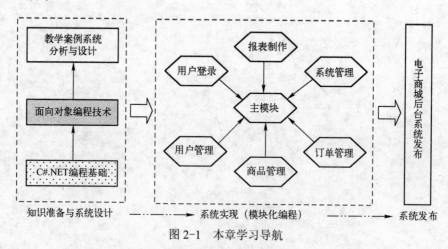

图 2-1　本章学习导航

2.1　面向对象概述

2.1.1　面向对象的基本概念

客观世界是由各种各样的事物（即对象）所组成的，每个事物都有自己的静态特性和动态行为，不同事物间的相互联系和相互作用就构成了各种不同的系统，进而构成了整个客观世界。而人们为了更好地认识客观世界，把具有相似静态特性和动态行为的事物（即对象）

综合为一个种类（即类）。这里的类是具有相似静态特性和动态行为的事物的抽象，客观世界就是由不同类的事物以及它们之间相互联系和相互作用所构成的一个整体。客观世界和主观世界的关系如图 2-2 所示。

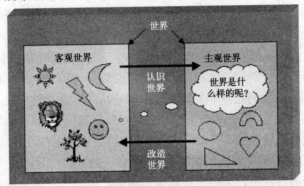

图 2-2　客观世界与主观世界

计算机软件的目的就是为了模拟和描述客观世界的事物以及他们之间的联系，使客观世界中各种不同的系统通过计算机中得以描述和实现，进而为我们工作、学习、生活提供帮助。这种以"类"和"对象"的方式认识客观世界的思想就是面向对象思想。面向对象思想符合人类认识世界的思维，可使计算机软件系统与客观世界中的系统一一对应。

对于什么是"面向对象方法"，至今还没有统一的概念。我们把它定义为：按人们认识客观世界的思维方式，采用基于对象的概念建立客观世界的事物及其之间联系的模型，由此分析、设计和实现软件的办法。下面为大家解释面向对象思想中的核心概念：对象、类、消息和接口。

1. 对象（Object）

对象就是客观世界客观存在的任何事物。从一本书、一个人、一家图书馆、一家极其复杂的自动化工厂、一架航天飞机都可看做是对象。对象不仅能表示有形的实体，也能表示无形的（抽象的）规则、计划或事件。每个对象都有自己的静态特征和动态形为，图 2-3 所示的就是一台金正 DVD 350 对象，它的规格是 400×250×100（长×宽×高），它的颜色是银灰色，它的价格是 1500 元。同时，在这部 DVD 的面板上提供了"播放"、"暂停"、"快进"和"后退"等按钮，方便用户进行 DVD 的播放。按照面向对象思想，我们把 DVD 的"长度"、"宽度"、"颜色"等对象的静态特征称为属性，把"播放"、"暂停"、"快进"等对象的动态形为称为方法。动态行为是类本身的动作或对于属性的改变的操作。

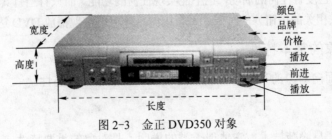

图 2-3　金正 DVD350 对象

2. 类（class）

类是对象的模板。即类是对一组有相同静态特性和相同动态行为的对象的抽象，一个类所包含的属性和方法描述一组对象的共同属性和行为。类是在对象之上的抽象，对象则是类的具体化，是类的实例。例如柏拉图对人做了如下定义：人是没有毛，能直立行走的动物。在柏拉图的定义中"人"是一个类，具有"没有毛、直立"等静态特性和"行走"等动态行为，以区别于其他非人类的事物；而具体的张三、李四、王五等一个个"没有毛且能直立行走"的人，是"人"这个类的一个个具体的"对象"。

类的概念来自于人们认识自然、认识社会的过程，是对客观世界的事物及其联系的抽象。在人们认识自然、认识社会的这一过程中，人们主要使用两种方法，一种是特殊到一般的归纳法。在归纳的过程中，人们把一个个具体的事物的共同性质抽取出来，形成一个一般的概念，这就是"归类"。如：人们根据"金正 DVD350"、"飞乐 VCD 640"等具体的对象进行分析，发现它们都能"播放视频"，因而将磁带放像机、VCD、DVD 等设备统一归类为"放影设备"，归类的目的是为了更好地认识同类的事物共同的特性和行为。另一种是由一般到特殊的演绎法。在演绎的过程中，人们又把同类的事物，根据不同的性质进一步分成不同的小类，这就是"分类"；如根据"放影设备"的性能、编码解码的方式的不同，将"放影设备"进一步分成 VCD 和 DVD 等，分类的目的是为了进一步区别不同事物的特性和行为。

3. 接口（Interface）

如果我们把客观世界看成由不同的系统（或类）组成，这些系统（或类）之间需要通过一个公共的部件进行交流，我们把这个公共的部件称为接口。系统通过设立系统交互界面来与其他系统进行交互。交互时，其他系统只看到是这个交互界面，也只关心这个交互界面，而无须关心系统的具体实现或者交互界面的具体实现。如 DVD 面板上提供的"播放"、"暂停"、"快进"和"后退"等按钮就是接口，就是"人"和"DVD"交流的界面（即接口）。DVD 内部电路被外壳封装，用户只需要通过面板上的相关按钮来操作 DVD，而不需要了解内部电路和内部设备间的具体运作方式。另外，我们在使用计算机时，如果要复位计算机，通常的做法是按主机箱上的"RESET"按钮，而不需要打开机箱，直接短接实现复位的主板上的跳线。这里的"RESET"按钮也就是一个接口。

4. 消息

独立存在的对象没有任何意义，对象之间必须发生联系。消息就是对象之间进行通信的一种规格说明，对象之间进行交互作用和通信的工具。在面向对象程序设计中，只有通过对象间的交互作用，程序员可以获得高阶的功能以及更为复杂的行为。例如：如果你的 DVD 独自摆放的话，它就是一堆废铁，它没有任何的活动，也不能实现任何的功能。而只有当有其他的对象（如：人）来和它交互（点按相关的按钮）的时候才是有用的，才可能实现播放 DVD 达到娱乐的功能。

2.1.2 面向对象的基本特性

一般认为，面向对象的基本特性包括封装性、继承性和多态性。

1. 封装性

封装是一种消息隐蔽技术，它体现于类的说明，是对象的重要特性。封装使数据和操作该数据的方法（函数）封装为一个整体，以实现独立性很强的模块，使得用户只能见到对象的外部特性（对象能接受哪些消息，具有哪些处理能力），而对象的内部特性（保存内部状态的私有数据和实现处理能力的算法）对用户是隐蔽的。封装的目的在于把对象的设计者和对象者的使用分开，使用者不需要知道行为实现的细节，只需用设计者提供的消息来访问该对象。借助于封装，有助于提高类和系统的安全性。

在 Java 语言中，类是封装的最基本单位。封装防止了程序相互依赖性而带来的变动影响。在前面所提到的 DVD 中，通过外壳将内部电路等细节进行隐藏，用户使用 DVD 时不需要关心它是如何通过内部电路的运作来实现播放、暂停、快进等功能。

2. 继承性

继承是类不同抽象级别之间的关系，是子类自动共享父类数据和方法的机制。如前所述，抽象的方法有归纳和演绎。由一些特殊类归纳出来的一般类称为这些特殊类的父类，特殊类称为一般类的子类。同样父类可演绎出子类，父类是子类更高级别的抽象。子类可以继承父类的静态特性和动态行为。在计算机软件开发中采用继承性，提供了类的规范等级结构。通过类的继承关系，使公共的特性能够共享，提高了软件的重用性和可扩展性。对于我们前面所提到的"放影设备"，可以分为磁带放像机、VCD 和 DVD 等，这 3 类设备用户具有共同的特征（播放视频）和操作（播放、暂停、快进和后退等），因此我们可将这些共同的特征和操作抽象出来，定义"放影设备"类，再根据这些设备的性能和编码解码方式等演绎出"磁带放像机"类、"VCD"类和"DVD"类三个子类，如图 2-4 所示。

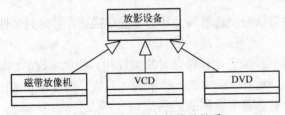

图 2-4 放影设备的继承关系

继承分为单继承（一个子类只有一父类）和多重继承（一个类有多个父类）。类的对象是各自封闭的，如果没有继承性机制，则类对象中数据、方法就会出现大量重复。继承不仅支持系统的可重用性，而且还促进系统的可扩充性。

3. 多态性

对象根据所接收的消息产生行为，同一消息为不同的对象接受时可产生完全不同的行动，这种现象称为多态性。例如：如果你是公司的老总，你说"我明天要到上海出差"，你的秘书听到这个消息，她会马上帮你准备好出差用的文件资料和预订机票；而如果是你的爱人听到这个消息，她会马上帮你出差的衣物和生活用品等。你发出的同样的"消息"，不同的"对象"接收后产生不同的行为。在 OOP 中，多态性可以认为是在一个给定的类继承层次结构中，同名的行为（方法）可在不同类中具有不同的表现形式。在父类演绎为子类时，类的行为（方法）也同样可以演绎，演绎使子类的同名行为（方法）更具体，甚至子类可以有不同于父类的行为（方法）。如动物都会吃，而羊和狼吃的方式和内容都不一样；动物都会叫，猫的叫声是"喵喵"，而狗的叫声是"汪汪"，如图 2-5 所示。

多态性增强了软件的灵活性和可重用性。当一个子类定义的方法与父类中的某个方法同名且参数一致时，称为覆盖（override）。在面向对象程序中，每个子类都可以用不同的方式覆盖和扩展父类的默认特征。如在羊类和狼类中均可重新定义"吃"这个方法，以覆盖动物类中"吃"的方法。如果父类中方法功能与子类的一致，子类可不必覆盖父类的同名方法，即使其他子类覆盖了该方法。如山羊和绵羊是羊的 2 个子类，所有羊都吃草；"羊吃草"方法已在羊类中定义，在山羊类和绵羊类中可不必重复定义"羊吃草"这个方法。多态允许对任意指定的对象自动地使用正确的方法，通过在程序运行过程中将对象与恰当的方法进行动态绑定来实现。

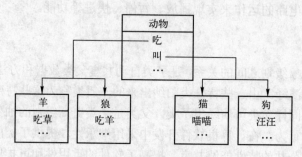

图 2-5　类的多态性

课堂实践 1

1．操作要求

（1）应用面向对象方法对交通工具及其类型进行描述，并对封装性、继承性和多态性进行解释。

（2）根据已有的编程经验，比较面向对象编程和结构化编程的优缺点。

（3）以小组为单位，选择生活中的一种事物（形状、电器等）进行描述，并举例说明什么是类？什么是对象？什么是对象间的消息？

2．操作提示

（1）以学习小组为单位分组讨论进行讨论，每小组推荐一名成员进行演讲。

（2）通过上网查阅面向对象方法相关资料获取更为详细的信息。

2.2　C#中的类与对象

2.2.1　类的声明

1．声明类

类是一种引用数据类型，它可以包含数据成员（常量和字段）和方法成员（方法、属性、事件、索引器、运算符、实例构造函数、静态构造函数等）。类类型支持继承，继承是一种机制，它使派生类可以对基类进行扩展。

C#中类声明的一般格式如下：

```
[<访问修饰符>] class <类名>[:<基类名或接口>]
{
    [<访问修饰符>] <数据成员>
    [<访问修饰符>] <方法成员>
}
```

C#只支持单继承，被继承的类称为基类。如果一个类声明时继承了一个类和一个或多个接口，基类名必须写在前面。

类的访问修饰符可以是如下之一：

- public，表示该类是公开的，直观含义是"访问不受限制"。可以在其他命名空间内访问该类。命名空间是为了方便对类等进行有效管理的一种机制，例如可以将多个类放在一个命名空间里；
- internal，表示该类是内部的，直观含义是"访问范围限于此程序"。在同一个命名空间内部可访问。

类成员的访问修饰符可以是下列之一：

- public，直观含义是"访问不受限制"。
- protected，直观含义是"访问范围限定于它所属的类或从该类派生的类型"。
- internal，直观含义是"访问范围限定于此程序"。
- protected internal，直观含义是"访问范围限定于此程序或那些由它所属的类派生的类型"。
- private，直观含义是"访问范围限定于它所属的类型"。类成员访问修饰符的默认值为 private。

例如，声明学生类的语句如下：

```
public class Student
{
}
```

2．类的成员构成

C# 中类是一种引用类型，类可以包括数据成员（常量和字段）、方法成员（构造函数、方法、属性、事件、索引器）及嵌套类型等。

（1）**常量**：是类的数据成员中值始终不变化的量，是一个在编译时就给定的值。常量为类的所有对象所共享，用关键字 const 修饰。只能为静态，不用 static 修饰，默认为私有访问权限。

（2）**字段**：字段可以看成是变量，是作为类的数据成员的变量，是与类和对象关联的。若用关键字 static 修饰，则该变量由类的所有对象所共享，使用"类名.字段"方式访问，若没有关键字 static 修饰，为对象成员，用"对象名.字段"方式访问。若用 readonly 修饰，对象初始化时给定只读值，且该值以后不能再改变。

（3）**方法**：是在类中声明的函数，为类的对象提供某个方面的行为。用来描述类能够"做什么"。若用 static 修饰，该方法属于类，通过类名调用。出现最多的静态方法是 Main()方法，它是 C#应用程序的入口。

（4）**构造函数**：是类对象的初始化方法。每新建一对象，都会自动调用构造函数来完成对对象的初始化操作。

（5）**属性**：属性是一种与当前类和对象关联，主要用于用方法的形式访问类的数据成员的机制。属性属于方法成员，属性内可有 get（读）访问器和 set（写）访问器或两个访问器之一。对私有字段数据成员的访问往往通过属性完成，属性用方法的方式与字段关联，还可以在访问器中加入适当语句。属性是一种机制，并不规定只能与字段关联，可以利用属性机制完成其他的功能。

（6）**事件**：事件是建立在委托基础上的，也是类的方法成员，可以在接口中出现。事件是对象发送的消息，以发出信号通知操作的发生，是实现 C#可视化程序设计的基础。

（7）**索引器**：是另一种与当前对象关联，主要用于用方法的形式方便地访问类的某一集合数据类型成员的机制。索引器同样属于方法成员，内部也包含有 get 和 set 两个访问器。定义了索引器，可以像使用数组一样访问集合数据成员的各元素，对象名被视做数组名，因此，只能在类中定义一个索引器。索引器的定义与属性有点类似，主要用于访问类的数据成员，主要区别在于一个是非集合成员，一个是集合成员。

2.2.2 字段、方法和属性

1. 字段

字段是包含在类中的对象或值，也就是类的数据成员。字段使类可以封装数据。字段存储类要满足其设计所需要的数据。例如，表示日历日期的类可能有三个整数字段：一个表示月份，一个表示日期，还有一个表示年份。在类块中声明字段的方式如下：指定字段的访问级别，然后指定字段的类型，最后指定字段的名称。例如：

```
public class Student
{
    public static int iCounter = 0;
    String sName;
    private bool bGender = false; //false 代表"女"
    private int iAge;
    private double dHeight; //单位为厘米
    private double dWeight; //单位为公斤
}
```

声明字段时可以使用赋值运算符为字段指定一个初始值。例如，若要自动将 false 赋给 bGender 字段，需要按如下方式声明 bGender：

```
private bool bGender = false; //false 代表"女"
```

【提示】

- 字段初始值设定项不能引用其他实例字段。
- 字段可标记为 public、private、protected、internal 或 protected internal。这些访问修饰符定义类的使用者访问字段的方式。
- 可以选择将字段声明为 static。这使得调用方在任何时候都能使用字段，即使类没有任何实例。
- 可以将字段声明为 readonly。只读字段只能在初始化期间或在构造函数中赋值。static readonly 字段非常类似于常数，只不过 C# 编译器不能在编译时访问静态只读字段的值，而只能在运行时访问。

2. 方法

方法是包含一系列语句的代码块，也就是类的方法成员。在 C# 中，每个执行指令都是在方法的上下文中完成的。方法在类或结构中声明，声明时需要指定访问级别、返回值、方法名称以及任何方法参数。方法参数放在括号中，并用逗号隔开。空括号表示方法不需要参数。Student 类包含三个方法：

```
class Student
{
    public static void getCounter(){ }
    public void getInfo() { }
    public void setInfo(String n, bool g, int a, double h, double w) { }
}
```

3. 属性

属性是这样的成员：它们提供灵活的机制来读取、编写或计算私有字段的值。可以像使用公共数据成员一样使用属性，但实际上它们是称为"访问器"的特殊方法。这使得数据在可被轻松访问的同时，仍能提供方法的安全性和灵活性。

在本示例中，类 TimePeriod 存储了一个时间段。类内部以秒为单位存储时间，但提供一个称为 Hours 的属性，它允许客户端指定以小时为单位的时间。Hours 属性的访问器执行小时和秒之间的转换。

```
class TimePeriod
{
    private double seconds;
    public double Hours
    {
        get { return seconds/3600; }
        set { seconds = value * 3600; }
    }
}
class Program
{
    static void Main()
    {
        TimePeriod t = new TimePeriod();
        // 调用 set 方法给 Hours 属性赋值
        t.Hours = 24;
        // 调用 get 方法获取 Hours 属性值
        System.Console.WriteLine("Time in hours: " + t.Hours);
    }
}
```

【提示】

● 属性使类能够以一种公开的方法获取和设置值，同时隐藏实现或验证代码。
● get 属性访问器用于返回属性值，而 set 访问器用于分配新值。这些访问器可以有不同的访问级别。
● value 关键字用于定义由 set 索引器分配的值。
● 不实现 set 方法的属性是只读的。

2.2.3 对象的创建

由类创建对象的方式有如下几种形式：

格式一：<类名>　<对象名>;
　　　　　<对象名>= new <类名>();
```
Student stu;
Stu=new Student();
```
格式二：<类名>　<对象名> = new <类名>();
```
Student stu=new Student();
```
创建对象的过程就是对象实例化的过程，所谓对象实例化是指在定义对象时，使对象有相应的存储空间存储该对象的信息。对象实例化时占用的空间主要是类的数据成员所需要的内存空间。

对象创建之后，如果要访问对象中的字段，可以通过在对象名称后面依次添加一个句点和该字段的名称来实现的　具体形式为 objectname.fieldname。例如：
```
Student stu = new Student ();
stu.iAge = 37;
```
调用对象的方法类似于访问字段。在对象名称之后，依次添加句点、方法名称和括号。参数在括号内列出，并用逗号隔开。因此，可以如下所示来调用 Student 类的方法：
```
Student liuzc = new Student();
liuzc.setInfo("刘志成", true, 30, 160.5, 60.5);
liuzc.getInfo();
Student.getCounter();
```

【例 2-1】编写描述学生的 C#类

【实例说明】

图 2-6　【例 2-1】运行结果

该实例主要用来帮助理解面向对象的基本概念、C#语言中类的基本格式。程序运行后，首先调用类的赋值方法给学生对象进行赋值，然后调用显示方法，显示学生的基本信息，如图 2-6 所示。

【程序实现】

打开记事本，编写程序如下，并将文件保存到 d:\code\chap02\Demo2_1 文件夹中，文件名为 Student.cs。

【例 2-1】　Student.cs
```
1  using System;
2  public class Student
3  {
4      public static int iCounter = 0;
5      String sName;
6      private bool bGender = false; //false 代表"女"
7      private int iAge;
8      private double dHeight;   //单位为厘米
9      private double dWeight;   //单位为公斤
10     public static void getCounter()
11     {
12        Console.WriteLine("学生总数:"+ ++iCounter);
```

```
13        }
14     public void getInfo()
15     {
16         Console.Write("姓名:"+sName+"\t");
17         Console.Write("性别:"+bGender+"\t");
18         Console.WriteLine("年龄:"+iAge+"岁\t");
19         Console.Write("身高:"+dHeight+"厘米\t");
20         Console.WriteLine("体重:"+dWeight+"公斤");
21     }
22     public void setInfo(String n, bool g, int a, double h, double w)
23     {
24         sName = n;
25         bGender = g;
26         iAge = a;
27         dHeight = h;
28         dWeight = w;
29     }
30     public static void Main()
31     {
32         Student liuzc = new Student();
33         liuzc.setInfo("刘志成", true, 30, 160.5, 60.5);
34         liuzc.getInfo();
35         Student.getCounter();
36         Student liuj=new Student();
37         liuj.setInfo("刘津", false, 10, 135.5, 40);
38         liuj.getInfo();
39         Student.getCounter();
40     }
41 }
```

【代码分析】

- 第 4 行：定义一个 static（静态的）类成员变量 iCounter，用来保存学生总人数；
- 第 5~9 行：定义学生类的 5 个字段；
- 第 10~13 行：定义获得学生总人数的静态方法 getCounter；
- 第 14~21 行：定义获得学生信息的方法 getInfo；
- 第 22~29 行：定义设置学生信息的方法 setInfo；
- 第 32~39 行：在 Main 方法中分别创建 Student 类的对象 liuzc 和 liuj，并调用相关的方法。

2.2.4 构造函数

实际生活中，一个对象建立时，就应该有其实际的数据值，如木匠做一件家具，桌子对象已建立，就会有实际的大小，即要先有对象的值，再有对象。C#面向对象的程序设计，也追求这种自然的构造对象方式，对象建立时，通过适当的途径给其赋初值。面向对象的编程语言 C#由构造函数完成这一使命。构造函数（constructor）是一种特殊的方法，在对象建立时被自动调用，完成初始化工作。

类的构造函数的定义格式如下：

```
[<修饰关键字>] class <类名>
{
    ...
    //构造函数名与类名相同
    <构造函数名>(参数表)
    {
        ...
    }
    ...
}
```

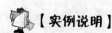【提示】

● 构造函数名与类名相同。

● 没有返回类型，无返回值。

● 构造函数的作用一般用于对象的初始化，也可利用构造函数完成其他工作。

● 构造函数在对象创建时被自动调用。

● 构造函数可以重载。

● 构造函数通常用 public 修饰，用 protected，private 修饰可能导致无法实例化。虽然构造函数通常用 public 修饰但也不能像调用其他方法那样显式地调用构造函数，可用 base 关键字调用基类的构造函数。

● 若没有构造函数，C#会自动调用一默认的构造函数，形式为：<类名>(){ }。可以用该构造函数定义对象，但程序中如果有构造函数，则不再存在默认构造函数。对象的初始化工作一般由构造函数来完成。构造函数是类的一种特殊的类的方法成员。

【例 2-2】使用构造函数

【实例说明】

该实例主要用来演示构造函数的使用和主要功能。程序运行后，显示出由不同的构造函数得到的圆的半径，如图 2-7 所示。

图 2-7　【例 2-2】运行结果

【程序实现】

打开记事本，编写程序如下，并将文件保存到 d:\code\chap02\Demo2_2 文件夹中，文件名为 MyCircle.cs。

【例 2-2】 MyCircle.cs

```
1  using System;
2  public class MyCircle
```

```
 3  {
 4      public double radius;
 5      public MyCircle() { }
 6      public MyCircle(double r)
 7      {
 8          this.radius = r;
 9      }
10      public void Display()
11      {
12          Console.WriteLine("圆的半径为:{0}", radius);
13      }
14  }
15  public class TestMyCircle
16  {
17      public static void Main()
18      {
19          MyCircle mc = new MyCircle(8);
20          mc.Display();
21          MyCircle mc2 = new MyCircle();
22          mc2.radius = 12;
23          mc2.Display();
24      }
25  }
```

【代码分析】

● 第2～14行: 定义一个圆类 MyCircle;
● 第4行: 定义一个字段变量 radius;
● 第5行: 声明无参数的构造函数 MyCircle();
● 第6～9行: 声明带一个参数的构造函数 MyCircle(double r);
● 第15～25行: 定义测试圆类测试类 TestMyCircle;
● 第19行: 调用带参数的构造函数创建对象 mc;
● 第20行: 调用 mc 对象的 Display 方法,显示该对象的半径;
● 第21行: 调用不带参数的构造函数创建对象 mc2,如果没有第5行的声明语句,该语句将会因为没有声明构造函数而无法实例化;
● 第22行: 给 mc2 对象的 radius 字段赋值为 12;
● 第23行: 调用 mc2 对象的 Display 方法,显示该对象的半径。

课堂实践 2

1. 操作要求

（1）编写一个描述小汽车的 C#类。

（2）编写测试小汽车类中字段、成员方法和构造函数的测试类。

2. 操作提示

（1）各学习小组也可以选择完成类似的操作（如电视机类、鱼类、矩形类等）。

（2）小汽车类要求至少包括 3 个字段、2 个成员方法和 2 个构造函数。

2.3　继承与多态

为了提高软件模块的可复用性和可扩充性，以便提高软件的开发效率，我们总是希望能够利用前人或自己以前的开发成果，同时又希望在自己的开发过程中能够有足够的灵活性，不拘泥于复用的模块。C#这种完全面向对象的程序设计语言提供了两个重要的特性——继承性和多态性。

2.3.1　继承

继承是面向对象程序设计的主要特征之一，它可以让程序员重用代码，可以节省程序设计的时间。继承就是在类之间建立一种相交关系，使得新定义的派生类的实例可以继承已有的基类的特征和能力，而且可以加入新的特性或者是修改已有的特性建立起类的新层次。

现实世界中的许多实体之间不是相互孤立的，它们往往具有共同的特征也存在内在的差别。人们可以采用层次结构来描述这些实体之间的相似之处和不同之处，如图 2-4 所示。

C#中的继承指一个新定义的类通过另一个类得到，在拥有了另一个类的所有特征的基础上，加入新类特有的特征的一种定义类的方式。

多态性概念来源于生物学，指多型现象。面向对象的多态性是指同一个方法的执行在不同的条件下表现出不同的形态，即实际执行的可能是不同的方法，存在着一对多的关系。多态性在 C#程序设计语言中与类的虚方法和抽象类的抽象方法有关。继承和多态都是面向对象程序设计语言的重要特征。

除封装类（用 sealed 关键字修饰的类）之外任一类都可以从另一类继承得到，被继承的类称为基类，也称为父类。通过对基类的继承产生的新类称为派生类，也称为子类。

C#程序设计语言不允许多继承，只允许单继承。

类的继承定义格式如下：

```
[<修饰关键字>] class <派生类>:<基类>[,<接口列表>]
{
    <派生类代码>
}
```

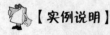 【提示】

- C#用 ":" 引导继承列表；
- C#只支持类的单继承；
- C#对接口允许多继承；
- 如果有继承的类，基类须写在最前面。

【例 2-3】编写交通工具类和小汽车类

【实例说明】

该实例主要用来演示 C#中的继承的实现方法。其中 Vehicle 作为基类，体现了"汽车"这个实体具有的公共特性：汽车都有轮子和重量。Car 类继承了 Vehicle 的这些特性，并且添加了自身的特性：可以搭载乘客。程序运行后，显示出基类的方法和派生类特有方法对基类字段和派生类特有字段的操作，如图 2-8 所示。

图 2-8 【例 2-3】运行结果

【程序实现】

打开记事本，编写程序如下，并将文件保存到 d:\code\chap02\Demo2_3 文件夹中，文件名为 Car.cs。

【例 2-3】 Car.cs

```
1  using System;
2  class Vehicle
3  {
4      protected int wheels; //公有成员：轮子个数
5      protected float weight; //保护成员：重量
6      public Vehicle() { ; }
7      public Vehicle(int w, float g)
8      {
9         wheels = w;
10        weight = g;
11      }
12     public void Speak()
13     {
14         Console.WriteLine("交通工具的轮子个数是可以变化的！");
15     }
16  }
17  class Car:Vehicle //定义轿车类：从汽车类中继承
18  {
19      int passengers; //私有成员：乘客数
20      public Car(int w, float g, int p): base(w, g)
21      {
22         wheels = w;
23         weight = g;
24         passengers = p;
25      }
26      public void Display()
27      {
28         Console.WriteLine("我有{0}个轮子",this.wheels);
29         Console.WriteLine("我重{0}公斤",this.weight);
30         Console.WriteLine("我可以载客{0}人",this.passengers);
31      }
32  }
```

```
33  class TestCar
34  {
35      static void Main()
36      {
37          Car honda = new Car(4, 1000, 4);
38          honda.Speak();
39          honda.Display();
40      }
41  }
```

【代码分析】

- 第 2～16 行: 定义交通工具(Vehicle)类;
- 第 4～5 行: 定义 Vehicle 类的成员变量;
- 第 6 行: 无参构造函数;
- 第 7～11 行: 带参构造函数;
- 第 12～15 行: 声明方法 Speak;
- 第 17～32 行: 定义继承于 Vehicle 类的 Car 类;
- 第 19 行: 定义一个 Car 类私有字段变量 passengers;
- 第 20～25 行: Car 类带参构造函数;
- 第 20 行: 使用: base(w, g)表示调用基类的构造函数;
- 第 26～31 行: Car 类的方法 Display;
- 第 33～41 行: 定义测试 Car 类的 TestCar 类;
- 第 37 行: 生成 Car 类对象 honda;
- 第 38 行: 调用继承于基类的方法 Speak;
- 第 39 行: 调用私有的方法 Display。

【提示】

C#中的继承符合下列规则:

- 继承是可传递的。如果 C 从 B 中派生, B 又从 A 中派生, 那么 C 不仅继承了 B 中声明的成员, 同样也继承了 A 中的成员。Object 类作为所有类的基类。
- 派生类应当是对基类的扩展。派生类可以添加新的成员, 但不能除去已经继承的成员的定义。
- 构造函数和析构函数不能被继承。除此以外的其他成员, 不论对它们定义了怎样的访问方式, 都能被继承。基类中成员的访问方式只能决定派生类能否访问它们。
- 派生类如果定义了与继承而来的成员同名的新成员, 就可以覆盖已继承的成员。但这并不因为这派生类删除了这些成员, 只是不能再访问这些成员。
- 类可以定义虚方法、虚属性以及虚索引指示器, 它的派生类能够重载这些成员, 从而实现类可以展示出多态性。

2.3.2 多态

1. 什么是多态

同一操作作用于不同的对象, 可以有不同的解释, 产生不同的执行结果, 这就是多态性。多态性通过派生类重载基类中的虚函数型方法来实现, 如图 2-5 所示。在面向对象的系统中,多态性是一个非常重要的概念，它允许客户对一个对象进行操作，由对象来完成一系列的动作，具体实现哪个动作、如何实现由系统负责解释。C#支持两种类型的多态性：

（1）编译时的多态性。编译时的多态性是通过重载来实现的。对于非虚的成员来说，系统在编译时，根据传递的参数、返回的类型等信息决定实现何种操作。

（2）运行时的多态性。运行时的多态性就是指直到系统运行时，才根据实际情况决定实现何种操作。C#中，运行时的多态性通过虚成员实现。

编译时的多态性为我们提供了运行速度快的特点，而运行时的多态性则带来了高度灵活和抽象的特点。

2．实现多态

多态性是类为方法（这些方法以相同的名称调用）提供不同实现方式的能力。多态性允许对类的某个方法进行调用而无须考虑该方法所提供的特定实现。例如，可能有名为 Road 的类，它调用另一个类的 Drive 方法。这另一个类 Car 可能是 SportsCar 或 SmallCar，但二者都提供 Drive 方法。虽然 Drive 方法的实现因类的不同而异，但 Road 类仍可以调用它，并且它提供的结果可由 Road 类使用和解释。可以用不同的方式实现多态：

（1）通过接口实现多态。多个类可实现相同的"接口"，而单个类可以实现一个或多个接口。接口本质上是类需要如何响应的定义。接口描述类需要实现的方法、属性和事件，以及每个成员需要接收和返回的参数类型，但将这些成员的特定实现留给实现类去完成。

（2）通过继承实现多态。多个类可以从单个基类"继承"。通过继承，类在基类所在的同一实现中接收基类的所有方法、属性和事件。这样，便可根据需要来实现附加成员，而且可以重写基成员以提供不同的实现。

（3）通过抽象类实现多态。抽象类同时提供继承和接口的元素。抽象类本身不能实例化，它必须被继承。该类的部分或全部成员可能未实现，该实现由继承类提供。已实现的成员仍可被重写，并且继承类仍可以实现附加接口或其他功能。

【例 2-4】编写绘画类

 【实例说明】

该实例主要用来演示 C#中的通过继承实现多态的方法。在程序运行时，Line、Circle、Square 和 DrawingBase 类各自调用对象的 Draw( )方法。最终通过指向 DrawingBase 基类的指针来调用派生类中的重载的 Draw( )方法，显示不同的信息，如图 2-9 所示。

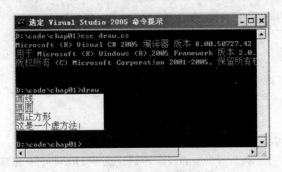

图 2-9　【例 2-4】运行结果

【程序实现】

打开记事本，编写程序如下，并将文件保存到 d:\code\chap02\Demo2_4 文件夹中，文件名为 Draw.cs。

【例 2-4】 Draw.cs

```
1  using System;
2  public class DrawingBase
3  {
4      public virtual void Draw()
5      {
6          Console.WriteLine("这是一个虚方法！");
7      }
8  }
9  public class Line:DrawingBase
10 {
11     public override void Draw()
12     { Console.WriteLine("画线"); }
13 }
14 public class Circle:DrawingBase
15 {
16     public override void Draw()
17     { Console.WriteLine("画圆"); }
18 }
19 public class Square:DrawingBase
20 {
21     public override void Draw()
22     { Console.WriteLine("画正方形"); }
23 }
24 public class TestDraw
25 {
26     public static int Main(string[] args)
27     {
28        DrawingBase[] dObj = new DrawingBase[4];
29        dObj[0] = new Line();
30        dObj[1] = new Circle();
31        dObj[2] = new Square();
32        dObj[3] = new DrawingBase();
33        foreach (DrawingBase drawObj in dObj)
34           drawObj.Draw();
35        return 0;
36     }
37 }
```

【代码分析】

- 第 2~8 行：定义基类 DrawingBase 类；
- 第 4 行：方法声明前加上了 virtual 修饰符，表示 Draw 方法为虚方法，也表示该基类的派生类可以重写该方法；

- 第 9~13 行：继承于 DrawingBase 类的 Line 类；
- 第 14~18 行：继承于 DrawingBase 类的 Circle 类；
- 第 19~23 行：继承于 DrawingBase 类的 Square 类；
- 第 12 行、第 17 行、第 22 行：在 Line 类、Circle 类、Square 类中重写 Draw 方法，以实现不同的功能；
- 第 24~37 行：继承于 DrawingBase 类的 Square 类；
- 第 28 行：创建了一个对象数组 dObj，数组元素是 DrawingBase 类的对象；
- 第 29~32 行：让 dObj 的数组元素分别指向 Line 类、Circle 类、Square 类和 DrawingBase 类；
- 第 33~34 行：使用 foreach 语句调用各自对象的 Draw 方法。

【提示】

- 在 dObj 数组中，通过指向 DrawingBase 基类的指针来调用派生类中的重载的 Draw( ) 方法，这就是多态的具体表现；
- 【例 2-4】演示了通过继承实现多态的方法，其他两种实现多态的方法，请读者自行理解。

课堂实践3

1. 操作要求

（1）编写一个描述交通工具的基类。
（2）编写一个继承于交通工具类的派生类小汽车类。
（3）编写测试交通工具类和小汽车类的字段和方法的测试类。

2. 操作提示

（1）各学习小组也可以选择完成类似的操作（如电器类、动物类、形状类等）。
（2）交通工具类要求至少包括共有的 2 个字段、2 个成员方法和 1 个构造函数。
（3）小汽车类要求至少包括特有的 1 个字段、1 个成员方法。

2.4　接口、委托和事件

2.4.1　接口

1. 接口的概念

通常的接口是两个不同系统（或子程序）交接并通过它彼此作用的部分，指起连接作用的实物。实际上，实物是接口的实现，日常生活中习惯上将连接的实物称为"接口"，不会出现概念上的冲突。而接口设计人员，必须对接口设计和接口实现有清楚的区分。在程序设计中使用接口技术时应将接口的定义和接口实现区别开来。应认识到接口是一种协定。

C#中的接口（interface）是规定实现接口的类或结构应具有的操作（方法）的协定（或称说明）。类或结构的接口实现要与接口的定义严格一致。有了接口就可以设计出较高质量的程序代码，甚至突破编程语言上的限制。

2．定义接口

接口是一种协议，接口中只有方法的说明和规定，而没有方法的实现。接口中方法的实现在继承了接口的类或结构中完成。

接口可以是命名空间或类的成员，定义接口使用关键字 interface，其一般格式如下：

```
[修饰符] interface <接口名> [:继承的接口列表]
{
    //接口成员定义
}
```

【提示】

● 修饰符可以是 new、public、protected、internal、private。new 修饰符只能出现在派生接口中，表示覆盖了继承来的同名成员。public、protected、internal 和 private 修饰符定义了对接口的访问权限。若作为命名空间成员只能用 public、internal 修饰符。

● 继承的接口列表包含一个或多个基接口的列表，接口间由逗号分隔。

● 接口成员可以是方法、属性、索引器和事件。例如：

```
public interface IMyInterface
{
void MyMethod();    //方法
string MyProperty   //属性
{
get;
set;
}
int this[int index] //索引器
{
get;
set;
}
event EventHandler MyEvent; //事件
}
```

● 接口中的成员不可显式地说明访问权限，默认为公有（public）访问权限。

● 接口的名称习惯以字母"I"开头。

3．定义接口成员

接口可以包含零个、一个或多个成员，这些成员可以是方法、属性、索引器和事件，不能是常量、字段、构造函数等，且不能包含任何静态成员（不能用 static 修饰接口成员）。

1）定义方法成员

接口方法的定义格式如下：

```
[new] <返回类型> <方法名>([参数列表]);
```

接口方法的定义与类方法的定义格式基本相同，其区别表现在：

● 如果有修饰符则只能是 new，表示在继承的基接口中也有同名方法。

● 定义接口方法与定义抽象类的抽象方法一样只有方法的声明格式，没有方法的实现，所以方法声明后面也有一个";"符号。

以下代码定义一个接口的名称为 Show 方法成员：

```
public interface Iprint
{
        void Show();
}
```

2）定义属性成员

接口属性成员的定义格式如下：

```
[new] <返回类型> <属性名>{ get; set; }
```

接口属性的定义与类的属性定义格式基本相同，其区别表现在：

● 可以有 new 修饰符，表示在继承的基接口中有同名属性。

● 定义接口属性与定义类的属性一样，可以有 get 项或 set 项，至少有其中一项或两项都有。get 项、set 项用于设置属性是否可读可写。同时，作为接口成员，get 项、set 项也只能有定义不能有实现。

以下代码定义一个接口的属性成员：

```
public interface IMyRectangle
{
    //属性设置可读可写
    int Width{ get ; set ; }
    //属性设置只读
    int Length{ get ; }
}
```

3）定义索引器成员

接口索引器的定义格式如下：

```
[new] <返回类型> this[int <索引参数名>]{ get; set; }
```

以下代码定义一个接口的索引器成员：

```
public interface IMyIndex
{
        //索引器设置可读可写
        int this[int Index]{ get ; set ; }
}
```

4）定义事件成员

接口事件的定义格式如下：

```
[new] event <委托名> <事件名>
```

接口事件的定义与类的事件定义格式相同。

以下代码定义一个接口的事件成员：

```
public interface IMyEvent
{
        event MyEventHandler MyTest;
}
```

4．实现接口

接口是一种协议，接口中只有对方法的声明，没方法体，即无方法的实现。具体实现接口规定的功能，是某个类或结构要完成的事。类或结构继承了接口，并实现了方法（有方法体），就称为接口实现。类实现接口的格式如下：

```
[修饰符] Class <类名>:[基类名],[接口1],[接口2],[接口3],…
{      //类体      }
```

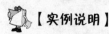【提示】

● 若有基类，基类名应写在继承成员的最前面；
● 基类只允许有一个，类继承的接口数无限制，可以有多个；
● 类继承了接口，就必须为接口成员实现方法，格式要求相同；
● 接口中的方法隐含的访问修饰符为 public，所以，类在实现方法时一般必须用 public 修饰符。

【例 2-5】遥控器接口及实现

【实例说明】

该实例主要用来演示 C#中的接口定义的方法和接口实现的方法。程序运行后将根据接口对象的不同引用，显示海尔电视机遥控器和 DVD 遥控器的控制信息，如图 2-10 所示。

图 2-10 【例 2-5】运行结果

【程序实现】

打开记事本，编写程序如下，并将文件保存到 d:\code\chap02\Demo2_5 文件夹中，文件名为 RemoteCtrl.cs。

【例 2-5】 RemoteCtrl.cs

（1）遥控器接口 IremoteCtrl。

```
1  using System;
2  interface IRemoteCtrl
3  {
4      bool powerOnOff(bool b); //电源开关
5      int volumeUp(int increment); //声音放大
6      int volumeDown(int decrement); //声音减小
7      void mute();//静音
8  }
```

【代码分析】

● 第 2~8 行：定义接口 IRemoteCtrl；

● 第 4～7 行：定义接口中的方法。

（2）实现遥控器接口的电视机遥控器类 TVRemoteCtrl。

```
1  class TVRemoteCtrl:IRemoteCtrl
2  {
3    private const int CHANNEL_MIN = 0;
4    private const int CHANNEL_MAX = 999;
5    private String sMaker = "";  //生产厂家
6    private bool power;
7    private int iVolume;
8    private int iChannel = CHANNEL_MIN;
9    public TVRemoteCtrl(String m)
10   {
11       this.sMaker = m;
12   }
13   public bool powerOnOff(bool b)
14   {
15       this.power= b;
16       Console.WriteLine(sMaker + "电视电源状态:" + (this.power ? "开":"关") );
17       return this.power;
18   }
19   public int volumeDown(int decrement)
20   {
21       if(!this.power )    return 0; //电源关闭, 遥控信号均无效
22       this.iVolume -=decrement;
23       Console.WriteLine(sMaker + "电视声音减小为:" + this.iVolume );
24       return this.iVolume;
25   }
26   public int volumeUp(int increment)
27   {
28       if(!this.power )    return 0; //电源关闭, 遥控信号均无效
29       this.iVolume +=increment;
30       Console.WriteLine(sMaker + "电视声音增大到:" + this.iVolume );
31       return this.iVolume;
32   }
33   public void mute()
34   {
35       if(!this.power )  return; //电源关闭, 所以遥控信号均无效
36       Console.WriteLine(sMaker + "电视处于静音状态" );
37       return ;
38   }
39   public int channelDown()
40   {
41       if(!this.power )    return 0; //电源关闭, 遥控信号均无效
42       this.iChannel = this.iChannel > CHANNEL_MIN ? --this.iChannel:CHANNEL_MAX;
43       Console.WriteLine(sMaker + "电视频道上调为:" + this.iChannel );
44       return this.iChannel;
45   }
46   public int channelUp()
```

```
47    {
48         if(!this.power )    return 0; //电源关闭，遥控信号均无效
49         this.iChannel = this.iChannel < CHANNEL_MAX ? ++this.iChannel : CHANNEL_MIN;
50         Console.WriteLine(sMaker + "电视频道下调为:" + this.iChannel );
51         return this.iChannel;
52    }
53    public int setChannel(int ch)
54    {
55         if(!this.power )    return 0; //电源关闭，遥控信号均无效
56         if(ch > CHANNEL_MAX) this.iChannel = CHANNEL_MAX;
57         else if(ch < CHANNEL_MIN)this.iChannel = CHANNEL_MIN;
58         else  this.iChannel = ch;
59         Console.WriteLine(sMaker + "电视频道设置为:" + this.iChannel );
60         return this.iChannel;
61    }
62 }
```

【代码分析】

- 第 1 行：TVRemoteCtrl 类实现接口 IRemoteCtrl;
- 第 3~8 行：定义 TVRemoteCtrl 类的字段;
- 第 9~12 行：构造函数，对 sMaker 进行初始化;
- 第 13~18 行：打开或关闭电视机电源，并显示电源状态;
- 第 19~25 行：实现电视机的音量减小;
- 第 26~32 行：实现电视机的音量增大;
- 第 33~38 行：设置电视机为静音;
- 第 39~45 行：设置电视机调到上一频道;
- 第 46~52 行：设置电视机调到下一频道;
- 第 53~61 行：设置电视机调到指定频道。

（3）实现遥控器接口的 DVD 遥控器类 DVDRemoteCtrl。

```
1  class DVDRemoteCtrl:IRemoteCtrl
2  {
3     private String sMaker = ""; //生产厂家
4     private bool power;
5     private int iVolume;
6     public DVDRemoteCtrl(String m)
7     {
8         this.sMaker = m;
9     }
10    public bool powerOnOff(bool b)
11    {
12        this.power = b;
13        Console.WriteLine(sMaker + "DVD 电源状态: " + (this.power ? "开" : "关"));
14        return this.power;
15    }
16    public int volumeDown(int decrement)
17    {
```

```
18        if (!this.power) return 0; //电源关闭，遥控信号均无效
19        this.iVolume -= decrement;
20        Console.WriteLine(sMaker + "DVD 声音减小为:" + this.iVolume);
21        return this.iVolume;
22    }
23    public int volumeUp(int increment)
24    {
25        if (!this.power) return 0; //电源关闭，遥控信号均无效
26        this.iVolume += increment;
27        Console.WriteLine(sMaker + "DVD 声音增大到:" + this.iVolume);
28        return this.iVolume;
29    }
30    public void mute()
31    {
32        if (!this.power) return; //电源关闭，所以遥控信号均无效
33        Console.WriteLine(sMaker + "DVD 处于静音状态");
34        return;
35    }
36 }
```

![代码分析机器人] 【代码分析】

● 第 1 行：DVDRemoteCtrl 类实现接口 IRemoteCtrl;
● 第 3～5 行：定义 DVDRemoteCtrl 类的字段;
● 第 6～9 行：构造函数，对 sMaker 进行初始化;
● 第 10～15 行：打开或关闭 DVD 电源，并显示电源状态;
● 第 16～22 行：实现 DVD 的音量减小;
● 第 23～29 行：实现 DVD 的音量增大;
● 第 30～35 行：设置 DVD 为静音。

（4）测试类 TestRemoteCtrl。

```
1 public class TestRemoteCtrl
2 {
3    static void Main()
4    {
5        IRemoteCtrl irc;
6        TVRemoteCtrl  trc= new TVRemoteCtrl("海尔 H600");
7        irc = trc;
8        irc.powerOnOff(true);
9        irc.mute();
10       irc.volumeUp(2);
11       irc.volumeUp(3);
12       trc.setChannel(45);
13       trc.channelDown();
14       irc = new DVDRemoteCtrl("金正 350");
15       irc.powerOnOff(true);
16       irc.mute();
17       irc.volumeUp(5);
18       irc.volumeUp(1);
```

```
19    }
20  }
```

【代码分析】

- 第 5 行：声明 IRemoteCtrl 接口对象 irc（不能使用 new 生成）；
- 第 6 行：创建电视机遥控（TVRemoteCtrl）对象 trc;
- 第 7 行：设置 irc 引用指向 trc 对象；
- 第 8~11 行：使用 irc 调用电视机遥控器的方法；
- 第 12~13 行：使用 trc 调用电视机遥控器的频道相关方法（方法在接口中没有定义，不能由 irc 进行调用）；
- 第 14 行：设置 irc 引用指向 DVD 遥控对象（DVDRemoteCtrl 对象）；
- 第 15~18 行：使用 irc 调用 DVD 遥控器的方法。

2.4.2 委托

1. 委托的定义

委托（Delegate）是引用类型，可以用委托对象保存与委托类型相符的方法的引用（引用理解为方法在内存中的地址，引用概念强调类型的安全性）。委托类型可以放在类的内部定义，也可以放在类的外部定义，委托对象必须放在类的内部或方法内部定义。由于委托对象可保存方法的引用，C#允许用委托对象加小括号执行方法。

委托也可以理解为"代表"、"指代"。委托是一种特殊的数据类型，派生于 System.Delegate 类。委托对象主要用来保存方法的引用。

2. 委托类型定义

委托类型定义的格式：

```
[访问修饰符] delegate <返回类型> <委托名>([参数列表])
```

【提示】

- 返回类型是委托封装的方法的返回类型。
- 参数列表为可选项，用于指定方法必须带的参数类型及列表顺序。
- 由于委托类型定义是定义一种新的类型，所以，可以写在类的外部，也可以写在类的内部，就如结构类型一样；若在类的内部定义，则类型为"类名.委托名"。
- 指定的访问修饰符对定义的委托对象有限制作用，应与委托对象的访问权限一致或高于委托对象的访问权限，在类的外部定义只能是 public 或 internal，不写时默认为 internal。

定义委托类型的代码如下：

```
public delegate void MyDelegate1st();
public delegate int MyDelegate2nd(int a,int b);
```

其中，第一条语句定义了 MyDelegate1st 的委托类型，可以封装无参数和无返回值的方法；第二条语句定义了 MyDelegate2nd 的委托类型，可以封装带参数（int,int）和 int 类型返回值的方法。

3. 委托对象的定义

委托是引用类型，委托的对象用于保存方法的引用。委托对象的实例化也用 new 关键字。委托要封装方法，因此，委托对象的实例化要传入具有与委托类型的返回类型和参数相同的方法的方法名。委托对象定义的格式如下：

[<访问修饰符>]　<委托类型>　<委托对象名> = new <委托类型>(<匹配的方法名>)

也可以通过一个委托对象定义委托对象。定义的格式如下：

[<访问修饰符>]　<委托类型>　<委托对象名> = new <委托类型>(<另一个同类型委托对象>)

【提示】

- 访问修饰符受委托类型的限制，应与委托类型访问权限一致或低于委托类型的访问权限；
- 委托对象可以在类内部定义作为类的数据成员，也可以在方法内定义作为局部变量；
- 委托对象的定义与其他引用类型对象定义的格式基本相同；
- 参数可以是某一方法名，也可以是另一个同类型委托对象，封装方法只写方法名；
- 可以用"+="、"-="等运算符实现多重委托或从多重委托对象中去除某一方法的封装。

【例 2-6】实例化委托对象

【实例说明】

该实例主要用来演示 C#中的委托的功能和实现方法。程序运行后显示由委托实现的运算结果，如图 2-11 所示。

图 2-11　【例 2-6】运行结果

【程序实现】

打开记事本，编写程序如下，并将文件保存到 d:\code\chap02\Demo2_6 文件夹中，文件名为 DelegateDemo.cs。

【例 2-6】 DelegateDemo.cs

```
1  using System;
2  delegate int MyDelegate(int a, int b);
3  public class DelegateDemo
4  {
5      public int Add(int a, int b)   //实例方法
6      {
```

```
7            return a + b;
8        }
9      public static int Sub(int a, int b)    //静态方法
10       {
11           return a - b;
12       }
13   }
14   public class TestDelegate
15   {
16       public static void Main()
17       {
18           DelegateDemo dd = new DelegateDemo();
19           MyDelegate md1 = new MyDelegate(dd.Add);   //封装 Add 实例方法
20           MyDelegate md2 = new MyDelegate(DelegateDemo.Sub); //封装静态 Sub 方法
21           MyDelegate md3 = new MyDelegate(md1);   //封装委托对象
22           Console.WriteLine("1+2={0}",md1(1, 2));
23           Console.WriteLine("3-4={0}",md2(3, 4));
24           Console.WriteLine("4+5={0}",md3(4, 5));
25       }
26   }
```

【代码分析】

- 第 2 行: 定义委托类型 MyDelegate;
- 第 3～13 行: 定义实现了两数相加和相减操作的 DelegateDemo 类;
- 第 14～26 行: 定义了测试委托的测试类 TestDelegate;
- 第 19～21 行: 分别定义了 md1、md2 和 md3 三个委托对象, 保存对 DelegateDemo 对象中的 Add 方法和 Sub 方法的封装;
- 第 22～24 行: 分别通过委托对象实现加减法操作, 并输出结果。

2.4.3 事件

委托是引用数据类型, 是一种保存方法引用的特殊数据类型。C#允许将保存了方法引用的委托类型对象加上小括号和参数作为方法执行, 但委托不能理解为方法。只有在定义时, 将委托用关键字 event 修饰, 并放在类的内部, 才成为类的事件, 事件是类的方法成员。

基于 Windows 和 Web 的应用程序都是事件驱动的应用程序, 根据事件来执行各种不同的方法操作。每个窗体 (Form) 及控件都提供了一个预定义的事件集, 开发人员可以根据这个事件集进行编程。当发生某一事件时, 对象发送消息引发事件。

事件必须以一个类的方法作为触发器引发事件, 可以单独写一个方法, 也可以用构造函数等作为触发器引发事件。

1. 事件定义

事件是与委托紧密相关的, 定义事件必须先定义委托类型。定义事件与定义委托对象有些区别, 要用 event 关键字修饰。

事件的定义格式如下:

```
[<访问修饰符>] event <委托类型> <事件名> = new <委托类型>(<匹配的方法名>)
```

也可以通过一个事件对象定义事件，定义的格式：

[<访问修饰符>] event <委托类型> <事件名> = new <委托类型>(<另一个同类型事件对象>)

【提示】

● 访问修饰符受委托类型访问权限的限制，应与委托类型的访问权限一致或低于委托类型的访问权限。
● 事件是类的方法成员，在类的内部定义，不能在方法内作为变量定义。
● 可以用"+="、"-="等运算符进行多重事件的设置和删除，"="运算符只能在定义事件的类内部运用，所以，建议使用"+="运算符。
● 事件只能在定义事件的类中引发事件。

2．事件的引发

事件的引发要求有一个方法作为触发器触发事件的发生。

```
触发器
{
    <事件名>（<参数表>）；
}
```

【提示】

● 事件是类的方法成员，事件的引发需要有一个触发器，不能如委托一样在其他类的方法中执行方法，可以如委托一样在其他类的方法中封装方法，所以，应在同一个类中定义事件，设置触发器；
● 触发器可以是类中的任意一个方法，设方法一般为公有，以便在其他类方法中引发事件；
● 事件的参数表必须与委托定义的格式相同。

课堂实践4

1．操作要求

（1）编写一个描述遥控器的接口。
（2）编写一个实现遥控器接口的海信电视机类。
（3）编写一个实现遥控器接口的机顶盒类。
（4）编写测试遥控器的接口和海信电视机类的测试类。

2．操作提示

（1）机顶盒是可以通过遥控器控制的数字电视控制设备。
（2）比较接口和继承的区别的联系。

2.5　知 识 拓 展

2.5.1　名称空间

一个应用程序可能包含许多不同的部分，除了自己编制的程序之外，还要使用操作系统或开发环境提供的函数库、类库或组件库，软件开发商处购买的函数库、类库或组件库，开发团队中其他人编制的程序等。为了组织这些程序代码，使应用程序可以方便地使用这些程序代码，C#语言提出了名称空间的概念。名称空间是函数、类或组件的容器，把它们按类别放入不同的名称空间中，名称空间提供了一个逻辑上的层次结构体系，使应用程序能方便地找到所需代码。这和 C 语言中的 include 语句的功能有些相似，但实现方法完全不同。

1. 名称空间的声明

用关键字 namespace 声明一个名称空间，名称空间的声明要么是源文件 using 语句后的第一条语句，要么作为成员出现在其他名称空间的声明之中，也就是说，在一个名称空间内部还可以定义名称空间成员。全局名称空间应是源文件 using 语句后的第一条语句。在同一名称空间中，不允许出现同名名称空间成员或同名的类。在声明时不允许使用任何访问修饰符，名称空间隐式地使用 public 修饰符。如下所示：

```
using System;
namespace N1//N1 为全局名称空间的名称，应是 using 语句后的第一条语句
{    namespace N2//名称空间 N1 的成员 N2
{    class A//在 N2 名称空间定义的类不应重名
{    void f1(){};}
class B
{    void f2(){};}
}
}
```

也可以采用非嵌套的语法来实现以上名称空间：

```
namespace N1.N2//类 A、B 在名称空间 N1.N2 中
{    class A
{    void f1(){};}
class B
{    void f2(){};}
}
```

也可以采用如下格式：

```
namespace N1.N2//类 A 在名称空间 N1.N2 中
{    class A
{    void f1(){};}
}
namespace N1.N2//类 B 在名称空间 N1.N2 中
{    class B
{    void f2(){};}
}
```

2. 名称空间使用

如果在程序中需要引用其他名称空间的类或函数等，可以使用语句 using，例如需使用上面定义的方法 f1()和 f2()，可以采用如下代码：

```
using N1.N2;
class WelcomeApp
{    A a=new A();
```

```
    a.f1();
}
```

using N1.N2 实际上是告诉应用程序到哪里可以找到类 A。

2.5.2 异常处理

在编写程序时，不仅要关心程序的正常操作，还应该考虑到程序运行时可能发生的各类不可预期的事件，比如用户输入错误、内存不够、磁盘出错、网络资源不可用、数据库无法使用等，所有这些错误被称做异常，不能因为这些异常使程序运行产生问题。各种程序设计语言经常采用异常处理语句来解决这类异常问题。

C#提供了一种处理系统级错误和应用程序级错误的结构化的、统一的、类型安全的方法。C#异常语句包含 try 子句、catch 子句和 finally 子句。try 子句中包含可能产生异常的语句，该子句自动捕捉执行这些语句过程中发生的异常。catch 子句中包含了对不同异常的处理代码，可以包含多个 catch 子句，每个 catch 子句中包含了一个异常类型，这个异常类型必须是 System.Exception 类或它的派生类引用变量，该语句只捕捉该类型的异常。可以有一个通用异常类型的 catch 子句，该 catch 子句一般在事先不能确定会发生什么样的异常的情况下使用，也就是可以捕捉任意类型的异常。一个异常语句中只能有一个通用异常类型的 catch 子句，而且如果有的话，该 catch 子句必须排在其他 catch 子句的后面。无论是否产生异常，子句 finally一定被执行，在 finally 子句中可以增加一些必须执行的语句。

异常语句捕捉和处理异常的机理是：当 try 子句中的代码产生异常时，按照 catch 子句的顺序查找异常类型。如果找到，执行该 catch 子句中的异常处理语句。如果没有找到，执行通用异常类型的 catch 子句中的异常处理语句。由于异常的处理是按照 catch 子句出现的顺序逐一检查 catch 子句，因此 catch 子句出现的顺序是很重要的。无论是否产生异常，一定执行finally 子句中的语句。异常语句中不必一定包含所有三个子句，因此异常语句可以有以下三种可能的形式：

- try-catch 语句，可以有多个 catch 语句；
- try -finally 语句；
- try -catch-finally 语句，可以有多个 catch 语句。

1. try-catch-finally 语句

示例代码如下：

```
using System
using System.IO//使用文件必须引用的名称空间
public class Example
{   public static void Main()
{   StreamReader sr=null;//必须赋初值 null,否则编译不能通过
try
    {   sr=File.OpenText("d:\\csharp\\test.txt");//可能产生异常
        string s;
        while(sr.Peek()!=-1)
        {   s=sr.ReadLine();//可能产生异常
            Console.WriteLine(s);
        }
```

```
        }
        catch(DirectoryNotFoundException e)//无指定目录异常
        {   Console.WriteLine(e.Message);
        }
        catch(FileNotFoundException e)//无指定文件异常
        {   Console.WriteLine("文件"+e.FileName+"未被发现");
        }
        catch(Exception e)//其他所有异常
        {   Console.WriteLine("处理失败：{0}",e.Message);
        }
        finally
        {   if(sr!=null)
               sr.Close();
        }
    }
}
```

2. try -finally 语句

上例也可以使用 try-finally 语句实现，在 finally 子句中把文件关闭，提示用户是否正确打开了文件，请读者自己完成。

3. try -catch 语句

上例也可以使用 try -catch 语句实现，注意在每个 catch 语句中都要关闭文件。

课外拓展

一、填空题

1. 类是变量和_____的集合体。
2. _____是类中的一种特殊方法，是为对象初始化操作编写的方法。
3. C#语言中，使用关键字_____对当前对象的父类对象进行引用。
4. C#语言的_____可以使用它所在类的静态成员变量和实例成员变量，也可以使用它所在方法中的局部变量。
5. 在 C#语言中，用_____修饰符定义的类为抽象类。（2009 年 9 月填空题第 9 题）

二、选择题

1. 下面关于方法的说法正确的是（　　）。
   A. 方法用 public 修饰表示该方法是公有的
   B. 方法可以有返回类型也可以设有，没有返回类型时不需再做说明
   C. 方法名用标识符，所以方法名第一个字母需大写
   D. 当方法无参数时，定义方法时小括号也可以不写
   E. 方法的参数表中如果多个参数类型相同，则多个参数可以一次定义
   F. 方法体至少要有一条语句

2．对静态方法下面说法正确的是（　　　）。

A．类的静态方法定义时必须用 static 关键字

B．类的静态方法可以用类调用，也可以用类的对象调用

C．类的静态方法必须有方法参数

D．类的静态方法只能访问类的静态数据成员

3．对实例方法下面说法正确的是（　　　）。

A．类的实例方法定义时必须有访问修饰符

B．类的实例方法可以进行方法重载，静态方法不能重载

C．类的实例方法调用前必须先定义对象

D．类的实例方法定义时参数的功能和类的静态方法参数的功能是一样的

三、简答题

1．什么是类？什么是对象？

2．类和对象之间的关系是怎样的？

3．类的数据成员有哪些？类的方法成员有哪些？

4．构造函数有什么特点？

5．面向对象程序设计有哪三大特征？

6．什么是抽象类？什么是抽象方法？试举例说明。

四、操作题

1．操作要求

（1）设计一个猫类，有猫的颜色、体重、年龄等数据成员；允许设置和读取猫的颜色、体重属性，添加两个构造函数，添加一个 Show()方法，用于显示猫的信息，并简单地编写 Main()方法，达到可以正常运行。

（2）定义一抽象类 Pet（宠物）类，作为基类。类中定义两个私有字段毛色和年龄，定义抽象方法完成宠物的自我介绍功能；定义两个派生类 Cat 和 Dog，再覆写基类抽象方法；定义包含主方法的类 MainClass，通过抽象类对象调用派生类的覆写方法。

2．操作说明

（1）通过对客观事物的描述，进一步理解面向对象的各种概念。

（2）注意基类、派生类和接口等在本例中的应用。

第3章 教学案例系统分析与设计

学习目标

本章将要详细介绍本书教学演示用的"WebShop 电子商城"和学生模仿实践用的"图书管理系统"两个项目的需求分析、功能设计、界面设计和数据库设计等。本章的学习要点包括：

● "WebShop 电子商城"教学项目的设计；
● "图书管理系统"模仿项目的设计。

教学导航

本章主要介绍本书案例系统（WebShop 电子商城和图书管理系统）的分析和设计，后续的数据库程序的开发应遵循本章的设计。本章主要内容及其在 C# Windows 程序开发技术中的位置如图 3-1 所示。

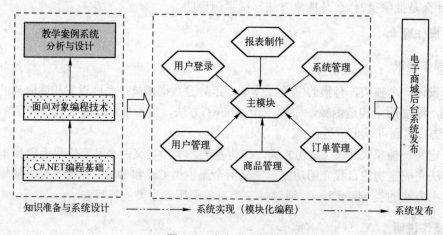

图 3-1　本章学习导航

3.1　WebShop 电子商城系统简介

随着中国市场经济的日趋成熟和迅速发展，中国企业面对的竞争压力也越来越大，企业要想生存，就必须充分利用信息化手段来提高管理效率及市场响应速度。电子商务是在互联网开放的网络环境下，基于浏览器/服务器应用方式，实现消费者的网上购物、商户之间的网上交易和在线电子支付的一种新型的商业运营模式。电子商务作为一种独立的经济形态，已初具规模，一些电子商务网站的成立，给人们的生活带来了巨大的影响。

如何建立企业的电子商务，如何把企业业务建在 Internet 上，涉及建立电子商务网站、开发符合 Internet 特点的有效的业务应用、管理网上的交易信息、保证网上数据安全、快速反映市场变化以及充分满足 Internet 业务进一步发展的要求等。对一个运营商业企业来说，电子商务网站是其生存的重要手段和基础，同时也是企业对外展示信息、从事商务活动的窗口和界面。如何设计、建立一个经济、实用、安全、高效、稳定的网站是每个电子商务网站必须考虑的问题。而要解决好这些问题，就必须在提高企业内部管理效率、充分利用企业内部资源的基础上，从整体上降低成本，加快对市场的响应速度，提高服务质量，提高企业的竞争力。但是企业在利用信息化技术时，必须考虑成本、技术难度、创造的价值等几个方面。WebShop 电子商城系统系统最终实现消费者通过互联网进行网上购物，前台系统采用 B/S 模式实现用户购物功能，后台系统采用 C/S 模式实现相关管理功能。

3.2 电子商城需求分析

3.2.1 电子商城需求概述

WebShop 是一个典型的 B/C 模式的电子商城，该电子商务系统要求能够实现前台用户购物和后台管理两大部分功能。前台购物系统包括会员注册、会员登录、商品展示、商品搜索、购物车、产生订单和会员资料修改等功能。后台管理系统包括管理用户、维护商品库、处理订单、维护会员信息和其他管理功能。

WebShop 电子商城的功能需求情况见表 3-1 和表 3-2。

表 3-1 购物用户相关功能需求

对 象	功 能	说 明
购物用户	会员注册	用户填写必要资料和可选资料后成为本购物网站的会员，只有注册会员才可以进行购物操作，非注册会员只能查看商品资料
	会员登录	注册会员输入注册用户名和密码可以登录本网站进行购物
	查看/选购商品	注册会员可以通过商品列表了解商品的基本信息，再通过商品详细资料页面了解商品的详细情况，同时，可以根据自己需要进行根据商品编号、商品名称、商品类别和热销度等条件进行搜索
	购买商品	会员在浏览商品过程中，可以将自己需要的商品放入购物篮中，用户最终购买的商品从购物篮中选取。在购物车中根据不同等级的登录会员，进行订单总金额计算。会员在选购商品后，在付款前，对购物篮中商品进行最后的选取，可以从中删除不要的商品，也可以修改所选择的商品的数量
	确认购买	会员在购物过程中任何时候都可以查看购物篮中自己所选取的商品，以了解所选择商品信息；用户在确认购买后，可以在本系统中查询订单情况，以了解付款信息和商品配送情况
	用户资料维护	会员可以对个人信息和密码进行修改

表 3-2 后台管理员相关功能需求

对 象	功 能	说 明
后台管理员	商品管理	添加、删除和修改商品信息，还可以对商品的类型进行添加、删除和修改
	订单管理	对购物者在前台购物时产生的订单进行管理，包括接收、送货等功能
	会员管理	对注册会员信息进行相关管理操作
	管理员管理	添加/删除后台管理员，可添加后台管理员的相对应的权限
	库存管理	设置库存报警限额，当库存处于饱和或者缺货状态，库存报警
	综合管理	对支付方式和配送方式进行管理

同时该系统的性能要求包括以下几个方面：

● 系统具有易操作性

- 系统具有通用性、灵活性
- 系统具有可维护性
- 系统具有可开放性
- 系统具有较高的安全机制

根据对传统的商务模式的分析，并调研了现有的一些电子商城系统后，得到"电子商城系统"的需求，主要包括系统功能需求和系统性能需求两个方面。

1. 系统功能需求

"电子商城系统"的前台主要功能需求包括：

- 会员注册：申请成为会员，只有成为会员后才可以购买商品；
- 商品浏览：游客和注册会员都可以浏览商品信息；
- 商品查询：根据条件查询自己所喜欢的商品；
- 购物车：会员登录之后可以将喜欢的商品放入购物车；
- 结算中心：会员完成购物可以去结算中心下订单。

"电子商城系统"后台主要功能需求包括：

- 系统用户的管理：实现对商城管理用户的添加、密码的修改等操作；
- 会员信息管理：删除、查看会员信息；
- 商品管理：添加、删除、修改、查看商品；
- 商品类别管理：添加、删除、修改、查看商品类别；
- 新闻管理：添加、删除、修改、查看新闻信息；
- 留言管理：查看、删除、回复留言；
- 订单管理：查看、删除、处理订单；
- 详细订单管理：查看、删除详细订单；
- 搜索：根据条件进行相关搜索，得到搜索结果。

2. 系统性能需求

作为电子商城系统最主要的是能够方便用户查询所喜欢的商品，实现简单、快速购物，在性能方面主要要求其具有易操作、易维护、高稳定。

（1）系统具有易操作性。主要体现在界面友好、提示信息比较多、功能比较完善。

（2）系统具有易维护性。主要体现在系统的源代码的独立性。

（3）系统具有运行速度快且稳定。主要体现在系统能够快速响应用户操作，系统运行稳定。

【提示】

- 本书主要介绍应用 C#.NET 技术实现 C/S 模式的后台管理；
- 基于 ASP.NET 的 B/S 模式的前台购物功能详见本系列丛书的《Web程序设计(ASP.NET)实例教程》。

3.2.2 系统用例模型

UML 中的用例图可以描述将要开发的系统要实现的功能，在需求分析时，可以借助用例图和用例描述详细描述系统的需求。

1. 系统前台用例图

通过需求分析可以把前台购物系统所涉及的操作归纳为浏览商品、搜索商品、登录、注册等，后台管理操作包括管理商品、管理商品类别等。根据这些分析的结果，绘制得到系统前台用例图如图 3-2 所示，系统后台用例图如图 3-3 所示。

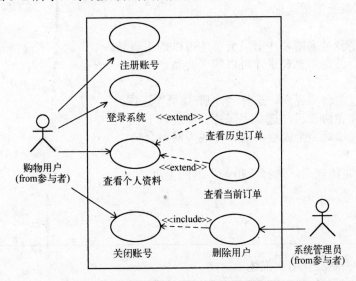

图 3-2　系统前台用例图

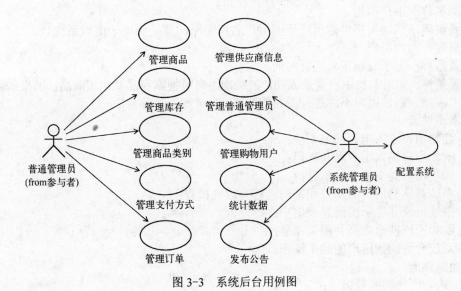

图 3-3　系统后台用例图

【提示】

● UML 建模可以使用 Rational Rose 或 Visio 进行 UML 图形的绘制；
● 该处的用例图是在 Rational Rose 中绘制得到的。

2. 部分用例描述

下面对"用户注册"用例和"会员购买商品"用例进行说明。

（1）"用户注册用例"用例描述。

用例编号：001
用例名称：用户注册
简要说明：只要成为系统的会员就可以购买商品。
参与者：用户
前置条件：系统正常运行
后置条件：
1. 若你不是会员则需要注册成会员才可以购买商品。
2. 若你是会员则需要登录才可以购买商品。
基本事件流
1. 用户通过前台主界面，选择"注册/登录"选项。
2. 用户阅读完协议后，选择"同意"后进入下一步。
3. 用户认真填写完个人资料后，便成为网站会员。
其他事件流
用户在阅读完协议后，选择"拒绝"返回上页。
异常事件流
无
补充说明

（2）"会员购买商品"用例描述。

用例编号：002
用例名称：用户购物
简要说明：购物用户根据所注册的用户名和密码，登录到电子商城系统。
参与者：购物用户
前置条件：电子商城正常运行时间
后置条件：如果购物用户登录成功，该购物用户可搜索商品并购买商品；如果购物用户登录未成功，则该用户不能进行商品的购买。
基本事件流
1. 购物用户进入电子商城系统；
2. 购物用户输入用户名和密码；
3. 购物用户提交输入的信息；
4. 系统对购物用户的账号和密码进行有效性检查；
5. 系统记录并显示当前登录用户；
6. 购物用户搜索商品并购买商品；
7. 系统允许购物用户的购买操作。
其他事件流
4a. 购物用户的账号错误；
4a1. 系统弹出账号错误或账号已关闭警告信息；
4a2. 购物用户离开或重新输入账号；
4b. 购物用户的密码错误；
4b1. 系统弹出密码错误警告信息；
4b2. 购物用户离开或重新输入密码。
异常事件流
无
补充说明

3. 系统流程图

在企业中，流程图主要用来说明某一过程。这种过程既可以是生产线上的工艺流程，也可以是完成一项任务必需的管理过程。WebShop 电子商城系统的系统流程图如图 3-4 所示。

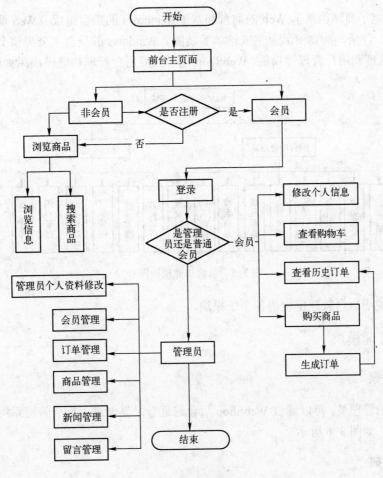

图 3-4 系统流程图

3.2.3 系统开发环境

1. 软件平台

（1）操作系统：Windows 2003 Server/Windows XP/Windows Vista/Windows 2008 Server。

（2）数据库：Microsoft SQL Server 2000/2005、MySQL。

（3）开发技术：.NET FrameWork 2.0、ASP.NET 2.0、Ajax、CSS

（4）辅助开发工具：Photoshop、Rational Rose、Dreamweaver

2. 硬件平台

（1）CPU：Pentium III 500MHz；建议 P4 2.8GHz 以上。

（2）磁盘空间剩余容量：20GB 以上。

（3）内存：1GB 以上。

（4）其他：鼠标、键盘。

3.3 功能模块设计

WebShop 电子商城由基于 Web 的前台和基于 Windows 的后台组成。Web 前台主要提供购物用户登录、注册、购物商品、生成订单等功能。Windows 的后台主要提供会员管理、商品管理、订单管理和用户管理等功能。WebShop 电子商城后台管理功能模块图如图 3-5 所示。

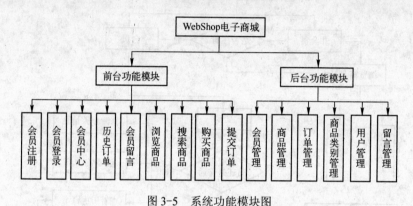

图 3-5 系统功能模块图

下面详细说明后台管理模块的各个子模块。

3.3.1 用户管理模块

1. 用户登录

具备权限的管理员，可以通过 WebShop 后台管理登录界面进入后台管理系统，以完成系统的管理功能，如图 3-6 所示。

2. 修改密码

管理员可以通过"修改密码"功能，输入旧密码后更改新的密码，如图 3-7 所示。

图 3-6 "用户登录"界面

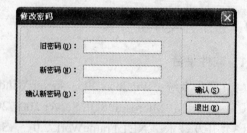

图 3-7 "修改密码"界面

3. 用户管理

管理员可以通过"用户管理"功能，添加、修改、删除用户，并可以对指定的用户的权限进行修改，如图 3-8 所示。

4. 员工管理

管理员可以通过"员工管理"功能，添加、修改、删除员工（后台管理员），如图 3-9 所示。

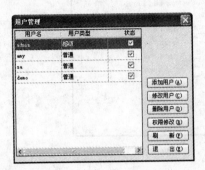

图 3-8 "用户管理"界面

图 3-9 "员工管理"界面

5. 日志管理

管理员可以通过"日志管理"功能，查看、删除和导出日志，如图 3-10 所示。

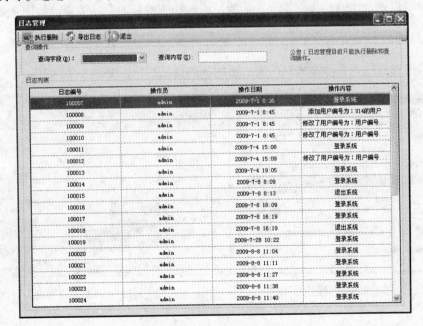

图 3-10 "日志管理"界面

6. 会员管理

管理员可以通过"会员管理"功能，根据系统管理的需要和会员的请求，删除特定的会员，如图 3-11 所示。

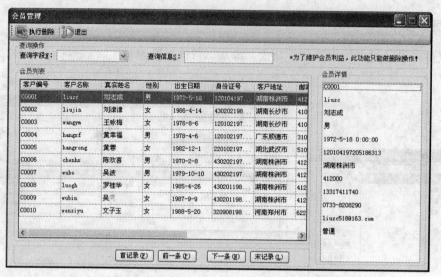

图 3-11 "会员管理"界面

3.3.2 商品管理模块

1. 商品类别管理

管理员可以通过"商品类别管理"功能，添加和删除新的商品类别，如图 3-12 所示。

2. 商品添加

管理员可以通过"商品添加"功能，添加新的商品信息，如图 3-13 所示。

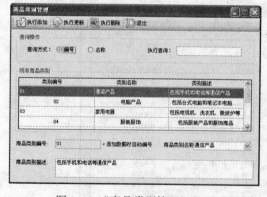

图 3-12 "商品类别管理"界面

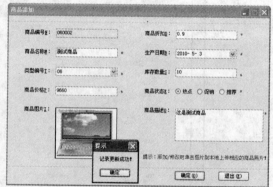

图 3-13 "商品类别管理"界面

3. 查看/修改商品

管理员可以通过"查看/修改商品"功能，查看并修改指定的商品信息，如图 3-14 所示。

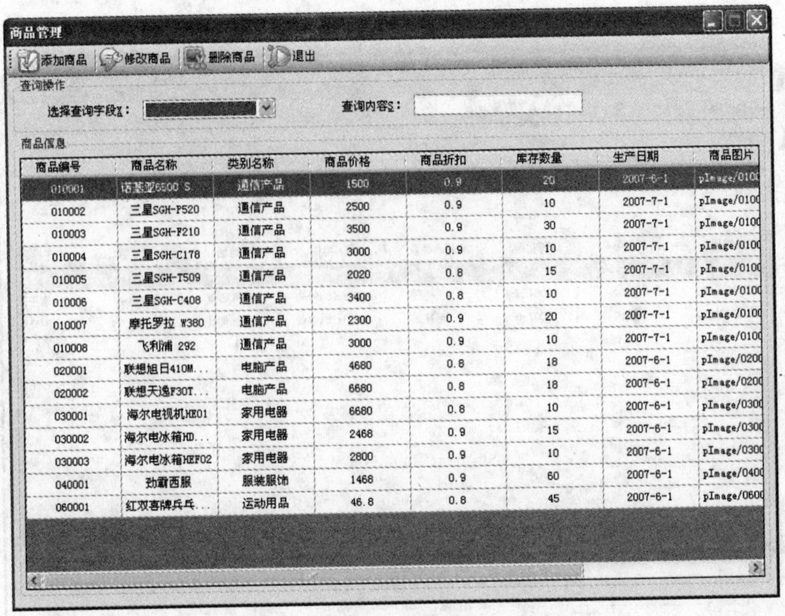

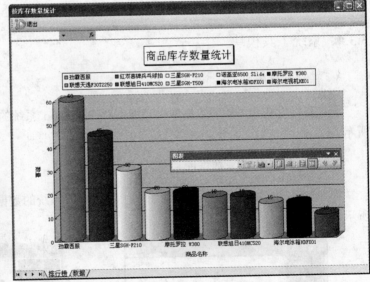

商品编号	商品名称	类别名称	商品价格	商品折扣	库存数量	生产日期	商品图片
010001	诺基亚6500 S.	通信产品	1500	0.9	20	2007-6-1	pImage/0100
010002	三星SGH-P520	通信产品	2500	0.9	10	2007-7-1	pImage/0100
010003	三星SGH-P210	通信产品	3500	0.9	30	2007-7-1	pImage/0100
010004	三星SGH-C178	通信产品	3000	0.9	10	2007-7-1	pImage/0100
010005	三星SGH-T509	通信产品	2020	0.8	15	2007-7-1	pImage/0100
010006	三星SGH-C408	通信产品	3400	0.9	10	2007-7-1	pImage/0100
010007	摩托罗拉 W380	通信产品	2300	0.9	20	2007-7-1	pImage/0100
010008	飞利浦 292	通信产品	3000	0.9	10	2007-7-1	pImage/0200
020001	联想旭日410M...	电脑产品	4680	0.8	18	2007-6-1	pImage/0200
020002	联想天逸F30T...	电脑产品	6680	0.8	18	2007-6-1	pImage/0300
030001	海尔电视机XE01	家用电器	6680	0.9	10	2007-6-1	pImage/0300
030002	海尔电冰箱HD...	家用电器	2468	0.9	15	2007-6-1	pImage/0300
030003	海尔电冰箱XEF02	家用电器	2800	0.9	10	2007-6-1	pImage/0400
040001	劲霸西服	服装服饰	1468	0.9	60	2007-6-1	pImage/0600
060001	红双喜牌兵兵	运动用品	46.8	0.8	45	2007-6-1	pImage/0600

图 3-14 "查看/修改商品"界面

4. 商品信息统计

管理员可以通过"商品信息统计"功能，按指定的统计方式统计商品信息，如图 3-15 和图 3-16 所示。

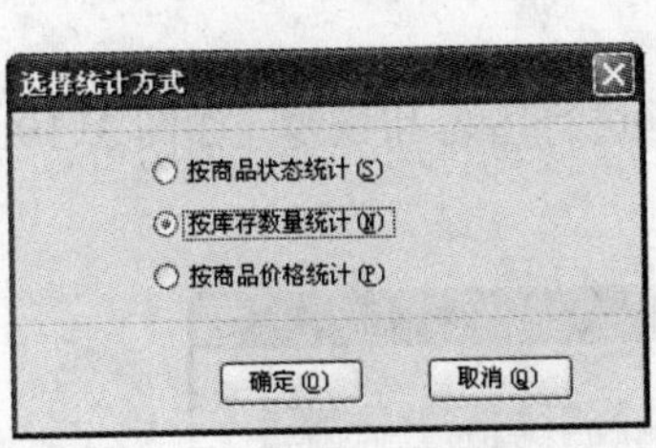

图 3-15 "选择统计方式"界面   图 3-16 "按库存数量统计"界面

3.3.3 订单管理模块

1. 订单管理

管理员可以通过"订单管理"功能，选择指定的查询字段和输出查询信息查询商品信息，如图 3-17 所示。

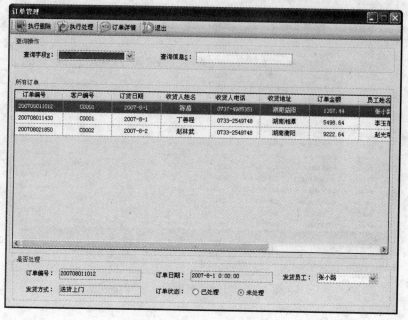

图 3-17 "订单管理"界面

2. 订单处理

管理员可以通过"订单管理"功能，对指定的订单进行处理，如图 3-17 所示。

3.3.4 系统工具模块

1. 压缩数据库

管理员可以选择"压缩数据库"功能，对 WebShop 系统的数据库进行压缩，如图 3-18 所示。

2. 备份数据库/恢复数据库

管理员可以选择"数据备份"功能，对 WebShop 系统的数据进行备份和恢复，如图 3-19 所示。

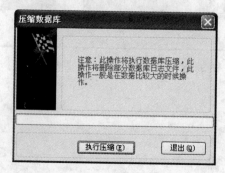

图 3-18 "压缩数据库"界面

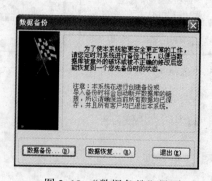

图 3-19 "数据备份"界面

3. 数据导入/导出

管理员可以选择"数据导入导出"功能,对 WebShop 系统的数据完成导入和导出功能,如图 3-20 所示。

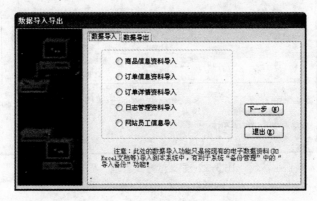

图 3-20 "数据导入导出"界面

3.3.5 系统设置模块

1. 公告管理

管理员可以通过"公告管理"功能,完成系统公告的添加、修改和删除功能,如图 3-21 所示。

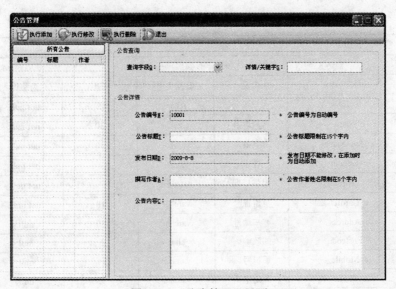

图 3-21 "公告管理"界面

2. 支付方式管理

管理员可以通过"支付方式管理"功能,完成支付方式的添加、修改和删除功能,如图 3-22 所示。

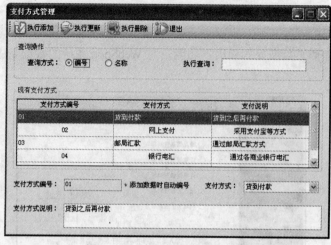

图 3-22 "支付方式管理"界面

3.4 数据库设计

根据系统功能描述和实际业务分析，进行了 WebShop 电子商城的数据库设计，主要数据表及其内容如下所示。

3.4.1 会员信息表

Customers 表（会员信息表）结构的详细信息如表 3-3 所示。

表 3-3 Customers 表结构

表序号	1	表 名		Customers		
用途	存储客户基本信息					
序号	属性名称	含义	数据类型	长度	为空性	约束
1	c_ID	客户编号	char	5	not null	主键
2	c_Name	客户名称	varchar	30	not null	唯一
3	c_TrueName	真实姓名	varchar	30	not null	
4	c_Gender	性别	char	2	not null	
5	c_Birth	出生日期	datetime		not null	
6	c_CardID	身份证号	varchar	18	not null	
7	c_Address	客户地址	varchar	50	null	
8	c_Postcode	邮政编码	char	6	null	
9	c_Mobile	手机号码	varchar	11	null	
10	c_Phone	固定电话	varchar	15	null	
11	c_E-mail	电子邮箱	varchar	50	null	
12	c_Password	密码	varchar	30	not null	
13	c_SafeCode	安全码	char	6	not null	
14	c_Question	提示问题	varchar	50	not null	
15	c_Answer	提示答案	varchar	50	not null	
16	c_Type	用户类型	varchar	10	not null	

会员信息表的内容详细信息如表 3-4 所示。

表 3-4　Customers 表内容

c_ID	C_Name	c_TrueName	c_Gender	c_Birth	c_CardID	c_Address	c_Postcode	c_Mobile
C0001	liuzc	刘志成	男	1972-5-18	120104197205186313	湖南株洲市	412000	13317411740
C0002	liujj	刘津津	女	1986-4-14	430202198604141006	湖南长沙市	410001	13313313333
C0003	wangym	王咏梅	女	1976-8-6	120102197608061004	湖南长沙市	410001	13513513555
C0004	huangxf	黄幸福	男	1978-4-6	120102197608060204	广东顺德市	310001	13613613666
C0005	huangrong	黄蓉	女	1982-12-1	220102197608060104	湖北武汉市	510001	13613613666
C0006	chenhx	陈欢喜	男	1970-2-8	430202197002081108	湖南株洲市	412001	13607330303
C0007	wubo	吴波	男	1979-10-10	430202197910108110	湖南株洲市	412001	13607338888
C0008	luogh	罗桂华	女	1985-4-26	430201198504264545	湖南株洲市	412001	13574268888
C0009	wubin	吴兵	女	1987-9-9	430201198709092346	湖南株洲市	412001	13873308088
C0010	wenziyu	文子玉	女	1988-5-20	320908198805200116	河南郑州市	622000	13823376666

c_Phone	c_SafeCode	c_Password	c_E-mail	c_Question	c_Answer	c_Type
0733-8208290	6666	123456	liuzc518@163.com	你的生日哪一天	5 月 18 日	普通
0733-8888888	6666	123456	amy@163.com	你出生在哪里	湖南长沙	普通
0733-8666666	6666	123456	wangym@163.com	你最喜爱的人是谁	女儿	VIP
0757-25546536	6666	123456	huangxf@sina.com	你最喜爱的人是谁	我的父亲	普通
024-89072346	6666	123456	huangrong@sina.com	你出生在哪里	湖北武汉	普通
0733-26545555	6666	123456	chenhx@126.com	你出生在哪里	湖南株洲	VIP
0733-26548888	6666	123456	wubo@163.com	你的生日哪一天	10 月 10 日	普通
0733-8208888	6666	123456	guihua@163.com	你的生日哪一天	4 月 26 日	普通
0733-8208208	6666	123456	wubin0808@163.com	你出生在哪里	湖南株洲	普通
0327-8208208	6666	123456	wuziyu@126.com	你的生日哪一天	5 月 20 日	VIP

3.4.2　商品类别表

Types 表（商品类别表）结构的详细信息如表 3-5 所示。

表 3-5　Types 表结构

表序号	2	表　　名		Types		
含义			存储商品类别信息			
序号	属性名称	含义	数据类型	长度	为空性	约束
1	t_ID	类别编号	char	2	not null	主键
2	t_Name	类别名称	varchar	50	not null	
3	t_Description	类别描述	varchar	100	null	

商品类别表内容的详细信息如表 3-6 所示。

表 3-6　Types 表内容

t_ID	t_Name	t_Description
01	通信产品	包括手机和电话等通信产品
02	电脑产品	包括台式电脑和笔记本电脑及电脑配件
03	家用电器	包括电视机、洗衣机、微波炉等
04	服装服饰	包括服装产品和服饰商品
05	日用商品	包括家庭生活中常用的商品
06	运动用品	包括篮球、排球等运动器具
07	礼品玩具	包括儿童、情侣、老人等礼品
08	女性用品	包括化妆品等女性用品
09	文化用品	包括光盘、图书、文具等文化用品
10	时尚用品	包括一些流行的商品

3.4.3　商品信息表

Goods 表（商品信息表）结构的详细信息如表 3-7 所示。

表 3-7　Goods 表结构

表　序　号	3		表　　名		Goods	
含义	存储商品信息					
序号	属性名称	含义	数据类型	长度	为空性	约束
1	g_ID	商品编号	char	6	not null	主键
2	g_Name	商品名称	varchar	50	not null	
3	t_ID	商品类别	char	2	not null	外键
4	g_Price	商品价格	float		not null	
5	g_Discount	商品折扣	float		not null	
6	g_Number	商品数量	smallint		not null	
7	g_ProduceDate	生产日期	datetime		not null	
8	g_Image	商品图片	varchar	100	null	
9	g_Status	商品状态	varchar	10	not null	
10	g_Description	商品描述	varchar	1000	null	

商品信息表内容的详细信息如表 3-8 所示。

表 3-8　Goods 表内容

g_ID	g_Name	t_ID	g_Price	g_Discount	g_Number	g_ProduceDate	g_Image	g_Status	g_Description
010001	诺基亚 6500 Slide	01	1500	0.9	20	2007-6-1	略	热点	略
010002	三星 SGH-P520	01	2500	0.9	10	2007-7-1	略	推荐	略
010003	三星 SGH-F210	01	3500	0.9	30	2007-7-1	略	热点	略
010004	三星 SGH-C178	01	3000	0.9	10	2007-7-1	略	热点	略
010005	三星 SGH-T509	01	2020	0.8	15	2007-7-1	略	促销	略

g_ID	g_Name	t_ID	g_Price	g_Discount	g_Number	g_ProduceDate	g_Image	g_Status	g_Description
010006	三星 SGH-C408	01	3400	0.8	10	2007-7-1	略	促销	略
010007	摩托罗拉 W380	01	2300	0.9	20	2007-7-1	略	热点	略
010008	飞利浦 292	01	3000	0.9	10	2007-7-1	略	热点	略
020001	联想旭日 410MC520	02	4680	0.8	18	2007-6-1	略	促销	略
020002	联想天逸 F30T2250	02	6680	0.8	18	2007-6-1	略	促销	略
030002	海尔电冰箱 HDFX01	03	2468	0.9	15	2007-6-1	略	热点	略
030003	海尔电冰箱 HEF02	03	2800	0.9	10	2007-6-1	略	热点	略
040001	劲霸西服	04	1468	0.9	60	2007-6-1	略	推荐	略
060001	红双喜牌乒乓球拍	06	46.8	0.8	45	2007-6-1	略	促销	略
999999	测试商品	01	8888	0.8	8	2007-8-8	略	热点	略

3.4.4 员工表

Employees（员工信息表）结构的详细信息如表3-9所示。

表 3-9 Employees 表结构

表 序 号	4		表 名			Employees	
含义				存储员工信息			
序号	属性名称	含义	数据类型	长度	为空性	约束
1	e_ID	员工编号	char	10	not null	主键
2	e_Name	员工姓名	varchar	30	not null	
3	e_Gender	性别	char	2	not null	
4	e_Birth	出生年月	datetime		not null	
5	e_Address	员工地址	varchar	100	null	
6	e_Postcode	邮政编码	char	6	null	
7	e_Mobile	手机号码	varchar	11	null	
8	e_Phone	固定电话	varchar	15	not null	
9	e_E-mail	电子邮箱	varchar	50	not null	

员工信息表内容的详细信息如表3-10所示。

表 3-10 Employees 表内容

e_ID	e_Name	e_Gender	e_Birth	e_Address	e_Postcode	e_Mobile	e_Phone	e_E-mail
E0001	张小路	男	1982-9-9	湖南株洲市	412000	13317411740	0733-8208290	zhangxl@163.com
E0002	李玉蓓	女	1978-6-12	湖南株洲市	412001	13873307619	0733-8208290	liyp@126.com
E0003	王忠海	男	1966-2-12	湖南株洲市	412000	13973324888	0733-8208290	wangzhh@163.com
E0004	赵光荣	男	1972-2-12	湖南株洲市	412000	13607333233	0733-8208290	zhaogr@163.com
E0005	刘丽丽	女	1984-5-18	湖南株洲市	412002	13973309090	0733-8208290	liulili@163.com

3.4.5 支付方式表

Payments 表（支付方式表）结构的详细信息如表3-11所示。

表 3-11　Payments 表结构

表　序　号	5		表　　　名		Payments	
含义	存储支付信息					
序号	属性名称	含义	数据类型	长度	为空性	约束
1	p_Id	支付编号	char	2	not null	主键
2	p_Mode	支付方式	varchar	20	not null	
3	p_Remark	支付说明	varchar	100	null	

支付方式表内容的详细信息如表 3-12 所示。

表 3-12　Payments 表内容

p_Id	p_Mode	p_Remark
01	货到付款	货到之后再付款
02	网上支付	采用支付宝等方式
03	邮局汇款	通过邮局汇款方式
04	银行电汇	通过各商业银行电汇
05	其他方式	赠券等其他方式

3.4.6　订单信息表

Orders 表（订单信息表）结构的详细信息如表 3-13 所示。

表 3-13　Orders 表结构

表　序　号	6		表　　　名		Orders	
含义	存储订单信息					
序号	属性名称	含义	• 数据类型	长度	为空性	约束
1	o_ID	订单编号	char	14	not null	主键
2	c_ID	客户编号	char	5	not null	外键
3	o_Date	订单日期	datetime		not null	
4	o_Sum	订单金额	float		not null	
5	e_ID	处理员工	char	10	not null	外键
6	o_SendMode	送货方式	varchar	50	not null	
7	p_Id	支付方式	char	2	not null	外键
8	o_Status	订单状态	bit		not null	

订单信息表内容的详细信息如表 3-14 所示。

表 3-14　Orders 表内容

o_ID	c_ID	o_Date	o_Sum	e_ID	o_SendMode	p_Id	o_Status
200708011012	C0001	2007-8-1	1387.44	E0001	送货上门	01	0
200708011430	C0001	2007-8-1	5498.64	E0001	送货上门	01	1
200708011132	C0002	2007-8-1	2700	E0003	送货上门	01	1
200708021850	C0003	2007-8-2	9222.64	E0004	邮寄	03	0
200708021533	C0004	2007-8-2	2720	E0003	送货上门	01	0
200708022045	C0005	2007-8-2	2720	E0003	送货上门	01	0

3.4.7 订单详情表

OrderDetails 表（订单详情表）结构的详细信息如表 3-15 所示。

表 3-15　OrderDetails 表结构

表　序　号	7		表　　名			OrderDetails	
含义			存储订单详细信息				
序号	属性名称	含义	数据类型	长度		为空性	约束
1	d_ID	编号	int			not null	主键
2	o_ID	订单编号	char	14		not null	外键
3	g_ID	商品编号	char	6		not null	外键
4	d_Price	购买价格	float			not null	
5	d_Number	购买数量	smallint			not null	

订单详情表内容的详细信息如表 3-16 所示。

表 3-16　OrderDetails 表内容

d_ID	o_ID	g_ID	d_Price	d_Number
1	200708011012	010001	1350	1
2	200708011012	060001	37.44	1
3	200708011430	060001	37.44	1
4	200708011430	010007	2070	2
5	200708011430	040001	1321.2	1
6	200708011132	010008	2700	1
7	200708021850	030003	2520	1
8	200708021850	020002	5344	1
9	200708021850	040001	1321.2	1
10	200708021850	060001	37.44	1
11	200708021533	010006	2720	1
12	200708022045	010006	2720	1

3.4.8 用户表

Users 表（用户表）结构的详细信息如表 3-17 所示。

表 3-17　Users 表结构

表　序　号	8		表　　名			Users	
含义			存储管理员基本信息				
序号	属性名称	含义	数据类型	长度		为空性	约束
1	u_ID	用户编号	varchar	10		not null	主键
2	u_Name	用户名称	varchar	30		not null	
3	u_Type	用户类型	varchar	10		not null	
4	u_Password	用户密码	varchar	30		null	

用户表内容的详细信息如表 3-18 所示。

表 3-18　Users 表内容

u_ID	u_Name	u_Type	u_Password
01	admin	超级	admin
02	amy	超级	amy0414
03	wangym	普通	wangym
04	luogh	查询	luogh

3.5　图书管理系统功能介绍

图书管理系统主要用于各类图书馆进行图书信息、借书、还书等操作的信息管理系统。在此只给出该系统功能模块设计。数据库设计和架构设计等内容请读者参阅本书所附资源。

3.5.1　公用模块

1．登录

借阅管理员、档案管理员和系统管理员都可以通过统一的登录界面登录到系统，如图3-23 所示。

2．自定义用户界面

借阅管理员、档案管理员和系统管理员都可以通过"自定义用户界面风格"管理功能进行系统界面的定制操作，如图 3-24 所示。

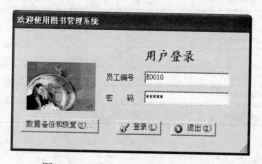

图 3-23　"支付方式管理"界面

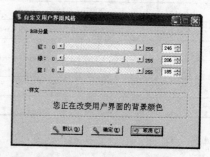

图 3-24　"自定义用户界面风格"界面

3．修改密码

借阅管理员、档案管理员和系统管理员都可以通过"修改密码"功能重新设定自己的密码，如图 3-25 所示。

3.5.2　档案管理员相关功能

1．中国分类管理

档案管理员可以通过"中国分类管理"功能进行添加、修改和删除中图分类号和中图分类名称，如图 3-26 所示。

图 3-25 "修改密码"界面

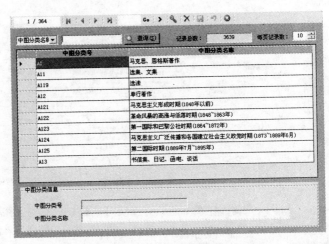

图 3-26 "中图分类管理"界面

2. 图书信息管理

档案管理员可以通过"图书信息管理"功能进行图书信息的添加、修改和删除功能，如图 3-27 所示。

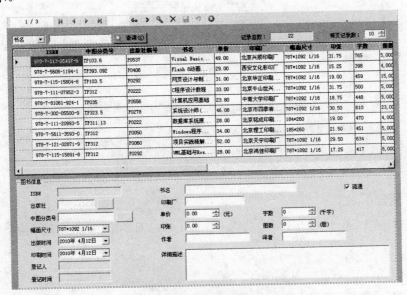

图 3-27 "图书信息管理"界面

3. 图书编码管理

档案管理员可以通过"图书编码管理"功能进行图书编码的添加、修改和删除功能，如图 3-28 所示。

4. 出版社管理

档案管理员可以通过"出版社管理"功能进行出版社信息的添加、修改和删除功能，如图 3-29 所示。

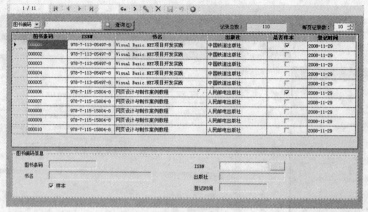

图 3-28 "图书编码管理"界面

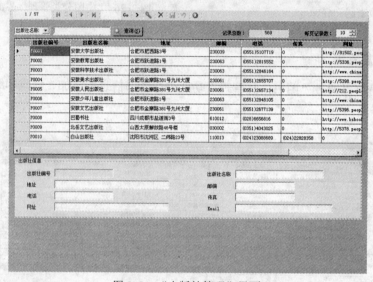

图 3-29 "出版社管理"界面

5. 员工管理

档案管理员可以通过"员工管理"功能进行员工信息的添加、修改和删除功能，如图 3-30
所示。

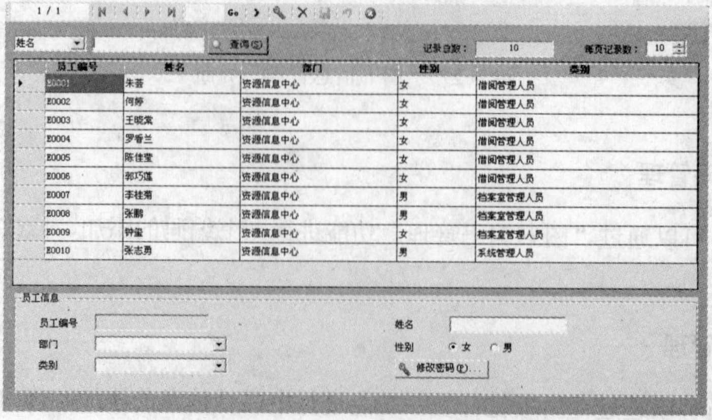

图 3-30 "员工管理"界面

6．部门管理

档案管理员可以通过"部门管理"功能进行部门信息的添加、修改和删除功能，如图 3-31 所示。

图 3-31 "部门管理"界面

7．读者管理

档案管理员可以通过"读者管理"功能进行部门信息的添加、修改和删除功能，如图 3-32 所示。

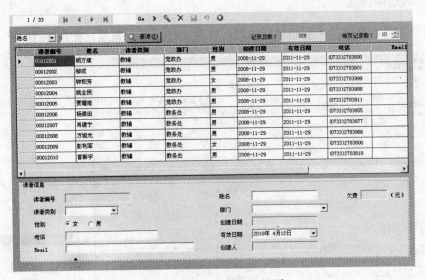

图 3-32 "读者管理"界面

8．读者类别管理

档案管理员可以通过"读者类别管理"功能进行部门信息的添加、修改和删除功能，如图 3-33 所示。

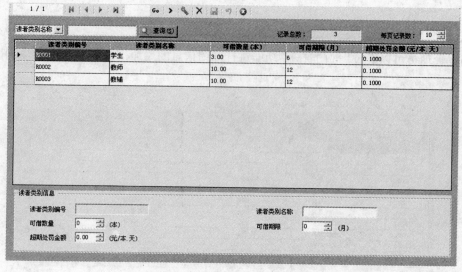

图 3-33 "读者类别管理"界面

3.5.3 借阅管理员相关功能

1. 借阅图书

借阅管理员可以通过"借还图书"功能完成指定读者图书的借阅和归还操作，如图 3-34 所示。

2. 交纳超期罚款

借阅管理员可以通过"交纳超期罚款"界面按规定交纳罚款，如图 3-35 所示。

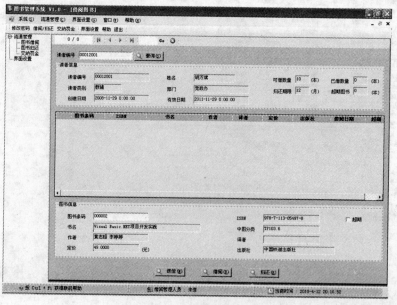

图 3-34 "借还图书"界面

图 3-35 "交纳超期罚款"界面

3.5.4 系统管理员相关功能

1. 系统日志

系统管理员具备档案管理员、借阅管理员的功能的同时，还能通过"系统日志"功能，查看用户的登录和操作系统信息，如图 3-36 所示。

日志编号	操作人	操作时间	是否操作成功	操作描述
L100412000008	E0010	2010年4月12日 20:28:24	✓	登录系统
L100412000007	E0007	2010年4月12日 20:28:06	✓	退出系统
L100412000006	E0007	2010年4月12日 20:28:05	✓	退出系统
L100412000005	E0007	2010年4月12日 20:20:34	✓	登录系统
L100412000004	E0001	2010年4月12日 20:13:56	✓	登录系统
L100412000003	E0010	2010年4月12日 20:13:34	✓	退出系统
L100412000002	E0010	2010年4月12日 20:13:33	✓	退出系统
L100412000001	E0010	2010年4月12日 20:12:54	✓	登录系统

图 3-36 "系统日志"界面

2. 数据备份/恢复

系统管理员可以通过"数据备份/恢复"功能，完成系统数据的备份和恢复，如图 3-37 所示。

【提示】

- 篇幅所限，本章没有详细说明图书管理系统的需求分析和系统设计；
- 图书管理系统的数据库详见所附资源。

图 3-37 "数据备份和恢复"界面

课外拓展

1. 操作要求

（1）安装和配置好所附资源中的电子商城后台管理系统。
（2）安装和配置好所附资源中的图书管理系统。

2. 操作提示

（1）WebShop 电子商城后台管理系统也可以是 B/S 模式的。
（2）需求分析和系统设计是编码实现的基础，请读者结合样例系统进行了解。

第4章 WebShop后台登录界面的设计

学 习 目 标

本章主要讲述应用 Label 控件、Button 控件和 TextBox 控件设计 WebShop 电子商城后台登录程序。主要包括 Button 控件的使用、TextBox 控件的使用、登录程序的数据有效性验证等。通过本章的学习，读者应能了解 Label 控件、Button 控件和 TextBox 控件的主要属性和方法，设计 WebShop 后台登录界面。本章的学习要点包括：

- Label 控件的使用；
- Button 控件的使用；
- TextBox 控件的使用；
- 登录程序的数据有效性验证。

教 学 导 航

本章主要介绍用户登录界面的设计，既帮助读者形成 GUI 程序开发的基本思路（界面设计、数据有效性验证、功能实现），也为第 5 章登录功能的实现提供程序界面。本章主要内容及其在 C# Windows 程序开发技术中的位置如图 4-1 所示。

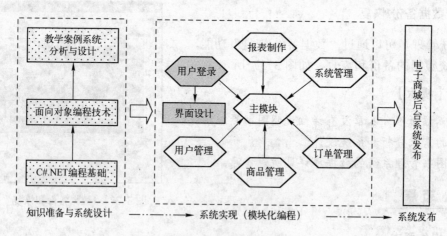

图 4-1 本章学习导航

任 务 描 述

本章主要任务是完成 WebShop 后台管理系统的登录程序的界面设计，如图 4-2 所示。

图 4-2 WebShop 后台登录界面

4.1 技 术 准 备

4.1.1 使用 IDE 创建 Windows 应用程序

1）Visual Studio 起始页

启动 Visual Studio.NET 后，首先会看到一个起始页。在起始页可以打开已有的项目或建立新的项目。

2）新建 Visual C#.NET 项目

在 Visual Studio.NET 集成开发环境中，通过执行"文件"→"新建"→"项目"菜单命令，将会弹出"新建项目"对话框，在该对话框中，可以选择不同的编程语言来创建各种项目，这些语言将共享 Visual Studio.NET 的集成开发环境，如图 4-3 所示。

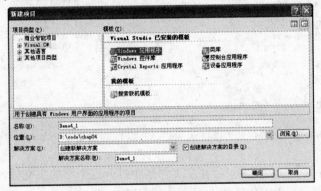

图 4-3 "新建项目"对话框

要创建新的 Visual C#.NET 项目，需要在该对话框的"项目类型"窗口中选中"Visual C# 项目"，在"模板"窗口中选中"Windows 应用程序"。然后在"位置"组合框中输入项目的保存位置（路径），在"名称"文本框中输入项目名称，如图 4-3 所示。然后单击"确定"按钮，将会进入如图 4-4 所示的 Visual Studio.NET 集成开发环境。

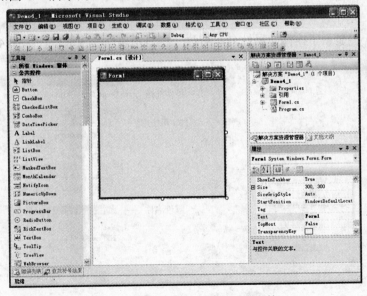

图 4-4 Visual Studio.NET 开发环境

3)"解决方案资源管理器"窗口

项目可以视为编译后的一个可执行单元,可以是应用程序、动态链接库等。而企业级的解决方案往往需要多个可执行程序的合作,为便于管理多个项目,在 Visual Studio.NET 集成环境中引入了解决方案资源管理器,用来对企业级解决方案设计的多个项目进行管理,如图 4-5 所示。

4)"类视图"窗口

"类视图"窗口以树形结构显示了当前项目中的所有类,并在类中列出成员变量和成员函数,如图 4-6 所示。

图 4-5 "解决方案资源管理器"窗口

图 4-6 "类视图"窗口

在"类视图"窗口中双击类名,会在主工作区中打开这个类的头文件,显示出类的声明;而双击某个类的成员,则主工作区中会显示该成员的定义代码。

5)"工具箱"窗口

"工具箱"窗口包含了可重用的控件,用于定义应用程序。使用可视化的方法编程时,可在窗体中"拖放"控件,绘制出应用程序界面。"工具箱"中的控件分成几组,如"数据"组、"组件"组、"Windows 窗体"组。单击组名称可展开一个组,如图 4-7 所示。

6)"属性"窗口

"属性"窗口用于设置控件的属性。属性定义了控件的信息,如大小、位置、颜色等。"属性"窗口左边一栏显示了控件的属性名,右边一栏显示属性的当前值,如图 4-8 所示。

图 4-7 "工具箱"窗口

图 4-8 "属性"窗口

● 在图 4-3 所示的界面中也可以创建控制台应用程序；
● Windows 应用程序也可以通过记事本方式编写，使用 CSC 编译后运行。

4.1.2 Windows 的消息系统

1. 消息驱动（事件驱动）

Windows 应用程序和 DOS 程序（控制台程序）的最大区别是事件驱动，也叫消息驱动。DOS 程序运行时如要读键盘，则要独占键盘等待用户输入，如用户不输入，则 CPU 一直执行键盘输入程序，等待用户输入，即 DOS 程序独占外设和 CPU。

Windows 操作系统是一个多任务的操作系统，允许同时运行多个程序，它不允许任何一个程序独占外设，如键盘，鼠标等，所有运行程序共享外设和 CPU，各个运行程序都要随时从外设接收命令，执行命令。因此必须由 Windows 操作系统统一管理各种外设。Windows 把用户对外设的动作都看做事件（消息），如单击鼠标左键，发送单击鼠标左键事件，用户按下键盘，发送键盘被按下的事件等。Windows 操作系统统一负责管理所有的事件，把事件发送到各个运行程序，而各个运行程序用一个函数响应事件，这个函数叫事件响应函数。这种方法叫事件驱动。每个事件都有它自己的事件响应函数，当接到 Windows 事件后，自动执行此事件的事件响应函数。程序员编程的主要工作就是编制这些事件的处理函数，完成相应的工作。

2. 事件队列

Windows 把用户的动作都看做事件，Windows 操作系统负责管理所有的事件，事件发生后，这些事件被放到系统事件队列中，Windows 操作系统从系统事件队列中逐一取出事件，分析各个事件，分送事件到相应运行程序的事件队列中。而每个运行程序则利用消息循环方法（即循环取得自己事件队列中的事件）得到事件，并把他们送到当前活动窗口，由窗口中的事件函数响应各个事件（消息）。因此，每个运行程序都有自己的事件队列。

Windows 操作系统允许多个程序同时运行，每个程序可能拥有多个窗口，但其中只有一个窗口是活动的，我们能从窗口的标题栏的颜色来识别一个活动窗口，这个窗口接收 Windows 系统发来的大部分的事件。这个应用程序的窗口被称为活动窗口。

3. Windows 编程类库和组件库

操作系统为了方便应用程序设计，一般都要提供一个程序库，一些设计应用程序的共用代码都包含在这个程序库中。程序员可以调用这些代码，以简化编程。

为了简化 Windows 应用程序的设计，提出了组件（控件）的概念，组件也是类，按钮、菜单、工具条等都可以封装为组件，组件采用属性、事件、方法来描述，其中属性描述组件的特性，如按钮的标题，标签字体的颜色和大小。方法是组件类提供的函数，通过调用这些方法，可以控制组件的行为。组件通过事件和外界联系，一个组件可以响应若干个事件，可以为事件增加事件处理函数，以后每当发生该事件，将自动调用该事件处理函数处理此事件。很多组件在设计阶段是可见的，支持可视化编程，这些组件又被叫做控件。用控件编制 Windows 应用程序很像搭积木，将控件放到窗体中，设置好属性，漂亮的界面就设计好了。

组件编程的工具有很多，例如 VB6.0、VB.NET、C#、C++Builder、Java、Delphi 等快速开发工具（RAD）。这些工具都有自己的组件库。

.NET 系统为编制 Windows 应用程序、Web 应用程序、Web 服务，在.NET 框架（.NET FrameWork）中提供了基础类库（Base Class Library）。它是一个统一的、面向对象的、层次化的、可扩展的类库，统一了微软当前各种不同的框架和开发模式，无论开发 Windows 应用程序，还是开发 Web 应用程序，采用相同的组件名称，组件具有相同的属性、方法和事件，开发模式也类似，方便程序员学习。.NET 框架类库支持控件可视化编程，.NET 中的VC++.NET、VB.NET、C#语言都使用这个类库，消除了各种语言开发模式的差别。该类库包括以下功能：基础类库（基本功能像字符串、数组等）、网络、安全、远程化、诊断和调试、I/O、数据库、XML、Web 服务、Web 编程、Windows 编程接口等。

Windows 2000/XP/2003 等操作系统并不包含.NET 框架类库，为了运行 C#程序，必须安装.NET FrameWork。

【例 4-1】第一个 Windows 应用程序

 【实例说明】

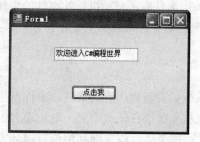

图 4-9　第一个 Windows 程序运行界面

设计一个程序，程序界面显示一个文本框，单击"点击我"按钮后，在文本框中显示"欢迎进入 C#编程世界!"，运行结果如图 4-9 所示。

【程序实现】

（1）启动 Visual Studio.NET。

（2）选择主菜单"文件"→"新建"→"项目"，打开"新建项目"对话框。

（3）在"新建项目"对话框中的左窗格选择"Visual C#项目"，右窗格选择"Windows 应用程序"，指定项目名称（如：Demo4_1）和存放位置（如：d:\code）后，单击"确定"按钮。

（4）从工具箱中选择文本框 TextBox，然后抬起鼠标，在窗体的适当位置按下鼠标左键后拖动到适当大小，抬起左键。利用类似的方法再放置一个按钮 Button。

（5）在属性窗口中将按钮的 Text 属性清空，将按钮的 Text 属性改为"点击我"。

（6）双击按钮，在按钮的单击事件中加入代码。

```
private void button1_Click(object sender, EventArgs e)
{
    textBox1.Text = "欢迎进入 C#编程世界";
}
```

（7）选择工具栏中的 ▶ 运行程序，运行界面如图 4-9 所示。

【提示】

● Windows 应用程序和控制台应用程序的基本结构基本一样, 程序的执行总是从 Main() 方法开始, 主函数 Main()必须在一个类中;

● Windows 应用程序使用图形界面, 一般有一个窗口(Form), 采用事件驱动方式工作。

4.1.3 Form 类

窗体是指组成 Windows 应用程序的用户界面的窗口或对话框。在 Visual Studio 2005 集成环境中，新建一个"Windows 应用程序"后都会创建一个默认的窗体，如图 4-4 中的 Form1。

在 Windows 应用程序开发过程中，程序员可以根据需要从"工具箱"中将相关的控件拖放在窗体上，通过"属性"面板对相关控件的属性进行设置，完成应用程序的界面设计。

1．窗体的常用属性

Form 是 Windows 应用程序中所显示的任何窗口的表示形式，一般情况下把它称为窗体。Form 类可用于创建标准窗口、工具窗口、无边框窗口和浮动窗口。使用 Form 类中可用的属性，可以确定所创建窗口或对话框的外观、大小、颜色和窗口管理功能。窗体的常用属性见表 4-1。

表 4-1　窗体的常用属性

属 性 名 称	说　　明
Text	获取或设置指定窗口的标题
FormBorderStyle	获取或设置窗体的边框样式
Size	获取或设置窗体的大小
IsMdiChild	获取一个值，该值指示窗体是否为多文档界面（MDI）子窗体
IsMdiContainer	获取或设置一个值，该值指示窗体是否为多文档界面（MDI）子窗体的容器
Opacity	获取或设置窗体的不透明度级别
BackgroundImage	获取或设置在控件中显示的背景图像
MaximizeBox	获取或设置一个值，该值指示是否在窗体的标题栏中显示"最大化"按钮
MinimizeBox	获取或设置一个值，该值指示是否在窗体的标题栏中显示"最小化"按钮
AcceptButton	获取或设置当用户按 Enter 键时所单击的窗体上的按钮
CancelButton	获取或设置当用户按 Esc 键时单击的按钮控件
ContextMenu	获取或设置与控件关联的快捷菜单
Controls	获取包含在控件内的控件的集合
ControlBox	获取或设置一个值，该值指示在该窗体的标题栏中是否显示控件框
DialogResult	获取或设置窗体的对话框结果
Font	获取或设置控件显示的文字的字体
ForeColor	获取或设置控件的前景色
HelpButton	获取或设置一个值，该值指示是否应在窗体的标题框中显示"帮助"按钮
MinimumSize	获取或设置窗体可调整到的最小大小
ShowIcon	获取或设置一个值，该值指示是否在窗体的标题栏中显示图标
Icon	获取或设置窗体的图标
MdiChildren	获取窗体的数组，这些窗体表示以此窗体作为父级的多文档界面（MDI）子窗体
MdiParent	获取或设置此窗体的当前多文档界面（MDI）父窗体
Menu	获取或设置在窗体中显示的 MainMenu
TabIndex	获取或设置在控件的容器中的控件的 Tab 键顺序
WindowState	获取或设置窗体的窗口状态

【提示】

● 这里列出的是常用的属性，并根据使用频度进行了简单排序；
● Form 类详细的属性信息，请读者查阅 MSDN。

2. 窗体的常用方法

通过窗体的常用方法可以实现某个特定的功能。在应用程序开发过程中，程序员可以为窗体编写方法以供程序调用，也可以调用窗体的预定义方法，如 OnClick 方法。窗体的常用方法见表 4-2。

表 4-2 窗体的常用方法

方 法 名 称	说 明
Activate	激活窗体并给予它焦点
Close	关闭窗体
Hide	对用户隐藏控件
Focus	为控件设置输入焦点
Show	显示窗体
ShowDialog	将窗体显示为模式对话框
OnClick	引发 Click 事件
OnClosed	引发 Closed 事件
OnClosing	引发 Closing 事件
OnInvalidated	引发 Invalidated 事件
OnKeyDown	引发 KeyDown 事件
OnKeyPress	引发 KeyPress 事件
OnLeave	引发 Leave 事件
OnLoad	引发 Load 事件
OnLostFocus	引发 LostFocus 事件
OnMouseDown	引发 MouseDown 事件
OnMouseEnter	引发 MouseEnter 事件
OnMouseMove	引发 MouseMove 事件
OnMouseLeave	引发 MouseLeave 事件
OnMove	引发 Move 事件
OnPrint	引发 Paint 事件

在进行应用程序开发时，除了可以在设计时或程序运行时设置窗体的静态属性之外，还可以使用相关的方法来操作窗体。例如，可以使用 ShowDialog 方法将窗体显示为模式对话框。也可以使用 SetDesktopLocation 方法在桌面上定位窗体。

3. 窗体的常用事件

Form 类的事件允许应用程序响应外部用户对窗体执行的操作。例如，可以使用 Activated 事件，实现当窗体已激活时更新窗体控件中显示的数据。窗体的常用事件见表 4-3。

表 4-3　窗体的常用事件

事 件 名 称	触 发 时 机
Click	在单击控件时发生
FormClosed	关闭窗体后发生
FormClosing	在关闭窗体时发生
Deactivate	当窗体失去焦点并不再是活动窗体时发生
DoubleClick	在双击控件时发生
Enter	进入控件时发生
Leave	在输入焦点离开控件时发生
Load	在第一次显示窗体前发生
Move	在移动控件时发生
Resize	在调整控件大小时发生
Shown	只要窗体是首次显示就发生

【提示】

● 这里的窗体对应 System.Windows.Forms 命名空间中的 Form 类。

● System.Windows.Forms 命名空间包含用于创建基于 Windows 的应用程序的类，以充分利用 Microsoft Windows 操作系统中提供的丰富的用户界面功能。

● 也可以使用 Form 类创建可包含其他子窗体的多文档界面 (MDI) 窗体（请参阅第 10 章）。

可以通过在类中放置称为 Main 的方法将窗体用做应用程序中的启动类。在 Main 方法中添加代码，以创建和显示窗体。为了运行窗体，还需要在 Main 方法中添加 STAThread 属性。关闭启动窗体时，应用程序也同时关闭。【例 4-1】中的启动代码（Program.cs）如下：

```csharp
static class Program
{
    /// <summary>
    /// 应用程序的主入口点
    /// </summary>
    [STAThread]
    static void Main()
    {
        Application.EnableVisualStyles();
        Application.SetCompatibleTextRenderingDefault(false);
        Application.Run(new Form1());
    }
}
```

4.1.4　MessageBox 类

MessageBox 类是用于显示包含文本、按钮和符号（通知并指示用户）的消息框。调用该类的静态方法 Show 来实现消息的显示。Show 方法的常用原型见表 4-4，显示在消息框中的标题、消息、按钮和图标由传递给该方法的参数确定。

表 4-4　Show 方法常用原型

方　法　名　称	说　　　明
MessageBox.Show（String）	显示具有指定文本的消息框
MessageBox.Show（String，　String）	显示具有指定文本和标题的消息框
MessageBox.Show（String，　String，　MessageBoxButtons）	显示具有指定文本、标题和按钮的消息框
MessageBox.Show（String，　String，　MessageBoxButtons，MessageBoxIcon）	显示具有指定文本、标题、按钮和图标的消息框
MessageBox.Show（String，　String，　MessageBoxButtons，MessageBoxIcon，　MessageBoxDefaultButton）	显示具有指定文本、标题、按钮、图标和默认按钮的消息框
MessageBox.Show（String，　String，　MessageBoxButtons，MessageBoxIcon，MessageBoxDefaultButton，MessageBoxOptions）	显示具有指定文本、标题、按钮、图标、默认按钮和选项的消息框

　　show 方法的第一个参数为消息框中显示的信息，第二个参数为消息框的标题。第三个参数 MessageBoxButtons 表示消息框中显示的按钮，按钮的类型见表 4-5。第四个参数 MessageBoxIcon 表示消息框中显示的图标。第五个参数 MessageBoxDefaultButton 指定默认的按钮。第六个参数 MessageBoxOptions 指定消息框的相关选项。

表 4-5　消息框中的常用按钮类型

成　员　名　称	说　　　明
AbortRetryIgnore	消息框包含"中止"、"重试"和"忽略"按钮
OK	消息框包含"确定"按钮
OKCancel	消息框包含"确定"和"取消"按钮
RetryCancel	消息框包含"重试"和"取消"按钮
YesNo	消息框包含"是"和"否"按钮
YesNoCancel	消息框包含"是"、"否"和"取消"按钮

　　在应用程序开发过程中，通常要根据用户在消息框中选择的按钮类型，决定后续的操作。用户在消息框中操作的返回值见表 4-6。

表 4-6　消息框中操作的返回值

成　员　名　称	说　　　明
Abort	返回值是 Abort（通常从标签为"中止"的按钮发送）
Cancel	返回值是 Cancel（通常从标签为"取消"的按钮发送）
Ignore	返回值是 Ignore（通常从标签为"忽略"的按钮发送）
No	返回值是 No（通常从标签为"否"的按钮发送）
None	从对话框返回了 Nothing。这表明有模式对话框继续运行
OK	返回值是 OK（通常从标签为"确定"的按钮发送）
Retry	返回值是 Retry（通常从标签为"重试"的按钮发送）
Yes	返回值是 Yes（通常从标签为"是"的按钮发送）

【例 4-2】简单窗体程序

【实例说明】

　　该程序主要用来演示窗体对象的各种属性、事件和方法的使用。使用 Form 类创建简单的窗体，使用 MessageBox 类弹出消息框，如图 4-10 所示。如果用户单击窗体上的 取消按钮，会打开一个确认关闭窗体的消息框。单击"确定"按钮，关闭窗体，退出应用程序；单击"取消"按钮，取消关闭窗体。

【界面设计】

根据实例要求，该程序窗体的属性设置见表 4-7。

表 4-7　Demo4_2 窗体属性表

属 性 名 称	属 性 值
Name	frmFirst
MaximizeBox	false
MinimizeBox	false
Size	300，200
Text	窗体程序示例
StartPosition	CenterScreen（屏幕中央）

【功能实现】

（1）添加窗体 Load 事件（窗体装载）代码。在窗体的任意位置双击鼠标左键，进入代码编辑界面。在代码编辑界面中会自动添加"frmFirst_Load"方法的框架，在该方法中添加程序代码如下：

```
MessageBox.Show("将要打开窗体","触发窗体的 Load 事件",MessageBoxButtons.OK,
MessageBoxIcon.Information);
```

【提示】

● 上述代码用于在窗体装载时显示消息框；
● frmFirst_Load 方法会在窗体装载时调用（即 Load 事件发生时触发）；
● 也可以通过"属性"面板上的 ✏ 按钮，选择 Load 事件，编写事件代码。

（2）添加窗体 FormClosing 事件（关闭时）代码。选中窗体后，选择"属性"面板上的 ✏ 按钮，进入窗体事件的选择界面，如图 4-11 所示。双击"FormClosing"，系统会自动产生 frmFirst_FormClosing 方法的框架，编写代码即可实现窗体关闭时的事件处理。

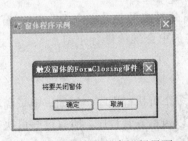

图 4-10　简单窗体程序运行界面

图 4-11　选择事件面板

frmFirst_FormClosing 方法的代码如下：

```
1 private void frmFirst_FormClosing(object sender,FormClosingEventArgs e)
```

```
2    {
3        DialogResult result;
4        result=MessageBox.Show("将要关闭窗体","触发窗体的 FormClosing 事件",
     MessageBoxButtons.OKCancel);
5        if (result == DialogResult.OK)
6            e.Cancel = false;
7        else
8            e.Cancel = true;
9    }
```

【代码分析】

- 第 3 行：声明消息框的返回值对象 result；
- 第 4 行：打开带有"确定"和"取消"按钮的消息框；
- 第 5~6 行：如果用户在消息框中选择"确定"，将窗体关闭时事件的 cancel 属性设置为 false，关闭窗体；
- 第 8 行：如果用户在消息框中选择"取消"，将窗体关闭时事件的 cancel 属性设置为 true，取消关闭窗体；

程序运行时，在窗体显示之前打开如图 4-12 所示的消息框；单击"确定"按钮后，显示窗体，如图 4-13 所示。该窗体的外观和位置由程序员所设置的属性控制。如果用户单击窗体上的 ✕ 按钮，将会打开一个确认关闭窗体的消息框。如图 4-10 所示。单击"确定"按钮，关闭窗体；单击"取消"按钮，取消关闭窗体。

图 4-12　窗体 Load 事件

图 4-13　显示窗体

【提示】

- 通过属性面板上的 ▦ 按钮和 ⚡ 按钮，可以切换指定控件的属性和事件；
- 窗体的属性也可以在程序运行时通过代码进行设置；
- 窗体是 Windows 程序的基本元素，一个窗体对应的就是一个 Windows 窗口；
- 窗体的其他事件和方法的应用在后续的实例中会继续进行介绍。

4.1.5　解决方案和项目

一个应用程序（Application）可能包括一个或多个可执行程序，例如，电子商城后台管理系统，可能包括客户端程序和服务器端程序，还可以包括安装程序。所有这些可执行程序的集合叫做一个应用解决方案。为了生成一个可执行程序，可能需要有一个或多个文件，例如，一般需要一个窗体文件，有时还需要一个资源文件，若干图形或图像文件。所有这些文件的集合叫一个项目，因此项目是为了创建一个可执行程序所必需的所有的文件的集合。而一个方案中可能包括多个项目。为了方便管理项目和项目所在的方案，Visual Studio.NET 为开发人员提供了解决方案资源管理器窗口，【例 4-2】的资源管理器窗口如图 4-14 所示。该窗口显示一个方案的树形结构，以及它所包含的项目及项目中的文件。【例 4-2】解决方案中对应的 FormDemo 项目的文件夹和文件结构如图 4-15 所示。其中的文件夹和文件的用途见表 4-8。

图 4-14　解决方案资源管理器

图 4-15　FormDemo 项目结构

表 4-8　FormDemo 项目文件夹和文件用途

文件夹/文件名称	说　明
bin 文件夹	包含 debug 子文件夹，存储生成带调试信息的可执行 C#程序
obj 文件夹	包含编译过程中生成的中间代码
Properties 文件夹	包含项目属性相关文件，如 AssemblyInfo.cs、Resources.resx 等
Form1.cs	窗体文件，程序员一般只修改该文件
Form1.Designer.cs	窗体设计时自动生成的相关代表，主要包含 InitializeComponent 方法，与 Form1.cs 为同一个类，用 partial 关键字进行说明
Form1.resx	资源文件。程序员用集成环境提供的工具修改，不要直接修改
Program.cs	项目启动程序，包含 main 方法，一般使用 Application.Run(new frmFirst())语句启动程序
FormDemo.csproj	项目文件，记录用户关于项目的选项
FormDemo.sln	保存在 Demo4_2\FormDemo 文件夹中，为解决方案文件。这里解决方案文件和项目文件同名

课堂实践 1

1．操作要求

（1）新建"Windows 应用程序"项目，并创建一个窗体。
（2）要求窗体的 FormBorderStyle 指定为 FixedDialog。
（3）不显示窗体的最大化按钮。
（4）指定窗体的背景图片，图片的大小根据窗体的大小进行指定。
（5）在单击窗体时，弹出一个消息框，如图 4-16 所示。

图 4-16　"课堂实践 1"参考界面

2．操作提示

（1）在界面设计时尽量一次性完成属性的设置。
（2）在编写事件处理代码之前，最好能正确地指定窗体的名称。
（3）项目以 Simu4_1 保存。

4.1.6　Label 控件

Windows 窗体中的 Label 控件（标签）用于显示用户不能编辑的文本或图像。标签通常用于标识窗体上的对象；例如，描述单击某控件时该控件所进行的操作或显示相应信息以响应应用程序中的运行时事件或进程。另外，也可以借助标签为文本框、列表框和组合框等添加描述性标题以提示用户输入或选择。也可以编写代码，使标签显示的文本为了响应运行时事件而做出更改。例如，有时候在应用程序中在等待系统的处理过程中，可以在标签中显示处理状态的消息。

标签对象的操作可以通过它的主要属性来完成，Label 控件的主要属性见表 4-9。

表 4-9　Label 控件常用属性

属 性 名 称	说　　明
Text	标签中显示的标题
TextAlign	设置文本在标签内的对齐方式
AutoSize	调整控件大小以适应较大或较小的标题
BorderStyle	设置或获取控件的边框风格

【提示】

● 在标签等控件的 Text 属性中使用 "and" 符 (&) 可以为标签指定快捷键;
● 快捷键是指用户可以按 Alt 键和指定字符将焦点移动到 Tab 键顺序中的下一个控件上。

4.1.7　TextBox 控件

Windows 窗体中的 TextBox 控件（文本框）用于获取用户输入或显示文本。文本框通常用于可编辑文本，不过也可使其成为只读控件。文本框可以显示多个行，对文本换行使其符合控件的大小以及添加基本的格式设置。TextBox 控件为在该控件中显示的或输入的文本提供一种格式化样式。如果要显示多种类型的带格式文本，可以使用 RichTextBox 控件。

文本框对象的设置通过该控件的相关属性来完成，TextBox 控件的主要属性见表 4-10。

表 4-10　TextBox 控件常用属性

属 性 名 称	说　　明
Text	标签中显示的标题
MaxLength	获取或设置用户可在文本框控件中输入或粘贴的最大字符数
PasswordChar	获取或设置字符，该字符用于屏蔽单行 TextBox 控件中的密码字符
Multiline	可输入 32 KB 的文本
ReadOnly	用户可滚动并突出显示文本框中的文本，但不允许进行更改。"复制"命令在文本框中仍然有效，但"剪切"和"粘贴"命令都不起作用
WordWrap	指定在多行文本框中，如果一行的宽度超出了控件的宽度，其文本是否应自动换行
SelectedText	获取或设置一个值，该值指示控件中当前选定的文本
SelectionLength	获取或设置文本框中选定的字符数
SelectionStart	获取或设置文本框中选定的文本起始点
BorderStyle	获取或设置文本框控件的边框类型
CharacterCasing	获取或设置 TextBox 控件是否在字符输入时修改其大小写格式
TextLength	获取控件中文本的长度

TextBox 控件的常用方法见表 4-11。

表 4-11 TextBox 控件常用方法

方 法 名 称	说　　明
AppendText	向文本框的当前文本追加文本
Clear	从文本框控件中清除所有文本
Copy	将文本框中的当前选定内容复制到"剪贴板"
Cut	将文本框中的当前选定内容移动到"剪贴板"中
DeselectAll	将 SelectionLength 属性的值指定为零，从而不会在控件中选择字符
Focus	为控件设置输入焦点
Paste	用剪贴板的内容替换文本框中的当前选定内容
Select	选择控件中的文本

TextBox 控件提供了许多的事件以支持对文本框的各种操作处理。TextBox 控件常见的事件见表 4-12。

表 4-12 TextBox 控件常用事件

事　　件	触 发 时 机
Enter	进入控件时发生
Leave	在输入焦点离开控件时发生
TextChanged	在 Text 属性值更改时发生
Validated	在控件完成验证时发生
Validating	在控件正在验证时发生

【提示】

● 使用 PasswordChar 属性指定在文本框中显示的字符（使用"*"隐藏输入的密码）；

● 使用 MaxLength 属性可以设置在文本框中输入的字符个数。如果超过了最大长度，系统会发出声响，且文本框不再接受任何字符；

● 使用 SelectionStart 属性可以设置要选择的文本的开始位置，值为 0 表示最左边的位置。如果将 SelectionStart 属性设置为等于或大于文本框内的字符数，则插入点放在最后一个字符之后；

● 使用 SelectionLength 属性可以设置要选择的文本的长度。SelectionLength 属性是一个设置插入点宽度的数值。如果将 SelectionLength 设置为大于 0 的数，则会从当前插入点处开始选择该数目的字符；

● 使用 SelectedText 属性访问文本框中选定的文本。

用来选定文本框中的所有文本的参考代码如下：

```
private void textBox1_Enter(object sender, System.EventArgs e){
    textBox1.SelectionStart = 0;
    textBox1.SelectionLength = textBox1.Text.Length;
}
```

4.1.8 Button 控件

Button 控件（按钮）存在于几乎所有的 Windows 窗口中。按钮主要用于执行 3 类任务：

● 用某种状态关闭对话框（如"OK"和"Cancel"按钮）；
● 给对话框上输入的数据执行操作（例如，输入一些搜索条件后，单击"Search"按钮）；
● 打开另一个对话框或应用程序（如"Help"按钮）。

Windows 窗体中的 Button 控件允许用户通过单击来执行操作。当该按钮被单击时，它看起来像被按下，然后被释放。每当用户单击按钮时，即调用 Click 事件处理程序。可将代码放入 Click 事件处理程序来执行所选择的任意操作。Button 控件的常用属性见表 4-13。

表 4-13　Button 控件常用属性

属 性 名 称	说　　明
FlatStyle	获取或设置按钮控件的平面样式外观
Image	获取或设置显示在按钮控件上的图像
ImageList	获取或设置显示在按钮控件上的图像列表
ImageAlign	获取或设置按钮控件上的图像对齐方式
TextImageRelation	获取或设置文本和图像相互之间的相对位置
TabIndex	获取或设置在控件的容器中的控件的 Tab 键顺序
UseMnemonic	获取或设置一个值，它指示控件的文本中是否包含"and"（&）符号

【例 4-3】简单加法器

 【实例说明】

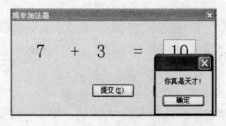

图 4-17　简单加法器运行界面

该程序主要用来演示标签控件、文本框控件和按钮控件的使用。该程序运行时，在窗体上显示由两个随机整数所构成的加法表达式。用户可以在文本框中输入答案后单击"提交"按钮进行确认。如果答案正确，则显示"你真是天才"，如图 4-17 所示。通过使用标签、文本框和按钮对象制作的一个简单加法器，掌握标签的常用属性、文本框的常用属性、按钮的常用属性和常用事件的应用，并掌握 Random 类的基本用法。

【界面设计】

该程序主要用来演示标签控件、文本框控件和按钮控件的各种属性、事件和方法的使用。这些控件的属性设置见表 4-14。

表 4-14 简单加法器窗体主要控件及属性表

对 象 名 称	属 性 名 称	属 性 值
窗体(Form)	Name	frmAdd
	FormBorderStyle	FixedToolWindow
	MinimumSize	false
	Text	简单加法器
	StartPosition	CenterScreen（屏幕中央）
	Size	360，180
	AcceptButton	btnSubmit
	CancelButton	btnExit
显示第 1 个加数的标签	Name	lblFirst
	Text	设计时为 0，程序运行过程中动态赋值
	Font	宋体，24pt
显示第 2 个加数的标签	Name	lblSecond
	Text	设计时为 0，程序运行过程中动态赋值
	Font	宋体，24pt
显示+的标签	Name	Label2
	Text	+
	Font	宋体，24pt
显示=的标签	Name	Label4
	Text	=
	Font	宋体，24pt
显示结果的文本框	Name	txtResult
	Text	设计时为空
	Font	宋体，24pt
	TextAlign	Center
用于提交的按钮	Name	btnSubmit
	Text	提交(&S)
用于退出的按钮	Name	btnExit
	Text	退出(&X)

参照表 4-13 所示的属性完成"简单加法器"界面的设计，如图 4-18 所示。

在布局窗体上的控件时，如果需要对一组控件进行设置，可以通过以下两种方式选择控件：

● 在窗体的设计界面空白处单击鼠标左键，拖动鼠标，将需要选择的控件放置在选择框中；

● 选择其中一个控件后，按 Ctrl 键选择其他的控件。

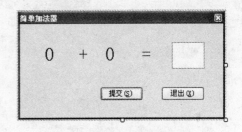

图 4-18 Demo4_3 界面设计

可以对一组控件的共同属性进行统一设置，也可以对一组控件设置对齐、大小和间距等，如图 4-19 所示。

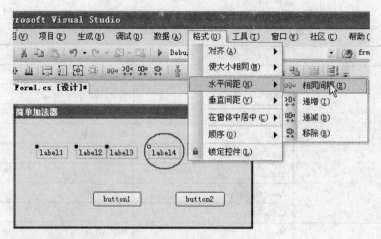

图 4-19　控件对齐

【提示】

● 在设置控件对齐等格式时，以选择控件左上角带有空心小矩形框的控件（或最先选择的控件）为参照（如 Label4）；
● 只能对一组控件共有的属性进行统一设置。

【功能实现】

（1）编写产生随机数的方法 getNumber。
（2）编写"提交"按钮的事件代码（btnSubmit_Click）。
（3）编写响应窗体装载事件的代码（frmAdd_Load）。
（4）编写"退出"按钮的事件代码（btnExit_Click）。

最后得到的完整的程序代码如下所示：

```
1  using System;
2  using System.Collections.Generic;
3  using System.ComponentModel;
4  using System.Data;
5  using System.Drawing;
6  using System.Text;
7  using System.Windows.Forms;
8  namespace Calculator
9  {
10     public partial class frmAdd:Form
11     {
12         int num1, num2;
13         public frmAdd()
14         {
15             InitializeComponent();
16         }
17         private void btnSubmit_Click(object sender, EventArgs e)
18         {
19             int result;
20             result = int.Parse(txtResult.Text);
```

```
21              if (result == num1 + num2)
22              {
23                  MessageBox.Show("你真是天才!");
24                  getNumber();
25                  txtResult.Text = "";
26                  txtResult.Focus();
27              }
28              else
29              {
30                  MessageBox.Show("继续努力!");
31                  txtResult.Text = "";
32                  txtResult.Focus();
33              }
34          }
35          public void getNumber()
36          {
37              Random rand = new Random();
38              num1 = rand.Next(10);
39              lblFirst.Text = num1.ToString();
40              num2 = rand.Next(10);
41              lblSecond.Text = num2.ToString();
42          }
43          private void frmAdd_Load(object sender, EventArgs e)
44          {
45              getNumber();
46          }
47          private void btnExit_Click(object sender, EventArgs e)
48          {
49              this.Close();
50          }
51      }
52  }
```

![代码分析图标] **【代码分析】**

- 第 1~7 行：引入相关的名称空间；
- 第 12 行：声明保存两个加数的整型变量 num1 和 num2；
- 第 13~16 行：frmAdd 类的构造方法（该方法包含在对应的 designer.cs 文件中），完成控件的初始化；
- 第 17~34 行：提交按钮事件处理；
- 第 35~42 行：获取两个加数的方法；
- 第 43~46 行：在窗体 Load 事件中调用 getNumber 方法获得两个加数；
- 第 47~50 行：退出按钮事件处理。

程序运行后，将随机产生两个加数，用户可以填写结果。如果结果错误，程序将提示用户继续输入；如果结果正确，将打开"你真是天才"的对话框，如图 4-17 所示。用户单击"确定"按钮后，可以继续答题。

- 由于设置 Form 的 AcceptButton 为 btnSubmit，所以用户在输入完计算结果后，单击 Enter 键，会自动触发"提交"按钮事件；同样，如果用户单击 Esc 键，则会自动触发"退出"按钮事件；
- 可以利用 IsChar 方法通过对 TextBox 的 KeyPress 事件处理，保证输入的为数字。

4.1.9 PictrueBox 控件

PictureBox 控件主要用来显示位图、元文件、图标、JPEG、GIF 或 PNG 文件中的图形。在设计时或运行时将 Image 属性设置为要显示的 Image。也可以通过设置 ImageLocation 属性指定图像，然后使用 Load 方法同步加载图像或使用 LoadAsync 方法异步加载图像。SizeMode 属性（设置为 PictureBoxSizeMode 枚举中的值）控制图像在显示区域中的剪裁和定位。可以在运行时使用 ClientSize 属性来更改显示区域的大小。

默认情况下，PictureBox 控件在显示时没有任何边框。即使图片框不包含任何图像，仍可使用 BorderStyle 属性提供一个标准或三维的边框，以便使图片框与窗体的其余部分区分。PictureBox 不是可选择的控件，这意味着该控件不能接收输入焦点。

通过 PictureBox 控件的 SizeMode 可以设置该控件中显示的图形与控件的适应方式，SizeMode 属性设置有以下几种。

- Normal：将图片的左上角与控件的左上角对齐；
- CenterImage：使图片在控件内居中；
- StretchImage：调整控件的大小以适合其显示的图片；
- AutoSize：拉伸所显示的任何图片以适合控件。

【例 4-4】 "关于"对话框

【实例说明】

该程序主要用来演示 PictureBox 控件和标签控件、文本框控件和按钮控件的使用。该程序运行时，将显示应用程序的相关信息，如图 4-20 所示。单击"确定"按钮，退出当前程序。

图 4-20 "关于"对话框

【界面设计】

一般"关于"对话框的界面组成包括应用程序名、版权信息和"确定"按钮。组成该程序界面的控件的属性见表 4-15。

表 4-15　WebShop "关于" 对话框控件及主要属性

对象名称	属性名称	属性值
窗体(Form)	Name	frmAbout
	FormBorderStyle	FixedToolWindow
	Text	关于 WebShop
	StartPosition	CenterScreen（屏幕中央）
	Size	400，200
	AcceptButton	btnOk
图片框（PictureBox）	Name	picMain
	SizeMode	StretchImage
	Size	160，160

　　将相关控件拖放在窗体上，并按表 4-14 完成相关属性的设置后，完成程序界面的设计。

【功能实现】

　　该程序的主要功能是在程序运行时动态加载图片文件。在窗体装载事件 frmAbout_Load 中实现，其代码如下：

```
private void frmAbout_Load(object sender, EventArgs e)
{
    picMain.Image = Image.FromFile("logo.jpg");
}
```

　　程序运行后，显示如图 4-20 所示的 "关于" 对话框，单击 "确定" 按钮，即可退出当前窗口。

【提示】

● PictureBox 中的图片可以在设计时设置，也可以在程序运行时动态设置；
● 动态设置 PictureBox 显示的图片时，注意图片文件路径的指定（该例中的图片文件保存在 bin 文件夹中）。

课堂实践2

1. 操作要求

（1）查看常用应用程序的 "关于" 界面，掌握其界面的基本组成及主要功能。
（2）设计图书管理系统的 "关于" 界面。

2. 操作提示

（1）合理设置 "关于" 对话框的大小。
（2）合理选择 "关于" 对话框的 Logo。
（3）"关于" 对话框中的部分功能（如 "系统信息"）暂不要求实现。

4.2 登录界面的设计

4.2.1 界面分析

1. 控件组成

如图 4-2 所示的 WebShop 后台登录界面主要由标签、文本框和按钮控件组成，这些控件的主要属性见表 4-16。

表 4-16　WebShop 后台登录界面主要控件及属性

控 件 名 称	属 性 名 称	属 性 值
Form1	Name	frmLogin
	Text	欢迎进入 WebShop 后台管理系统
	Size	300，200
	StartPosition	CenterScreen
	FormBorderStyle	FixedToolWindow
Label1	Text	用户名
	Font	宋体，18pt
Label2	Text	密码
	Font	宋体，18pt
TextBox1	Name	txtUser
	Text	
TextBox 2	Name	txtPass
	Text	
	PasswordChar	*
	MaxLength	16
Button1	Name	btnOk
Button1	Text	确定 (O)
Button2	Name	btnExit
Button1	Text	退出 (X)

2. 绘制界面

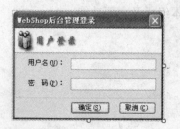

图 4-21　WebShop 后台登录界面

按要求绘制出来的应用程序界面如图 4-21 所示。

4.2.2 功能实现

1. 数据有效性验证代码

为增强应用程序的安全性和提高程序的易用性，要求在用户输入数据时进行相关的有效性验证，具体要求包括：

（1）单击"确定"按钮，用户名不能为空，密码不能为空。

（2）用户名和密码输入次数不超过 3 次。

（3）单击"退出"按钮，退出登录。

数据有效性的验证可以在按钮的单击事件中完成，也可以在文本框的 **Validate** 事件中完成（读者自行练习）。

2. 用户名和密码验证逻辑

登录用户名和密码的验证可以通过程序中固定的静态信息进行验证（学习时使用），也可以通过保存在外部文件或数据库中的文件进行验证。

（1）静态验证：用户名和密码静态在源代码中指定（本章采用的方式）。

（2）外部文件验证：用户名和密码保存在外部文件中。

（3）数据库验证：详见第 5 章。

同时为了方便验证逻辑的变化，编写独立的验证方法 CheckUser 完成用户名和密码的验证。如果验证逻辑发生变化，只需要修改该方法，而调用该方法的代码不需要做任何修改。

最终得到登录验证的完整的程序代码如下所示：

```
1  private void btnCancel_Click(object sender, EventArgs e)
2  {
3      this.Close();
4  }
5  private void btnOk_Click(object sender, EventArgs e)
6  {
7      if (txtUser.Text.Equals(""))
8      {
9          MessageBox.Show("用户名不能为空","错误提示");
10         txtUser.Focus();
11         return;
12     }
13     if (txtPass.Text == "")
14     {
15         MessageBox.Show("密码不能为空","错误提示");
16         txtPass.Focus();
17         return;
18     }
19     if (txtPass.Text.Length > 18)
20     {
21         MessageBox.Show("输入密码超过指定长度","错误提示");
22         txtPass.Focus();
23         return;
24     }
25     if (CheckUser(txtUser.Text.Trim(),txtPass.Text.Trim()))
26     {
27         MessageBox.Show("用户登录成功","提示");
28         //进入应用程序主界面
29     }
30     else
31     {
```

```
32          MessageBox.Show("用户登录失败","提示");
33          txtPass.Clear();
34          txtUser.Focus();
35          txtUser.SelectAll();
36      }
37 }
38 public bool CheckUser(string user,string pass)
39 {
40      if (user.Equals("admin") && pass.Equals("admin"))
41          return true;
42      else
43          return false;
44 }
```

【代码分析】

- 第 1~4 行："取消"按钮方法，实现退出当前程序功能；
- 第 5~37 行："确定"按钮方法，实现用户登录的数据有效性验证和用户登录验证；
- 第 38~44 行：实现用户名和密码正确性验证的方法 CheckUser；
- 第 7~12 行：用户名为空的处理；
- 第 13~18 行：密码为空的处理；
- 第 19~24 行：密码超长处理；
- 第 25 行：调用 CheckUser 方法检查所输入的用户名和密码是否正确，如果 CheckUser 方法的返回值为 Ture，则表示登录成功；
- 第 28 行：该处可以填写进入应用程序主窗体的代码。

【提示】

- 可以通过指定控件的 TabIndex 属性指定焦点在窗体上控件的移动顺序；
- 如果要通过数据库进行用户名和密码的验证，可以修改 CheckUser 方法体中的内容；
- 密码长度的限制也可以通过指定 TextBox 的 MaxLength 属性指定；
- 可以为程序添加限定 3 次验证的功能（请读者结合循环控制结构自行练习）。

4.3 知识拓展

4.3.1 控件的常用属性和事件

Control 类定义了本章及后续章节中常用控件的一些比较常见的事件，如表 4-17 所示。这个表仅列出了最常见的事件。

表 4-17 控件常用事件

事件名称	说明
Click	在单击控件时引发。在某些情况下，这个事件也会在用户按下 Enter 键时引发
DoubleClick	在双击控件时引发。处理某些控件上的 Click 事件，如 Button 控件，表示永远不会调用 DoubleClick 事件

事 件 名 称	说　　　明
DragDrop	在完成拖放操作时引发。换言之，当一个对象被拖到控件上，然后用户释放鼠标按钮后，引发该事件
DragEnter	在被拖动的对象进入控件的边界时引发
DragLeave	在被拖动的对象移出控件的边界时引发
DragOver	在被拖动的对象放在控件上时引发
KeyDown	当控件有焦点时，按下一个键时引发该事件，这个事件总是在 KeyPress 和 KeyUp 之前引发
KeyPress	当控件有焦点时，按下一个键时发生该事件，这个事件总是在 KeyDown 之后、KeyUp 之前引发。KeyDown 和 KeyPress 的区别是 KeyDown 传送被按下的键的键盘码，而 KeyPress 传送被按下的键的 char 值
KeyUp	当控件有焦点时，释放一个键时发生该事件，这个事件总是在 KeyDown 和 KeyPress 之后引发
GotFocus	在控件接收焦点时引发。不要用这个事件执行控件的有效性验证，而应使用 Validating 和 Validated
LostFocus	在控件失去焦点时引发。不要用这个事件执行控件的有效性验证，而应使用 Validating 和 Validated
MouseDown	在鼠标指针指向一个控件，且鼠标按钮被按下时引发。这与 Click 事件不同，因为在按钮被按下之后，且未被释放之前引发 MouseDown
MouseMove	在鼠标滑过控件时引发
MouseUp	在鼠标指针位于控件上，且鼠标按钮被释放时引发
Paint	绘制控件时引发
Validated	当控件的 CausesValidation 属性设置为 true，且该控件获得焦点时，引发该事件。它在 Validating 事件之后发生，表示有效性验证已经完成
Validating	当控件的 CausesValidation 属性设置为 true，且该控件获得焦点时，引发该事件。注意，被验证有效性的控件是失去焦点的控件，而不是获得焦点的控件

4.3.2　LinkLabel 控件

Windows 窗体中的 LinkLabel 控件可以实现向 Windows 窗体应用程序添加 Web 样式的链接。一切可以使用 Label 控件的地方，都可以使用 LinkLabel 控件；还可以将文本的一部分设置为指向某个文件、文件夹或网页的链接。

除了具有 Label 控件的所有属性、方法和事件以外，LinkLabel 控件还有针对超链接和链接颜色的属性。LinkArea 属性设置激活链接的文本区域。LinkColor、VisitedLinkColor 和 ActiveLinkColor 属性设置链接的颜色。LinkClicked 事件确定选择链接文本后将发生的操作。

LinkLabel 控件的最简单用法是使用 LinkArea 属性显示一个链接，也可以使用 Links 属性显示多个超链接。也可以在每个单个 Link 对象的 LinkData 属性中指定数据。LinkData 属性的值可以用来存储要显示文件的位置或网站的地址。LinkLabel 控件的常用属性见表 4-18。

表 4-18　LinkLabel 控件常用属性

属 性 名 称	说　　　明
LinkColor	获取或设置显示普通链接时使用的颜色
VisitedLinkColor	获取或设置当显示以前访问过的链接时所使用的颜色
ActiveLinkColor	获取或设置用来显示活动链接的颜色
Links	获取包含在 LinkLabel 内的链接的集合
LinkArea	获取或设置文本中视为链接的范围
LinkBehavior	获取或设置一个表示链接的行为的值

4.3.3 MaskedTextBox 控件

MaskedTextBox 类是一个增强型的 TextBox 控件，它支持用于接受或拒绝用户输入的声明性语法。通过使用 Mask 属性，无须在应用程序中编写任何自定义验证逻辑，即可指定下列输入：

- 必需的输入字符；
- 可选的输入字符；
- 掩码中的给定位置所需的输入类型；例如，只允许数字、只允许字母或者允许字母和数字；
- 掩码的原义字符，或者应直接出现在 MaskedTextBox 中的字符；例如，电话号码中的连字符 (-)，或者价格中的货币符号；
- 输入字符的特殊处理；例如，将字母字符转换为大写字母。

当 MaskedTextBox 控件在运行时显示时，会将掩码表示为一系列提示字符和可选的原义字符。表示一个必需或可选输入的每个可编辑掩码位置都显示为单个提示字符。例如，井字符号 (#) 通常用做数字字符输入的占位符。可以使用 PromptChar 属性来指定自定义提示字符。HidePromptOnLeave 属性决定当控件失去输入焦点时用户能否看到提示字符。

当用户在掩码文本框中键入内容时，有效的输入字符将按顺序替换其各自的提示字符。如果用户键入无效的字符，将不会发生替换。在这种情况下，如果 BeepOnError 属性设置为 true，将发出警告声，并引发 MaskInputRejected 事件。可以通过处理此事件来提供您自己的自定义错误处理逻辑。MaskedTextBox 控件的常用属性见表 4-19。

表 4-19　MaskedTextBox 控件常用属性

属 性 名 称	功　　　能
AllowPromptAsInput	获取或设置一个值，该值指示 PromptChar 是否可以作为有效数据由用户输入
AsciiOnly	获取或设置一个值，该值指示 MaskedTextBox 控件是否接受 ASCII 字符集以外的字符
BeepOnError	获取或设置一个值，该值指示掩码文本框控件是否每当用户输入了它拒绝的字符时都发出系统警告声
HidePromptOnLeave	获取或设置一个值，该值指示当掩码文本框失去焦点时，输入掩码中的提示字符是否隐藏
Mask	获取或设置运行时使用的输入掩码
MaskCompleted	获取一个值，该值指示所有必需的输入是否都已输入到输入掩码中
MaskedTextProvider	获取与掩码文本框控件的此实例关联的掩码提供程序的复本
MaskFull	获取一个值，该值指示所有必需和可选的输入是否都已输入到输入掩码中
PromptChar	获取或设置用于表示 MaskedTextBox 中缺少用户输入的字符
TextMaskFormat	获取或设置一个值，该值决定原义字符和提示字符是否包括在格式化字符串中
ValidatingType	获取或设置用于验证用户输入的数据的数据类型

【例 4-5】使用 MaskedTextBox

 【实例说明】

该程序主要用来演示 MaskedTextBox 控件、标签控件、文本框控件和按钮控件的使用。该程序运行时，在窗体上显示个人信息输入界面。如果用户在输入年龄时输入的不是数字，

会弹出 "年龄格式不正确!" 的消息框。同样, 如果输入的日期不正确, 在光标离开日期输入框时, 会弹出 "录入日期格式不正确" 的消息框, 如图 4-22 所示。

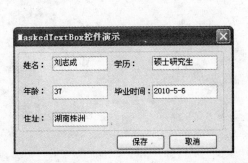
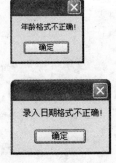

图 4-22 MaskedTextBox 控件演示

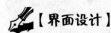【界面设计】

参照图 4-22 设计好程序界面, 其中年龄输入框和毕业时间输入框使用 MaskedTextBox。

【功能实现】

完整的程序代码如下所示:

```
1   //引入名称空间
2   namespace MaskDemo
3   {
4      public partial class Form1:Form
5      {
6         public Form1()
7         {
8             InitializeComponent();
9         }
10         private void Form1_Load(object sender, EventArgs e)
11         {
12             maskedTextBox1.Mask = "00";
13             maskedTextBox2.ValidatingType=typeof(System.DateTime);
14         }
15         private void maskedTextBox1_MaskInputRejected(object sender,
    MaskInputRejectedEventArgs e)
16         {
17             MessageBox.Show("年龄格式不正确!");
18             maskedTextBox1.SelectAll();
19             maskedTextBox1.SelectionStart = 0;
20             maskedTextBox1.Focus();
21         }
22         private void maskedTextBox2_TypeValidationCompleted(object sender,
    TypeValidationEventArgs e)
23         {
24             if (!e.IsValidInput)
25             {
```

```
26                    MessageBox.Show("录入日期格式不正确!");
27                    e.Cancel = true;
28                }
29        }
30        private void btnSave_Click(object sender, EventArgs e)
31        {
32            if(textBox1.Text!="")
33            MessageBox.Show("保存成功!!");
34        }
35        private void btnExit_Click(object sender, EventArgs e)
36        {
37            Application.Exit();
38        }
39    }
40 }
```

【代码分析】

- 第 12 行: 通过 Mask = "00"设置只能输入数字;
- 第 13 行: 设置只能输入日期;
- 第 15~21 行: 在 MaskInputRejected 方法中对不符合格式的年龄进行处理;
- 第 22~29 行: 在 TypeValidationCompleted 方法中对输入的不正确日期进行处理;
- 第 37 行: 使用 Application.Exit 方法退出当前应用程序。

程序运行后,输入相关信息后结果如图 4-22 所示。

课 外 拓 展

1. 操作要求

(1) 下载并安装 Visual Studio 2005,并测试安装是否成功。
(2) 学习使用联机帮助查找所关注的主题。
(3) 从网上搜索并收藏几个关于 C# Windows 编程的网站。
(4) 完成图书管理系统的用户登录界面的设计。

2. 操作说明

(1) 理解 Windows 程序可视化编程的基本思路,走出 Windows 编程就是拖放控件、编写简单事件代码的误区。
(2) 结合 GUI 程序中的文件组成(类的组成),进一步理解面向对象的思想。

第5章　WebShop后台登录功能的实现

学习目标

本章主要讲述 ADO.NET 对象模型、System.Data 命名空间、SqlConnection 类、SqlCommand 类、SqlDataReader 类、创建数据库连接等。通过本章的学习，读者应掌握 ADO.NET 数据库访问的对象模型，能应用 SqlConnection 类创建到指定数据库的连接，能应用 SqlCommand 类、SqlDataReader 类读取数据库中的内容。本章的学习要点包括：

- ADO.NET 对象模型；
- System.Data 命名空间；
- SqlConnection 类及其用法；
- SqlCommand 类及其用法；
- SqlDataReader 类及其用法。

教学导航

本章主要介绍用户登录功能的实现，在第 4 章完成的用户登录界面基础上，连接数据库实现用户名和密码的验证。本章主要内容及其在 C# Windows 程序开发技术中的位置如图 5-1 所示。

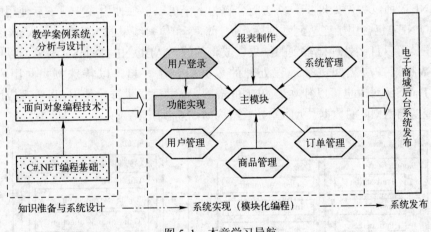

图 5-1　本章学习导航

任务描述

本章主要任务是实现 WebShop 后台管理系统的登录程序的验证功能，用户进入后台管理登录界面（第 4 章完成）后，输入用户名和密码，单击"确定"按钮，在进行数据有效性的验证之后，将连接到后台数据库 WebShop 验证用户名和密码的正确性，如果正确，将进入主程序，否则弹出错误提示对话框，如图 5-2 所示；单击"取消"按钮，退出登录系统。

图 5-2　WebShop 后台登录验证

5.1　技　术　准　备

5.1.1　ADO.NET 对象模型

ADO.NET 是一组向.NET 程序员公开数据访问服务的类。ADO.NET 为创建分布式数据共享应用程序提供了一组丰富的组件。它提供了对关系数据、XML 和应用程序数据的访问，因此是.NET Framework 中不可缺少的一部分。ADO.NET 支持多种开发需求，包括创建由应用程序、工具、语言或 Internet 浏览器使用的前端数据库客户端和中间层业务对象。

ADO.NET 对 Microsoft SQL Server 和 XML 等数据源以及通过 OLE DB 和 XML 公开的数据源提供一致的访问。数据共享使用者应用程序可以使用 ADO.NET 来连接到这些数据源，并检索、处理和更新所包含的数据。

ADO.NET 通过数据处理将数据访问分解为多个可以单独使用或一前一后使用的不连续组件。ADO.NET 包含用于连接到数据库、执行命令和检索结果的.NET Framework 数据提供程序。程序员可以直接处理检索到的结果，或将其放入 ADO.NETDataSet 对象，以便与来自多个源的数据或在层之间进行远程处理的数据组合在一起，以特殊方式向用户公开。ADO.NET DataSet 对象也可以独立于.NET Framework 数据提供程序使用，以管理应用程序本地的数据或源自 XML 的数据。ADO.NET 结构如图 5-3 所示。

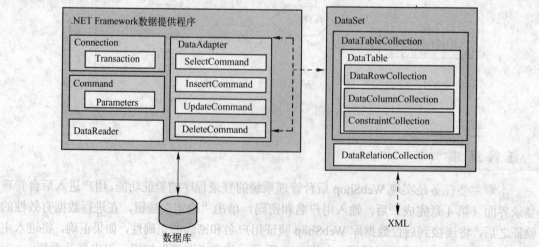

图 5-3　ADO.NET 结构

下面我们简单介绍一下 ADO.NET 结构中的主要对象。

1. 连接对象

它主要用于开启程序和数据库之间的连接。连接对象用于任何其他 ADO.NET 对象之前，它提供了到数据源的基本连接。如果使用数据库需要用户名和密码，或者对于位于远程网络服务器上的数据库，则借助连接对象就可以提供建立连接并登录的细节。在每一个连接对象名称前带有特定提供者的名称。例如，用于 OLE DB 提供者的连接对象就是 OleDbConnection；用于 SQL Server .NET 提供者的类就是 SqlConnection。

【提示】
- 数据库提供者是指数据的不同来源；
- 连接对象是 ADO.NET 的最底层，可以自己产生，也可以由其他对象产生；
- 没有利用连接对象打开数据库的话，是无法从数据库中取得数据的。

2. 命令对象

在应用 ADO.NET 操作数据库时，可以使用命令对象向数据源发出命令，可以对数据库下达查询、新增、修改、删除等数据指令，以及调用存储在数据库中的存储过程等。对于数据库的不同的提供者，该对象的名称也不同，例如，用于 SQL Server 的 SqlCommand，用于 ODBC 的 OdbcCommand 和用于 OLE DB 的 OleDbCommand。

【提示】
- 命令对象是在连接对象之上的，也就是 Command 对象是通过连接到数据源的 Connection 对象来下命令的；
- 根据对数据库操作的不同，提供了不同的命令方式。

3. DataReader 对象

DataReader 对象可以从数据源中读取仅能前向和只读的数据流（比如找到的用户集合）。对于简单地读取数据来说，该对象的性能最好（本章的登录功能的实现就是利用这个对象来实现的）。对于不同的提供者，该对象的名称也不同，例如用于 SQL Server 的 SqlDataReader，用于 ODBC 的 OdbcDataReader 和用于 OLE DB 的 OleDbDataReader。

【提示】
- DataReader 在读取数据的时候其限制是一次一条，而且是只读，所以使用起来不但节省了资源而且效率高；
- DataReader 对象不用把数据全部传回，所以降低了网络的负载。

4. DataAdapter 对象

这是一个通用的类，可以执行针对数据源的各种操作，包括更新变动的数据，填充 DataSet 对象以及其他操作。对于不同的提供者，该对象的名称也不同，例如，用于 SQL Server 的 SqlDataAdapter，用于 ODBC 的 OdbcDataAdapter 和用于 OLE DB 的 OleDbAdapter。

【提示】
- DataAdapter 对象是在 Command 对象之上的，并提供许多配合 DataSet 使用的功能；

● 可以通过 Command 对象下达命令后，并将取得的数据放入 DataSet 对象中。

5．DataSet 对象

DataSet 对象可视为暂存区。可以把数据库中查到的信息保存起来，甚至可以显示整个数据库的内容。DataSet 的能力不只是可以存储多个表而已，还可以通过 Command 对象取得一些例如主键等表结构，并可以查询数据库之间的关联 DataSet 对象，可以说是 ADO.NET 中的重量级对象。

【提示】

● DataSet 对象和 DataAdapter 对象详见第 7 章；

● DataSet 对象在 Command 对象和 DataAdapter 对象之上，本身不具备和数据源沟通的能力；

● DataAdapter 对象可以视为 DataSet 对象以及数据源间传输数据的桥梁。

最后，我们可以用类比的方法来形象地理解 ADO.NET 结构中的各个对象及其作用。

● 数据库好比水库，存储了大量的水（数据）；

● Connection 好比伸入水中的进水龙头，保持与水的接触，只有它与水进行了"连接"，其他对象才可以抽到水；

● Command 则像抽水机，为抽水提供动力和执行方法，通过"水龙头"，然后把水返给上面的"水管"；

● DataAdapter、DataReader 就像输水管，担任着水的传输任务，并起着桥梁的作用。DataAdapter 像一根输水管，通过发动机，既可以把水库中的水抽出来，也可以把水源输送到水库里进行保存。DataReader 也是一种水管，与 DataAdapter 不同的是，DataReader 不把水输送到水库里面，而是单向地直接把水抽出来送到需要水的用户那里或田地里；

● DataSet 则是一个储水池，把从水库抽来的水按一定关系在池子里进行存放。即使撤掉"抽水装置"（断开连接，离线状态），也可以保持"水"的存在。这也正是 ADO.NET 的核心；

● DataTable 则像储水池中的每个独立的小水池子，分别存放不同种类的水。一个大储水池（DataSet）由一个或多个这样的小水池子组成。

5.1.2　System.Data 命名空间

1．System.Data 命名空间概述

System.Data 命名空间提供对表示 ADO.NET 结构的类的访问。通过 ADO.NET 可以生成一些组件，用于有效管理多个数据源的数据。System.Data 命名空间提供了大量的数据库访问相关的类，以实现高效的数据库访问操作。System.Data 中的主要类见表 5-1。

表 5-1　System.Data 中的主要类

类	说　明
Constraint	表示可在一个或多个 DataColumn 对象上强制的约束
DataColumn	表示 DataTable 中列的架构
DataRelation	表示两个 DataTable 对象之间的父/子关系

类	说　明
DataRow	表示 DataTable 中的一行数据
DataRelationCollection	表示此 DataSet 的 DataRelation 对象的集合
DataSet	表示数据在内存中的缓存
DataRowCollection	表示 DataTable 的行的集合
DataTable	表示内存中数据的一个表
DataTableCollection	表示 DataSet 的表的集合
DataView	表示用于排序、筛选、搜索、编辑和导航的 DataTable 的可绑定数据的自定义视图
DataRowView	表示 DataRow 的自定义视图

2．.NET Framework 数据提供程序

.NET Framework 数据提供程序用于连接到数据库、执行命令和检索结果。System.Data 命名空间提供了对各种数据提供程序的处理，主要的.NET Framework 数据提供程序及其对应的命名空间见表 5-2。

表 5-2　System.Data 中不同数据提供程序对应的命名空间

.NET Framework 数据提供程序	命 名 空 间	说　明
SQL Server	System.Data.SqlClient	提供对 Microsoft SQL Server 7.0 版或更高版本的数据访问
OLE DB	System.Data.OleDb	适合于使用 OLE DB 公开的数据源
ODBC	System.Data.Odbc	适合于使用 ODBC 公开的数据源
Oracle	System.Data.OracleClient	适用于 Oracle 数据源。支持 Oracle 客户端软件 8.1.7 版和更高版本

不同的.NET Framework 数据提供程序，使用大致相同的方式连接、操作数据库。在进行数据库访问操作时，主要涉及.NET Framework 数据提供程序的 4 个核心对象 Connection、Command、DataReader 和 DataAdapter。

【提示】

● 4 种.NET Framework 数据提供程序可以实现对不同类型数据库的访问操作；
● 访问数据库所使用的核心对象由数据提供程序类型和对象名称组成，如 SQL Server 提供程序的核心对象为 SqlConnection、SqlCommand、SqlDataReader 和 SqlDataAdapter；
● 不同类型的提供程序的核心对象名称由数据提供程序类型和对象名称组成，如 SqlConnection、OleDbConnection、OdbcConnetion、OracleConnection。

5.1.3　SqlConnection 对象

SqlConnection 对象表示与 SQL Server 数据源的一个唯一的会话。对于客户端/服务器数据库系统，它等效于到服务器的网络连接。SqlConnection 与 SqlDataAdapter 和 SqlCommand 一起使用，可以在连接 Microsoft SQL Server 数据库时提高性能。

使用 SqlConnection 的构造函数可以创建 SqlConnection 实例，SqlConnection 实例创建时所有属性都设置为它们的初始值。这些属性的值见表 5-3。

表 5-3　SqlConnection 对象主要属性

属 性 名 称	说　明
ConnectionString	获取或设置用于打开 SQL Server 数据库的字符串

属 性 名 称	说 明
ConnectionTimeout	获取在尝试建立连接时终止尝试并生成错误之前所等待的时间
Database	获取当前数据库或连接打开后要使用的数据库的名称
DataSource	获取要连接的 SQL Server 实例的名称
WorkstationId	获取标识数据库客户端的一个字符串
State	指示 SqlConnection 的状态
PacketSize	获取用来与 SQL Server 的实例通信的网络数据包的大小（以字节为单位）
ServerVersion	获取包含客户端连接的 SQL Server 实例的版本的字符串

State 属性一般是只读不写的，以下代码演示了使用 State 属性管理控制数据连接的方式。

```
//设置连接对象
SqlConnection conn;
//如果是空闲状态，连接数据库
if(conn.State == ConnectionState.Closed)
{
conn.Open();
}
//访问数据库的代码
...
//最后关闭连接
if(conn.State == ConnectionState.Open)
{
conn.Close();
}
```

利用 SqlConnection 的常用方法可以打开连接、关闭连接和创建命令对象等操作，其常用方法见表 5-4。

表 5-4　SqlConnection 对象常用方法

方 法 名 称	说 明
SqlConnection()	不带参数的构造函数，创建 SqlConnection 对象
SqlConnection(string connectionstring)	根据连接字符串，创建 SqlConnection 对象
ChangeDatabase	为打开的 SqlConnection 更改当前数据库
ChangePassword	将连接字符串中指示的用户的 SQL Server 密码更改为提供的新密码
ClearAllPools	清空连接池
Close	关闭与数据库的连接。这是关闭任何打开连接的首选方法
CreateCommand	创建并返回一个与 SqlConnection 关联的 SqlCommand 对象
Open	使用 ConnectionString 所指定的属性设置打开数据库连接

如果 SqlConnection 超出范围，则不会将其关闭。因此，必须通过调用 Close 或 Dispose 显式关闭该连接。它们在功能上是等效的。如果将连接池值 Pooling 设置为 true 或 yes，则也会释放物理连接。还可以打开 using 块内部的连接，以确保当代码退出 using 块时关闭该连接。

5.1.4　连接字符串

连接字符串包含作为参数传递给数据源的初始化信息。在 ConnectionString 连接字符串里，一般需要指定将要连接数据源的种类、数据库服务器的名称、数据库名称、登录用户名、密码、等待连接时间、安全验证设置等参数信息，这些参数之间用分号隔开。有效的连接字符串语法依提供程序而异。下面将详细描述这些常用参数的使用方法。

1. Provider 参数

Provider 参数用来指定要连接数据源的种类。如果使用的是 SQL Server DataProvider，则不需要指定 Provider 参数，因为 SQL Server DataProvider 已经指定了所要连接的数据源是 SQl Server 服务器。如果使用的是 O1eDB DataProvider 或其他连接数据库，则必须指定 Provider 参数。表 5-5 说明了 Provider 参数值和连接数据源类型之间的关系。

表 5-5　Provider 值描述

Provider 值	对应连接的数据源
SQL OLE DB	Microsoft OLEDB Provider for SQL Server
MSDASQL	Microsoft OLEDB Provider for ODBC
Microsoft. Jet. OLEDB.4.0	Microsoft OLEDB Provider for Access
MSDAORA	Microsoft OLEDB Provider for Oracle

2. Server 参数

Server 参数用来指定需要连接的数据库服务器（或数据域）。比如 Server=(local)，指定连接的数据库服务器是在本地。如果本地的数据库还定义了实例名，Server 参数可以写成 Server=(local)\实例名。另外，可以使用计算机名作为服务器的值。如果连接的是远端的数据库服务器，Server 参数可以写成 Server=IP 或 "Server=远程计算机名" 的形式。

Server 参数也可以写成 Data Source，比如 Data Source=IP。

```
server=(local);Initial Catalog=student;user Id=sa; password= ;
Data Source=(localhost);Initial Catalog=student;user Id=sa; password= ;
```

3. DataBase 参数

DataBase 参数用来指定连接的数据库名。比如 DataBase=Master，说明连接的数据库是 Master，DataBase 参数也可以写成 Initial Catalog，如 Initial Catalog=Master。

4. Uid 参数和 Pwd 参数

Uid 参数用来指定登录数据源的用户名，也可以写成 UserID。比如 Uid(User ID)=sa，说明登录用户名是 sa。

Pwd 参数用来指定连接数据源的密码，也可以写成 Password。比如 Pwd(Password)=asp.net，说明登录密码是 asp.net。

5. Connect Timeout 参数

Connect Timeout 参数用于指定打开数据库时的最大等待时间，单位是秒。如果不设置此参数，默认值是 15 秒。如果设置成-1，表示无限期等待，一般不推荐使用。

6. Integrated Security 参数

Integrated Security 参数用来说明登录到数据源时是否使用 SQL Server 的集成安全验证。

如果该参数的取值是 True（或 SSPI，或 Yes），表示登录到 SQL Server 时使用 Windows 验证模式，即不需要通过 Uid 和 Pwd 这样的方式登录。如果取值是 False（或 No），表示登录 SQL Server 时使用 Uid 和 Pwd 方式登录。

一般来说，使用集成安全验证的登录方式比较安全，因为这种方式不会暴露用户名和密码。安装 SQL Server 时，如果选中"Windows 身份验证模式"单选按钮则应该使用如下的连接字符串：

```
Data Source=(local); Init Catalog=students; Integrated Security=SSPI;
```

Integrated Security=SSPI 表示连接时使用的验证模式是 Windows 身份验证模式。

7. Pooling、MaxPool Size 和 Min Pool Size 参数

Pooling 参数用来说明在连接到数据源时，是否使用连接池，默认设置是 True。当该值为 True 时，系统将从适当的池中提取 SQLConnection 对象，或在需要时创建该对象并将其添加到适当的池中。当取值为 False 时，不使用连接池。

当应用程序连接到数据源或创建连接对象时，系统不仅要开销一定的通信和内存资源，还必须完成诸如建立物理通道（例如套接字或命名管道），与服务器进行初次握手，分析连接字符串信息，由服务器对连接进行身份验证，运行检查，以便在当前事务中登记等任务，因此往往成为最为耗时的操作。

实际上，大多数应用程序仅使用一个或几个不同的连接配置。这意味着在执行应用程序期间，许多相同的连接将反复地打开和关闭。为了使打开的连接成本最低，ADO.NET 使用称为 Pooling（即连接池）的优化方法。

在连接池中，为了提高数据库的连接效率，根据实际情况，预先存放了若干数据库连接对象，这些对象即使在用完后也不会被释放。应用程序不是向数据源申请连接对象，而是向连接池申请数据库的连接对象。另外，连接池中的连接对象数量必须同实际需求相符，空置和满载都对数据库的连接效率不利。

Max Pool Size 和 Min Pool Size 这两个参数分别表示连接池中最大和最小连接数量，默认值分别是 100 和 0。根据实际应用适当地取值将提高数据库的连接效率。

SqlConnection.ConnectionString 属性用于获取或设置用于打开 SQL Server 数据库的字符串。ConnectionString 中的关键字值的有效名称见表 5-6。

表 5-6　ConnectionString 的关键字值

名　称	默　认　值	说　　明
Data Source Server Address Addr Network Address	N/A	要连接的 SQL Server 实例的名称或网络地址。可以在服务器名称之后指定端口号： server=tcp:servername, portnumber 指定本地实例时，始终使用"local"。若要强制使用某个协议，请添加下列前缀之一： np:(local), tcp:(local), lpc:(local)
Initial Catalog Database	N/A	数据库的名称
Integrated Security Trusted_Connection	'false'	当为 false 时，将在连接中指定用户 ID 和密码。当为 true 时，将使用当前的 Windows 账户凭据进行身份验证 可识别的值为 true、false、yes、no 以及与 true 等效的 sspi（强烈推荐）
Packet Size	8192	用来与 SQL Server 的实例进行通信的网络数据包的大小，以字节为单位

名　　称	默　认　值	说　　明
Password Pwd	N/A	SQL Server 账户登录的密码。建议不要使用。为保持高安全级别，我们强烈建议您使用 Integrated Security 或 Trusted_Connection 关键字
Persist Security Info	'false'	当该值设置为 false 或 no（强烈推荐）时，如果连接是打开的或者一直处于打开状态，那么安全敏感信息（如密码）将不会作为连接的一部分返回。重置连接字符串将重置包括密码在内的所有连接字符串值。可识别的值为 true、false、yes 和 no
User ID	N/A	SQL Server 登录账户。建议不要使用。为保持高安全级别，我们强烈建议您使用 Integrated Security 或 Trusted_Connection 关键字
User Instance	'false'	一个值，用于指示是否将连接从默认的 SQL Server 速成版实例重定向到调用方账户下运行的运行时启动的实例
Workstation ID	本地计算机名称	连接到 SQL Server 的工作站的名称

连接字符串示例 1：

```
"Provider= Microsoft.Jet.OleDB.4.0;Data Source=D:\data\student.mdb"
```

该示例则说明数据源的种类是 Microsoft.Jet.OleDB.4.0，数据源是 D:\data 下的 student.mdb Access 数据库，用户名和密码均无。

连接字符串示例 2：

```
"Server= (local); DataBase=WebShop;Uid =sa;Pwd=;ConnectionTimeout=20"
```

该示例由于没有指定 Provider，所以可以看出该连接字符串用于创建 SqlConnection 对象，连接 SQL Server 数据库。需连接的 SQL Server 数据库服务器是 local，数据库是 WebShop，用户名是 sa，密码为空，而最大连接等待时间是 20 秒。

连接到 SQL Server 数据库的语法很灵活。下列每个语法形式均将使用集成安全性连接到本地服务器上的 WebShop 数据库。始终通过名称或通过关键字（local）指定服务器。

```
"Persist Security Info=False;Integrated Security=true;Initial Catalog=WebShop;Server=MSSQL1"
"Persist Security Info=False;Integrated Security=SSPI;database=WebShop;server=(local)"
"Persist Security Info=False;Trusted_Connection=True;database= WebShop;server=(local)"
```

【提示】

● 只有在连接关闭时才能设置 ConnectionString 属性；

● 重置已关闭连接上的 ConnectionString 会重置包括密码在内的所有连接字符串值；

● 建议不要在代码中嵌入连接字符串。如果服务器的位置发生更改，应用程序将需要重新编译。此外，编译成应用程序源代码的未加密连接字符串可以使用 MSIL 反汇编程序（ildasm.exe）查看；

● 为了避免将连接字符串存储在代码中，可以将代码存储在 ASP.NET 应用程序的 web.config 文件中以及 Windows 应用程序的 app.config 文件中（详见第 7 章）；

● 数据库连接是很有价值的资源，因为连接要使用到宝贵的系统资源，如内存和网络带宽，因此对数据库的连接必须小心使用，要在最晚的时候建立连接（调用 Open 方法），在最早的时候关闭连接（调用 Close 方法）。也就是说在开发应用程序时，不再需要数据连接时应该立刻关闭数据连接。

【例 5-1】创建电子商城数据库连接

【实例说明】

　　该程序主要用来演示 Connection 对象的使用、连接字符串的设置及连接到 SQL Server 2005 数据库的方法。程序启动后，单击窗体上的"连接"按钮，将会创建到 WebShop 数据库的连接，如果连接成功，将显示当前连接的相关信息，如图 5-4 所示；如果连接不成功，将会打开错误提示对话框。单击"断开"按钮，将断开与指定数据库的连接，并显示当前连接的相关信息，如图 5-5 所示。

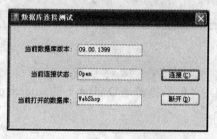
图 5-4　连接时状态

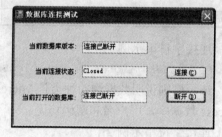
图 5-5　断开连接时状态

【界面设计】

　　根据实例要求，对该程序的界面进行设计，其窗体及控件的属性设置见表 5-7。

表 5-7　数据库连接测试程序窗体主要控件及属性表

对象名称	属性名称	属性值
窗体（Form）	Name	frmConnection
	FormBorderStyle	Fixed3D
	MinimumSize	false
	MaximizeBox	false
	Text	数据库连接测试
	StartPosition	CenterScreen（屏幕中央）
	Size	380, 220
标签	Name	lblVesion
		lblState
		lblDatabase
文本框	Name	txtVesion
		txtState
		txtDatabase
用于连接的按钮	Name	btnConn
	Text	连接（&C）
用于断开的按钮	Name	btnDisConn
	Text	断开（&D）
	Enabled	false

【功能实现】

　　（1）为了方便代码的阅读，编写了独立的数据库连接方法 OpenSqlConnection。

　　（2）编写"连接"按钮的单击事件代码（btnConn_Click）。

　　（3）编写"断开"按钮的单击事件代码（btnDisConn_Click）。

最后完整的程序代码如下所示：

```csharp
1   using System;
2   using System.Collections.Generic;
3   using System.ComponentModel;
4   using System.Data;
5   using System.Drawing;
6   using System.Text;
7   using System.Windows.Forms;
8   using System.Data.SqlClient;
9   namespace ConnectionDemo
10  {
11      public partial class frmConnection:Form
12      {
13          SqlConnection scWebshop;
14          public frmConnection()
15          {
16              InitializeComponent();
17          }
18          private void btnConn_Click(object sender, EventArgs e)
19          {
20              OpenSqlConnection();
21              txtVersion.Text = scWebshop.ServerVersion;
22              txtState.Text = scWebshop.State.ToString();
23              txtDatabase.Text = scWebshop.Database;
24              btnDisConn.Enabled = true;
25          }
26          private void btnDisConn_Click(object sender, EventArgs e)
27          {
28              try
29              {
30                  scWebshop.Close();
31                  txtState.Text = scWebshop.State.ToString();
32                  txtVersion.Text = "连接已断开";
33                  txtDatabase.Text = "连接已断开";
34              }
35              catch (Exception ex)
36              {
37                  MessageBox.Show(ex.ToString());
38                  return;
39              }
40          }
41          //连接数据库方法
42          public void OpenSqlConnection()
43          {
44              string strConn = "Data Source=liuzc\\sqlexpress;Initial
                Catalog=WebShop;Integrated Security=SSPI;";
45              try
46              {
47                  scWebshop = new SqlConnection(strConn);
48                  scWebshop.Open();
49              }
```

```
50              catch (Exception e)
51              {
52                  MessageBox.Show(e.ToString());
53                  return;
54              }
55          }
56      }
57  }
```

【代码分析】

- 第 1~7 行：引入相关的命名空间；
- 第 8 行：由于要连接的数据库为 SQL Server 2005，引入 System.Data.SqlClient 命名空间；
- 第 13 行：声明 SqlConnection 对象 scWebshop；
- 第 14~17 行：在构造函数中初始化控件，构造应用程序界面；
- 第 18~25 行："连接"按钮事件代码，打开连接后并将相关信息在文本框中显示；
- 第 26~40 行："断开"按钮事件代码，断开连接后并将相关信息在文本框中显示；
- 第 42~55 行：连接数据库 WebShop 的方法；
- 第 44 行：设置连接字符串（根据表 5-5 有不同的组合）；
- 第 47 行：实例化 SqlConnection 对象 scWebshop（放在 try-catch 块中）；
- 第 48 行：根据设置的连接字符串，调用 SqlConnection 对象的 Open 方法打开到指定数据库的连接。
- 程序运行后，"连接"成功后的界面如图 5-4 所示，"断开"连接后的界面如图 5-5 所示。

【提示】

- 一定要使用 "using System.Data.SqlClient;" 语句引入命名空间；
- 可能出现异常的语句必须进行异常处理；
- 连接字符串也可以组合成以下形式：

```
string strConn = "Server=liuzc\\sqlexpress;Database=WebShop;Integrated Security=SSPI;";
string strConn = "Data Source=liuzc\\sqlexpress;Initial Catalog=WebShop; Trusted_Connection=YES;";
```

课堂实践 1

1. 操作要求

（1）创建图书管理系统数据库 Books。
（2）编写连接到 Books 数据库的程序。

2. 操作提示

（1）可以使用配套资源中提供的 SQL 脚本创建数据库，也可以将已分离后的数据库文件附加到当前数据库服务器上。

（2）尝试连接字符串的不同组合，并理解其含义。

（3）只需要创建到 Books 数据库的连接。

5.1.5 SqlCommand 类

建立了数据库连接之后，就可以执行数据访问操作和数据操纵操作了。一般对数据库的操作被概括为 CRUD——Create、Read、Update 和 Delete。ADO.NET 中定义了 Command 类去执行这些操作。Command 对象是由 Connection 对象创建的，其连接的数据源也将由 Connection 来管理。而使用 Command 对象的 SQL 属性获得的数据对象，将由 DataReader 和 DataAdapter 对象填充到 DataSet 里，从而完成对数据库数据操作的工作。

SqlCommand 表示要对 SQL Server 数据库执行的一个 Transact-SQL 语句或存储过程。当创建 SqlCommand 的实例时，读/写属性将被设置为它们的初始值。SqlCommand 类的主要属性见表 5-8。

表 5-8 SqlCommand 重要属性

属 性 名 称	说　　明
CommandText	获取或设置要对数据源执行的 Transact-SQL 语句或存储过程
CommandTimeout	获取或设置在终止执行命令的尝试并生成错误之前的等待时间
CommandType	获取或设置一个值，该值指示如何解释 CommandText 属性
Connection	获取或设置 SqlCommand 的此实例使用的 SqlConnection
Parameters	获取 SqlParameterCollection
Transaction	获取或设置将在其中执行 SqlCommand 的 SqlTransaction

构造函数用来构造 Command 对象。对于 SqlCommand 类型的对象，其构造函数说明如表 5-9 所示。

表 5-9 SqlCommand 类构造函数说明

函 数 定 义	参 数 说 明	函 数 说 明
SqlCommand()	不带参数	创建 SqlCommand 对象
SqlCommand(string cmdText)	cmdText: SQL 语句字符串	根据 SQL 语句字符串，创建 SqlCommand 对象
SqlCommand(string cmdText, SqlConnection connection)	cmdText: SQL 语句字符串 connection: 连接到的数据源	根据数据源和 SQL 语句，创建 SqlCommand 对象
SqlCommand(string cmdText, SqlConnection connection, SqlTransaction transaction)	cmdText: SQL 语句字符串 connection: 连接到的数据源 transaction: 事务对象	根据数据源和 SQL 语句和事务对象，创建 SqlCommand 对象

SqlCommand 特别提供了以下对 SQL Server 数据库执行命令的方法，SqlCommand 对象的常用方法见表 5-10。

表 5-10 SqlCommand 对象常用方法

方 法 名 称	说　　明
ExecuteReader	执行返回行的命令。为了提高性能，ExecuteReader 使用 Transact-SQL sp_executesql 系统存储过程调用命令。因此，如果 ExecuteReader 用于执行命令（例如 Transact-SQL SET 语句），则它可能不会产生预期的效果
ExecuteNonQuery	执行 Transact-SQL INSERT、DELETE、UPDATE 及 SET 语句等命令
ExecuteScalar	从数据库中检索单个值（例如一个聚合值）
ExecuteXmlReader	将 CommandText 发送到 Connection 并生成一个 XmlReader 对象

- 可以重置 CommandText 属性并重复使用 SqlCommand 对象。但是，在执行新的命令或先前命令之前，必须关闭 SqlDataReader；
- 如果执行 SqlCommand 的方法生成 SqlException，那么当严重度等于或小于 19 时，SqlConnection 将仍保持打开状态。当严重度等于或大于 20 时，服务器通常会关闭 SqlConnection。但是，用户可以重新打开连接并继续操作。

5.1.6 SqlDataReader 类

当执行返回结果集的命令时，需要一个方法从结果集中提取数据。处理结果集的方法有两种。第一，使用数据读取器（DataReader）；第二，同时使用数据适配器（Data Adapter）和数据集（DataSet）。本节将以 SqlDataReader 为例介绍数据读取器的有关知识。

SqlDataReader 类提供一种从 SQL Server 数据库读取行的只进流的方式。若要创建 SqlDataReader，必须调用 SqlCommand 对象的 ExecuteReader 方法，而不能直接使用构造函数。

SqlDataReader 类最常见的用法就是检索 SQL 查询或存储过程返回记录。另外 SqlDataReader 是一个连接的、只向前的和只读的结果集。也就是说，当使用数据读取器时，必须保持连接处于打开状态。除此之外，可以从头到尾遍历记录集，而且也只能以这样的次序遍历，即只能沿着一个方向向前的方式遍历所有的记录，并且在此过程中数据库连接要一直保持打开状态，否则将不能通过 SqlDataReader 读取数据。这就意味着，不能在某条记录处停下来向回移动。记录是只读的，因此数据读取器类不提供任何修改数据库记录的方法。SqlDataReader 的用户可能会看到在读取数据时另一进程或线程对结果集所做的更改。但是，确切的行为与执行时间有关。SqlDataReader 类的重要属性见表 5-11。

表 5-11　SqlDataReader 重要属性

属 性 名 称	说　　明
FieldCount	获取当前行中的列数
HasRows	获取一个值，该值指示 SqlDataReader 是否包含一行或多行
IsClosed	检索一个布尔值，该值指示是否已关闭指定的 SqlDataReader 实例
Item	获取以本机格式表示的列的值
RecordsAffected	获取执行 Transact-SQL 语句所更改、插入或删除的行数

SqlDataReader 类的常用方法见表 5-12。

表 5-12　SqlDataReader 常用方法

方 法 名 称	说　　明
NextResult	当读取批处理 Transact-SQL 语句的结果时，使数据读取器前进到下一个结果
Read	使 SqlDataReader 前进到下一条记录
GetString	获取指定列的字符串形式的值
Close	关闭 SqlDataReader 对象

下面代码的功能是从 WebShop 数据库的 Users 表中读取数据，并将数据列用户编号和用户名称所有数据输出到控制台。

```
String strConn="server=(local);database=WebShop;Integrated Security=true";
SqlConnection myConnection=new SqlConnection(strConn);
myConnection.Open();
```

```
string strQuery="SELECT * FROM Users";
SqlCommand myCommand=new SqlCommand(strQuery, myConnection);
SqlDataReader dr= myCommand.ExecuteReader( );
while(dr.Read())
{
    String id=dr["U_ID"].ToString();
    String name=dr["U_Name"].ToString();
    Console.WriteLine("用户编号:{0}   用户姓名:{1}", id, name);
}
dr.Close();
myConnection.Close();
```

【提示】

● SqlDataReader 提供了诸如 GetXXX 方法或 dr["U_ID"]形式来获取指定列的值;

● 数据读取器使用底层的连接,连接是它专有的。当数据读取器打开时,不能使用对应的连接对象执行其他任何任务,例如执行另外的命令等。当阅读完数据读取器的记录或不再需要数据读取器时,应该立刻关闭数据读取器;

● SqlDataReader 和后面要学习的 DataSet 都可以读取数据,但有很大不同。

【例 5-2】读取会员信息

【实例说明】

该程序主要用来演示 SqlConnection 对象、SqlCommand 对象和 SqlDataReader 对象的使用。程序启动后,单击窗体上的"读取"按钮,首先会连接到 WebShop 数据库,然后通过 SqlCommand 对象执行查询命令,并由 SqlDataReader 对象将查询的结果读取,在 Windows 的窗体上显示所查询到的会员信息,如图 5-6 所示;单击"退出"按钮,退出当前程序。

【界面设计】

读取会员信息程序的界面由一个显示会员信息的多行文本框和两个按钮组成。程序主窗体和界面控件的主要属性见表 5-13。

表 5-13 "读取会员信息"窗体主要控件及属性

对象名称	属性名称	属性值
窗体(Form)	Name	frmReader
	FormBorderStyle	FixedSingle
	Text	读取会员信息
	StartPosition	CenterScreen(屏幕中央)
	Size	350, 280
文本框	Name	txtReader
	MultiLine	True
	Font	宋体, 10.5pt
按钮(确定)	Name	btnRead
	Text	读取(&R)
按钮(退出)	Name	btnExit
	Text	退出(&X)

图 5-6 读取会员信息

将相关控件拖放在窗体上，并进行相关属性的设置，完成程序界面的设计。

【功能实现】

该程序的主要功能是在连接 WebShop 数据库后，利用 SqlCommand 对象和 SqlDataReader
对象读取 Customer 表中的相关信息。最终得到完整的代码如下：

```
1    using System;
2    using System.Collections.Generic;
3    using System.ComponentModel;
4    using System.Data;
5    using System.Drawing;
6    using System.Text;
7    using System.Windows.Forms;
8    using System.Data.SqlClient;
9    namespace DataReaderDemo
10   {
11       public partial class frmReader:Form
12       {
13           SqlConnection scWebshop;
14           public frmReader()
15           {
16               InitializeComponent();
17           }
18           private void btnRead_Click(object sender, EventArgs e)
19           {
20               OpenSqlConnection();
21               string strQuery = "SELECT c_ID, c_Name,c_TrueName FROM dbo.
                 Customers;";
22               SqlCommand command = new SqlCommand(strQuery, scWebshop);
23               SqlDataReader reader = command.ExecuteReader();
24               while (reader.Read())
25               {
26                   txtReader.Text = txtReader.Text + reader[0] + ":" +
                     reader["c_Name"] + ":"+reader[2]+"\r\n";
27               }
28               reader.Close();
29           }
30           public void OpenSqlConnection()
31           {
32               string strConn = "Data Source=liuzc\\sqlexpress;Initial
                 Catalog=WebShop;Integrated Security=SSPI;";
33               try
34               {
35                   scWebshop = new SqlConnection(strConn);
36                   scWebshop.Open();
37               }
38               catch (Exception e)
39               {
40                   MessageBox.Show(e.ToString());
```

```
41                    return;
42              }
43        }
44        private void btnExit_Click(object sender, EventArgs e)
45        {
46              this.Close();
47        }
48    }
49 }
```

【代码分析】

- 第1～8行：引入相关的命名空间；
- 第18～29行："读取"按钮事件代码；打开到 WebShop 数据库的连接，创建 Command 对象并获取 DataReader 对象，完成数据的读取操作；
- 第21行：定义命令字符串；
- 第22行：利用连接对象和命令字符串为构造函数的参数，构造 SqlCommand 对象 command；
- 第23行：通过 SqlCommand 对象的 ExecuteReader 方法获得 SqlDataReader 对象 reader；
- 第24～27行：通过 SqlDataReader 对象的 Read 方法逐行读取信息（通过 reader[0]形式获得指定列的信息）；
- 第28行：数据读取完成后，通过 SqlDataReader 对象的 Close 关闭数据读取流；
- 第30～43行：创建到 WebShop 数据库连接的方法 OpenSqlConnection；
- 第44～47行："退出"按钮事件代码。
- 程序运行后，单击"读取"按钮，在文本框中显示会员信息，如图 5-6 所示。单击"退出"按钮，即可退出当前程序。

【提示】

由【例 5-2】可以总结使用 DataReader 在程序中提取数据的步骤：

（1）连接数据源。

（2）打开连接。

（3）以特定的 SQL 查询语句（SELECT）构造 SqlCommand 对象。

（4）通过调用 SqlCommand 对象的 ExecuteReader 方法创建一个 SqlDataReader 对象。

（5）从流中读取数据，调用 SqlDataReader 对象的 Read 方法来检索行，并使用类型化访问器方法（如 GetInt32 和 GetString 方法）来检索列值。

（6）关闭 DataReader 和连接。

课堂实践 2

1. 操作要求

（1）小组讨论 DataReader 对象的主要特点。

（2）编写读取 WebShop 数据库中所有用户信息的程序。

2. 操作提示

（1）DataReader 对象不由构造函数创建。

（2）DataReader 对象读取数据具有前向、只读的特点。

5.2　登录功能的实现

5.2.1　界面分析

WebShop 后台管理登录界面的设计取决于 WebShop 数据库中的设计。如用户名对应于 Users 表中的 u_Name 列，密码对应于 Users 表中的 u_Password 列，如图 5-7 所示。本章的设计结果与第 4 章中所设计的界面一致。

图 5-7　界面与数据库的关系

5.2.2　功能实现

在第 4 章的登录程序中，实现了静态的用户名和密码的验证，并且已经编写了一个独立的验证方法 CheckUser。本例中要实现用户名和密码的数据库验证，因此，需要重新实现 CheckUser 方法。完整的程序代码如下所示：

```
1   using System;
2   using System.Collections.Generic;
3   using System.ComponentModel;
4   using System.Data;
5   using System.Drawing;
6   using System.Text;
7   using System.Windows.Forms;
8   using System.IO;
9   using System.Data.SqlClient;
10  namespace Login
11  {
12      public partial class frmLogin:Form
13      {
14          SqlConnection scWebshop;
15          public frmLogin()
16          {
17              InitializeComponent();
18          }
```

```
19      private void btnCancel_Click(object sender, EventArgs e)
20      {
21          this.Close();
22      }
23      private void btnOk_Click(object sender, EventArgs e)
24      {
25          //用户输入有效性验证
26          OpenSqlConnection();
27          if (CheckUser(txtUser.Text.Trim(), txtPass.Text.Trim()))
28          {
29              MessageBox.Show("用户登录成功", "提示");
30              //进入应用程序主界面
31          }
32          else
33          {
34              MessageBox.Show("用户登录失败", "提示");
35              txtPass.Clear();
36              txtUser.Focus();
37              txtUser.SelectAll();
38          }
39      }
40      public void OpenSqlConnection()
41      {
42          string strConn = "Data Source=liuzc\\sqlexpress;Initial
            Catalog=WebShop;Integrated Security=SSPI;";
43          try
44          {
45              scWebshop = new SqlConnection(strConn);
46              scWebshop.Open();
47          }
48          catch (Exception e)
49          {
50              MessageBox.Show(e.ToString());
51              return;
52          }
53      }
54      public bool CheckUser(string user, string pass)
55      {
56          string strQuery = "SELECT u_Password FROM dbo.Users WHERE
            u_Name='"+user+"';";
57          SqlCommand command = new SqlCommand(strQuery, scWebshop);
58          SqlDataReader reader = command.ExecuteReader();
59          while (reader.Read())
60          {
61              if (reader["u_Password"].Equals(pass))
62                  return true;
```

```
63              }
64          reader.Close();
65          return false;
66       }
67    }
68 }
```

【代码分析】

- 第 19～22 行: "取消" 按钮方法，实现退出当前程序功能;
- 第 23～39 行: "确定" 按钮方法，实现用户登录的数据有效性验证（本处代码参阅第 4 章）和用户登录验证;
- 第 26 行: 调用 OpenSqlConnection 方法创建到 WebShop 数据库的连接;
- 第 27 行: 以用户输入的用户名和密码为参数调用 CheckUser 方法进行用户名和密码的验证;
- 第 35～37 行: 用户名和密码输入错误后对输入框进行处理，以便进行下一次输入;
- 第 54～66 行: CheckUser 方法，借助于 ADO.NET 中的 SqlCommand 对象和 SqlDataReader 对象实现用户名和密码到数据库的验证。

【提示】

- 数据有效性的验证代码请参阅第 4 章或本书配套源代码;
- 构造命令对象的 SQL 语句有多种形式，要注意防止 SQL 注入式攻击。

课堂实践3

1. 操作要求

（1）试着将上述程序中 CheckUser 方法中的查询语句修改为:

```
string strQuery="SELECT * FROM dbo.Users WHERE u_Name='"+user+"' AND u_
Password='"+pass+"';"
```

（2）根据 strQuery 的变化，适当修改 CheckUser 方法。

（3）应用断点调试技术（见本章知识拓展）查看用户输入用户名和密码后字符串 strQuery 的值。

2. 操作提示

（1）字符串 strQuery 发生变化后，需要程序进行适当的修改（如：删除 reader["u_Password"].Equals(pass)语句等）。

（2）应用 DataReader 对象读取数据的方法不变。

5.3　知 识 拓 展

5.3.1　程序调试技术

1. 断点

Visual Studio 提供了一个强有力的调试器，程序员可以通过设置断点，逐行执行，当程序执行时可以设置和读取变量值。程序进行调试状态之前的"调试"菜单如图5-8所示，进入调试状态后的"调试"菜单如图5-9所示。其中最常用的功能就是设置断点，当到达断点时，程序挂起，进入中断模式；在此模式下开发人员可以检查或者改变程序的变量。在 Visual Studio 2005 中，甚至可以改变程序代码。Visual Studio 能够设置智能断点，比如当某种特定条件满足或者经过一个断点一定次数后挂起程序。

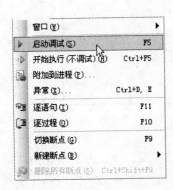

图 5-8　调试前的调试菜单

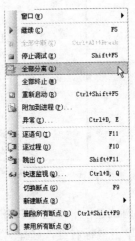

图 5-9　调试中的调试菜单

2．设置断点

设置断点有四种方法：

（1）依次选择"调试"、"切换断点"，将当前光标所在行设置断点或取消断点。

（2）通过快捷键 F9 为当前行设置断点或取消断点。

（3）单击当前号的行号左边的灰色区域可以设置或取消断点。

（4）在当前光标所在位置右键单击鼠标，在右键快捷菜单中依次选择"断点"、"插入断点"，如图5-10所示；断点设置后，在该行代码的左边添加了一个●标志，可以通过该代码行的右键菜单删除断点，如图5-11所示。

图 5-10　右键菜单设置断点

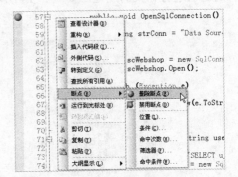

图 5-11　右键菜单删除断点

断点设置后，在调试状态下，程序运行到断点处会暂停，等待程序员的继续操作。这时，程序员可以通过逐语句（F11）或逐过程（F10）调试程序，并查看特定变量的值。以判断程序错误的位置，并修正程序错误，如图5-12所示。

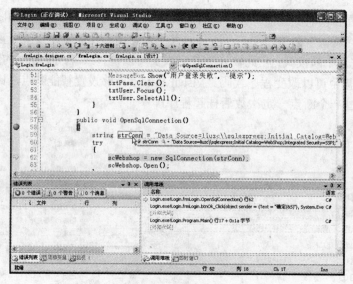

图 5-12　程序调试

程序调试过程中，也可以将需要观察的变量添加到监视窗口中，方法是在需要添加监视的变量上单击鼠标右键，选择"添加监视"即可。变量添加到监视后，便可以在监视窗口中查看到指定变量的值及其变化，如图 5-13 所示。

图 5-13　监视窗口

可以通过项目属性对话框（依次单击"项目"→"属性"菜单）中的"调试"选项卡对项目的调试进行相关的配置，如图 5-14 所示。

图 5-14　项目属性之调试

5.3.2 Debug 和 Release

Debug 通常称为调试版本，它包含调试信息，并且不做任何优化，便于程序员调试程序。程序员在开发过程中通常使用 Debug 版本。Release 称为发布版本，它往往是进行了各种优化，使得程序在代码大小和运行速度上都是最优的，以便用户很好地使用。在程序全部开发完成后，发布软件时一般使用 Release 版本。

解决方案及其单个项目通常在"Debug"版本中生成并测试。开发人员将反复编译"Debug"版本（在开发过程的每一步都将进行此操作）。调试过程分为两步。首先，纠正编译时错误。这些错误可以包含不正确的语法、拼错的关键字和输入不匹配。接下来，使用调试器检测并纠正在运行时检测到的逻辑错误和语义错误等问题。

在项目或解决方案完全开发并充分调试后，在"Release"版本中编译其组件。默认情况下，"Release"版本使用各种优化。经过优化的版本被设计为比未经优化的版本小且运行速度更快。

Debug 或 Release 版本的设置既可以通过工具栏上的 Debug 组合框完成，也可以通过项目属性中的"生成"选项卡进行设置，如图 5-15 所示。

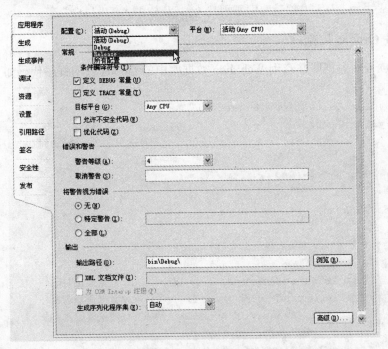

图 5-15 项目属性之生成

【提示】
- Debug 版主要是系统开发的时候使用，编译之后程序集内含有调试信息，因此可以命中断点、单步调试等，同时没有任何编译器级别的优化，执行速度应该较慢；
- Release 版主要用于系统开发完成之后发布给用户使用的。编译之后程序集内没有调试信息，因此不能命中断点、单步调试等，同时默认打开了编译器优化选项，执行速度快。

实际上，Debug 和 Release 并没有本质的界限，它们只是一组编译选项的集合，编译器只是按照预定的选项行动。因此，我们可以修改相关编译选项，从而得到优化过的调试版本或是带跟踪语句的发布版本。

5.3.3 连接 Access 数据库

连接到 Access 数据库样例代码如下：

```
using System.Data.OleDb;
using System.Data;
//连接指定的 Access 数据库
String strConn ="Provider=Microsoft.Jet.OLEDB.4.0;Data Source=WebShop.mdb";
//SQL 语句
String strQuery ="select * from Users";
//创建一个 OleDbConnection 对象
OleDbConnection OleDBConn1 = new OleDbConnection(strConn);
//创建命令对象
OleDbCommand command = new OleDbCommand(strQuery, OleDBConn1);
//创建读取器对象
OleDbDataReader reader = command.ExecuteReader();
```

5.3.4 连接 Oracle 数据库

连接到 Oracle 数据库并查询 WebShop 数据库中的 Goods 表的程序代码如下：

```
using System;
using System.Collections.Generic;
using System.Text;
using System.Data.OracleClient;        //引入 OracleClient 访问 Oracle 方式所用的名
                                          称空间
namespace NetToOracle02
{
    class Program
    {
        static void Main(string[] args)
        {
            OracleConnection conn = null;    //数据连接对象
            OracleCommand comm = null;       //数据命令对象
            OracleDataReader dr = null;      //数据读取器对象
            String gid, tid, gname;
            int gnumber;
            try
            {
                //建立和 Oracle 数据库的连接
                conn = new OracleConnection("Data Source=WEBSHOP;User ID=SCOTT;
Password=123456");
                //向 Oracle 数据库发送 SQL 语句
                comm = new OracleCommand("SELECT * FROM SCOTT.GOODS", conn);
                //打开 Oracle 数据库连接
                conn.Open();
```

```
                //获取提交 SQL 语句返回的结果
                dr = comm.ExecuteReader();
                System.Console.WriteLine("商品编号\t 商品类别编号\t 商品名称\t 商品
数量");
                System.Console.WriteLine("--------------------------------");
                while (dr.Read())
                {//逐条处理数据记录
                    gid = dr.GetString(0).Trim();
                    tid = dr.GetString(1).Trim();
                    gname = dr.GetString(2).Trim();
                    gnumber=dr.GetInt16(3);
                      System.Console.WriteLine(gid + "\t" + tid + "\t" + gname
+ "\t" + gnumber);
                }
                Console.ReadLine();
                //关闭数据库连接
                conn.Close();
            }
            catch (Exception err)
            {
                System.Console.WriteLine(err.ToString());
            }
        }
    }

}
//连接字符串，Data Source 是指数据库名字.如我用的是本机的 Oracle 的数据库，名字为 LiPu.
  user id 是?
//用户名，你可以用 System 或是你自己添加的一个用户.Password 是对应用户的密码
```

5.3.5　ODBC 方式连接数据库

通过 ODBC 方式连接到 Oracle 数据库并查询 WebShop 数据库中的 Goods 表的程序代码
如下：

```
using System;
using System.Collections.Generic;
using System.Text;
using System.Data.Odbc;          //引入 ODBC 访问 Oracle 方式所用的名称空间
namespace NetToOracle02
{
    class Program
    {
        static void Main(string[] args)
        {
            OdbcConnection conn = null;       //数据连接对象
            OdbcCommand comm = null;          //数据命令对象
            OdbcDataReader dr = null;         //数据读取器对象
            String gid, tid, gname;
```

```
        int gnumber;
        try
        {
            //建立和 Oracle 数据库的连接，MyData 为创建好的 ODBC 数据源
            conn = new OdbcConnection("DSN=MyData;UID=SCOTT;PWD=123456");
            //向 Oracle 数据库发送 SQL 语句
            comm = new OdbcCommand("SELECT * FROM SCOTT.GOODS", conn);
            //打开 Oracle 数据库连接
            conn.Open();
            //获取提交 SQL 语句返回的结果
            dr = comm.ExecuteReader();
            System.Console.WriteLine("商品编号\t 商品类别编号\t 商品名称\t 商品
数量");
            System.Console.WriteLine("--------------------------------");
            while (dr.Read())
            {//逐条处理数据记录
                gid = dr.GetString(0).Trim();
                tid = dr.GetString(1).Trim();
                gname = dr.GetString(2).Trim();
                gnumber=dr.GetInt16(3);
                System.Console.WriteLine(gid + "\t" + tid + "\t" + gname +
"\t" + gnumber);
            }
            Console.ReadLine();
            //关闭数据库连接
            conn.Close();
        }
        catch (Exception err)
        {
            System.Console.WriteLine(err.ToString());
        }
    }
}
}
```

课外拓展

1．操作要求

（1）在第 4 章完成的"图书管理系统"的登录界面上，实现登录功能。

（2）上网搜索 SQL 注入式攻击的相关资料，并讨论防范策略。

（3）尝试使用 Access 数据库保存用户表，编写连接 Access 数据库并实现用户登录验证的程序。

2．操作说明

（1）注意连接字符串中各项的内容的含义及其组合。

（2）注意不同类型的数据库提供程序所对应的数据库操作相关类的使用。

第6章 用户管理功能的设计与实现

学习目标

本章主要讲述应用 RadioButton 控件、GroupBox 控件、CheckBox 控件、CheckedListBox 控件和 TabControl 控件设计 WebShop 电子商城用户管理模块的界面和功能的实现。主要包括 RadioButton 控件的使用、CheckBox 控件的使用、CheckedListBox 控件的使用、GroupBox 控件和 TabControl 控件的使用。通过本章的学习，读者应能了解 RadioButton 控件、CheckBox 控件、CheckedListBox 控件、GroupBox 控件和 TabControl 控件的主要属性和方法，并应用这些控件进行单项和多项选择程序的设计。本章的学习要点包括：

- RadioButton 控件的使用；
- GroupBox 控件的使用；
- CheckBox 控件的使用；
- CheckedListBox 控件的使用；
- TabControl 控件的使用；
- 用户添加功能的设计与实现；
- 权限设置功能的设计与实现。

教学导航

本章主要介绍用户管理（添加用户、修改用户和删除用户）模块界面的设计和功能的实现。本章主要内容及其在 C# Windows 程序开发技术中的位置如图 6-1 所示。

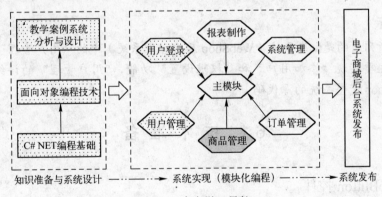

图 6-1　本章学习导航

任务描述

本章主要任务是完成 WebShop 后台管理系统的"用户管理"功能（如图 6-2 所示）的设计，主要包括"添加用户"功能（如图 6-3 所示）和"权限修改"功能（如图 6-4 所示）等。

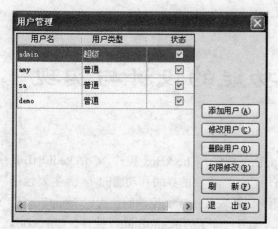

图 6-2 "用户管理"功能

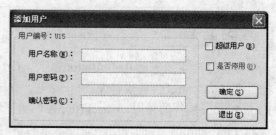

图 6-3 "添加用户"功能

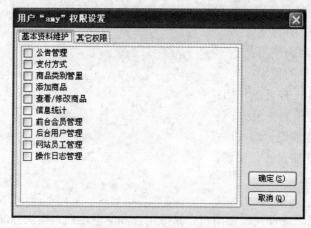

图 6-4 "权限修改"功能

![提示] **【提示】**

● 这里所列出的是配套系统（WebShop 后台管理系统）中的"用户管理"功能；

● 本章主要实现"添加用户"和"权限设置"功能，"用户管理"的详细实现请参阅 WebShop 完整系统的源代码。

6.1 技 术 准 备

6.1.1 RadioButton 控件

Windows 窗体中的 RadioButton 控件为用户提供由两个或多个互斥选项组成的选项集。当用户在单选按钮选择某单选按钮时，同一组中的其他单选按钮不能同时选定。在单选按钮组中要求选择一个且只能选择一个。

当单击 RadioButton 控件时，其 Checked 属性设置为 true，并且调用 Click 事件处理程序。当 Checked 属性的值更改时，将引发 CheckedChanged 事件。如果 AutoCheck 属性设置为 true（默认值），则当选择单选按钮时，将自动清除该组中的所有其他单选按钮。通常仅当使用验证代码确保选定的单选按钮是允许的选项时，才将该属性设置为 false。控件内显示的文本使用 Text 属性进行设置，该属性可以包含访问键快捷方式。访问键允许用户通过按 Alt 键和访问键来"单击"控件。RadioButton 控件的常用属性见表 6-1。

表 6-1   RadioButton 控件的常用属性

属 性 名 称	功　　能
AutoCheck	获取或设置一个值，它指示在单击控件时，Checked 值和控件的外观是否自动更改
AutoEllipsis	获取或设置一个值，指示是否要在控件的右边缘显示省略号（...）以表示控件文本超出指定的控件长度
CheckAlign	获取或设置 RadioButton 的复选框部分的位置
Checked	获取或设置一个值，该值指示是否已选中控件
Controls	获取包含在控件内的控件的集合
FlatAppearance	获取用于指示选中状态和鼠标状态的边框外观和颜色
FlatStyle	获取或设置按钮控件的平面样式外观
TextAlign	获取或设置 RadioButton 控件上的文本对齐方式

RadioButton 控件的常用事件包括 Click 事件和 CheckedChange 事件。

Click 事件：单击控件时发生。当 RadioButton 控件被单击时，该控件一定处于被选中（Checked 属性为 True）的状态。

CheckedChange 事件：当 RadioButton 控件的 Checked 发生变化时发生。控件的 Checked 属性可以由控件本身事件引发，例如在单击该控件可能改变其选中状态；也可能由其他控件的事件引发，例如当一组控件互斥时，其他控件的选中状态的改变会引发当前控件的状态的变化。

6.1.2　GroupBox 控件

GroupBox 控件是一个容器类控件，在其内部可放其他控件（如 RadioButton、CheckBox），表示其内部的所有控件为一组，其属性 Text 可用来表示此组控件的标题。例如把 RadioButton 控件放到 GroupBox 控件中，表示这些 RadioButton 控件是一组。有一些特性（如性别）是互斥的，显示和处理这类特性可使用 RadioButton 和 GroupBox 控件。

GroupBox 控件的用法非常简单，把它拖放到窗体上，再把所需的控件拖放到组框中即可（但其顺序不能颠倒——不能把组框放在已有的控件上面）。其结果是父控件是组框，而不是窗体，RadioButton 在归为一组之前，可以选择多个。但在归入组框后，一次只能选择一个 RadioButton。

这里需要解释一下父控件和子控件的关系。把一个控件放在窗体上时，窗体就是该控件的父控件，所以该控件是窗体的一个子控件。而把一个 GroupBox 放在窗体上时，它就成为窗体的一个子控件。而组框本身可以包含控件，所以它就是这些控件的父控件，其结果是移动 GroupBox 时，其中的所有控件也会移动。

把控件放在组框上的另一个结果是可以改变其中所有控件的某些属性，方法是在组框上设置这些属性。例如，如果要禁用组框中的所有控件，只需把组框的 Enabled 属性设置为 false 即可。

【提示】

● RadioButton 控件表示互斥的属性；

● 使用 GroupBox 控件时，需要 RadioButton 控件拖放到 GroupBox 控件所在区域。

【例 6-1】字体设置

【实例说明】

　　该程序主要用来演示 RadioButton 控件和 GroupBox 控件的各种属性、事件和方法的使用。程序运行后，打开"字体设置 1"对话框，通过单击"宋体"、"黑体"和"楷体"单选按钮后，演示文字改变为相应的字体而字型保持不变，如图 6-5 所示。

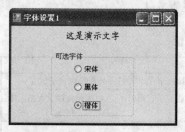

图 6-5　"字体设置 1"窗口

【界面设计】

　　根据实例要求，完成窗体及相关控件的布局，如图 6-5 所示。

【功能实现】

　　为三个单选按钮添加 CheckedChanged 事件代码。

```
private void rbtnSong_CheckedChanged(object sender, EventArgs e)
{
    lblText.Font = new Font("宋体", lblText.Font.Size);
}

private void rbtnHei_CheckedChanged(object sender, EventArgs e)
{
    lblText.Font = new Font("黑体", lblText.Font.Size);
}

private void rbtnKai_CheckedChanged(object sender, EventArgs e)
{
    lblText.Font = new Font("楷体_GB2312", lblText.Font.Size);
}
```

【代码分析】

● 第 3、8、13 行：在单选按钮的 CheckedChanged 事件中构造新的 Font 对象，并改变 lblText 标签中的字体；
● 第 13 行：楷体的字体名称为"楷体_GB2312"；
● Font 类及其构造函数的使用请参阅 MSDN。

　　程序运行后，如果用户单击"楷体"按钮，演示文本也会发生相应的改变，如图 6-5 所示。

6.1.3　CheckBox 控件

　　使用 CheckBox 可为用户提供一项选择，如"真/假"或"是/否"。该 CheckBox 控件可以显示一个图像或文本，或两者都显示。

　　CheckBox 和 RadioButton 控件拥有一个相似的功能：允许用户从选项列表中进行选择。CheckBox 控件允许用户选择一组（即一个或多个）选项。与之相反，RadioButton 控件允许用户从互相排斥的选项中进行选择。

CheckBox 的 Appearance 属性确定 CheckBox 显示为常见的 CheckBox 还是显示为按钮。ThreeState 属性确定该控件是支持两种状态还是三种状态。使用 Checked 属性可以获取或设置具有两种状态的 CheckBox 控件的值，而使用 CheckState 属性可以获取或设置具有三种状态的 CheckBox 控件的值。FlatStyle 属性确定控件的样式和外观。如果 FlatStyle 属性设置为 FlatStyle.System，则控件的外观由用户的操作系统确定。

CheckBox 控件的常用属性见表 6-2。

表 6-2　CheckBox 常用属性

属 性 名 称	说　　明
Appearance	获取或设置确定 CheckBox 控件外观的值
AutoCheck	获取或设置一个值，该值指示当单击某一 CheckBox 时，Checked 或 CheckState 的值以及该 CheckBox 的外观是否自动改变
AutoEllipsis	获取或设置一个值，指示是否要在控件的右边缘显示省略号（…）以表示控件文本超出指定的控件长度
CheckAlign	获取或设置 CheckBox 控件上的复选框的水平和垂直对齐方式
Checked	获取或设置一个值，该值指示 CheckBox 是否处于选中状态
CheckState	获取或设置 CheckBox 的状态

一般只使用这个控件的一两个主要事件。注意，RadioButton 和 CheckBox 控件都有 CheckChanged 事件，但其结果是不同的，如表 6-3 所示。

表 6-3　RadioButton 和 CheckBox 控件共同事件

方 法 名 称	说　　明
CheckedChanged	当复选框的 Checked 属性发生改变时，就引发该事件。注意在复选框中，当 ThreeState 属性为 true 时，单击复选框不会改变 Checked 属性。在复选框从 Checked 变为 indeterminate 状态时，就会出现这种情况
CheckedStateChanged	当 CheckedState 属性改变时，引发该事件。CheckedState 属性的值可以是 Checked 和 Unchecked。只要 Checked 属性改变了，就引发该事件。另外，当状态从 Checked 变为 indeterminate 时，也会引发该事件

【例 6-2】闹钟设置

【实例说明】

该程序主要用来演示 CheckBox 控件和 GroupBox 控件的各种属性、事件和方法的使用。程序运行后，打开"闹钟时间设置"对话框，通过单击特定时间的复选框后，单击"完成"按钮，显示闹钟的时间，单击"退出"按钮，退出当前程序。

【界面设计】

根据实例要求，完成窗体及相关控件的布局，如图 6-6 所示。复选框依次命名为 chkSun、chkMon、chkTue、chkWed、chkThu、chkFri、chkSat；按钮依次命名为 btnApply、btnCancel。

【功能实现】

（1）添加新的 CheckBox[] 数组，并修改 frmAlarm 的构造函数。

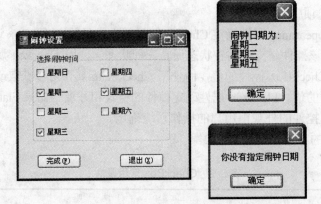

图 6-6 "闹钟设置"窗口

```
1    private CheckBox[] checkBoxes;
2    public frmAlarm()
3    {
4        InitializeComponent();
5        checkBoxes = new CheckBox[]{
6        this.chkSun,
7        this.chkMon,
8        this.chkTue,
9        this.chkWed,
10       this.chkThu,
11       this.chkFri,
12       this.chkSat
13   };
14   }
```

【代码分析】

● 第 1 行: 声明一个名称为 checkBoxes 的复选框数组（该语句应在构造函数之前）;

● 第 4 行: InitializeComponent 方法，实现控件的初始化操作（该方法的内容包含在 Form1.Designer.cs）;

● 第 5~13 行: 实始化复选框数组 checkBoxes。

（2）添加"完成"按钮单击事件处理代码。

```
1    private void btnFinish_Click(object sender, EventArgs e)
2    {
3        string strTemp = "闹钟日期为:";
4        foreach (CheckBox cb in checkBoxes)
5            if (cb.Checked) strTemp += "\n" + cb.Text;
6        if (strTemp == "闹钟日期为:") strTemp = "你没有指定闹钟日期";
7        MessageBox.Show(strTemp);
8    }
```

【代码分析】

● 第 3 行: 声明输出字符串 strTemp;

- 第 4~5 行：使用 foreach 语名对复选框数组中的各个元素的状态进行判断，并把复选框的文字信息添加到 strTemp 中；
- 第 6 行：如果都没有选择时设置"你没有指定闹钟日期"的信息；
- 第 7 行：输出闹钟设置信息。

（3）添加"退出"按钮单击事件处理代码。

```
1    private void btnExit_Click(object sender, EventArgs e)
2    {
3        this.Close();
4    }
```

程序运行后，对闹钟日期进行设置后，单击"完成"按钮后，显示设置信息，如图 6-6 所示。单击"退出"按钮，退出当前程序。

课堂实践 1

1．操作要求

（1）新建名称为"SelfInfo"的项目，并创建一个名称为 frmSelfInfo 的窗体。

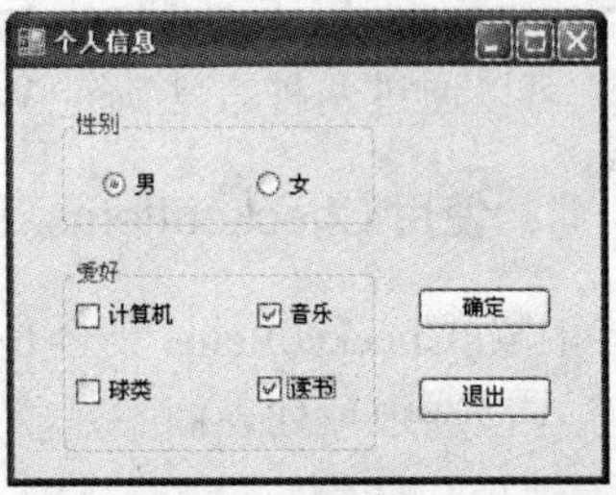

图 6-7 "课堂实践 1"参考界面

（2）完成窗体的界面设计，如图 6-7 所示。

（3）要求在选择"性别"和"爱好"后，弹出一个消息框，显示用户的选择。

2．操作提示

（1）注意 RadioButton 控件和 CheckBox 控件的使用和对应控件的事件代码。

（2）自行完成用户选择信息的输出。

6.1.4 CheckListBox 控件

CheckListBox 控件，称为复选列表框控件，首先是以列表方式显示信息，并且在每项的左边显示一个复选框。Windows 窗体 CheckedListBox 控件扩展了 ListBox 控件（详见第 7 章）。它几乎能完成列表框可以完成的所有任务，并且还可以在列表中的项旁边显示复选标记。可以使用"字符串集合编辑器"在运行时为复选列表框添加项，也可以使用 Items 属性在运行时从集合动态地添加项。

当显示 Windows 窗体 CheckedListBox 控件中的数据时，可以循环访问 CheckedItems 属性中存储的集合，或者使用 GetItemChecked 方法逐句通过列表来确定选中的项。GetItemChecked 方法接受一个项索引号作为参数，并返回 true 或 false。

CheckedListBox 对象的设置通过该控件的相关属性来完成，CheckedListBox 控件的主要属性见表 6-4。

表 6-4　CheckedListBox 控件常用属性

属 性 名 称	功　能
BorderStyle	获取或设置在 ListBox 四周绘制的边框的类型
CanFocus	获取一个值，该值指示控件是否可以接收焦点
CausesValidation	获取或设置一个值，该值指示控件是否会引起在任何需要在接收焦点时执行验证的控件上执行验证

属性名称	功　能
CheckedItems	该 CheckedListBox 中选中项的集合
CheckedIndices	该 CheckedListBox 中选中索引的集合
CheckOnClick	获取或设置一个值，该值指示当选定项时是否应切换复选框
ContainsFocus	获取一个值，该值指示控件或它的一个子控件当前是否有输入焦点
DataBindings	为该控件获取数据绑定
DataSource	获取或设置控件的数据源
SelectedIndex	获取或设置 ListBox 中当前选定项的从零开始的索引
SelectedIndices	获取一个集合，该集合包含 ListBox 中所有当前选定项的从零开始的索引
SelectedItem	获取或设置 ListBox 中的当前选定项
SelectedItems	获取包含 ListBox 中当前选定项的集合
SelectedValue	获取或设置由 ValueMember 属性指定的成员属性的值
MultiColumn	获取或设置一个值，该值指示列表项以水平方式排列还是以垂直方式排列

可以通过两种方法确定 Windows 窗体中 CheckedListBox 控件中的选定项：

1. 使用 CheckedItems 集合获取 CheckedListBox 控件中的选定项

因为 CheckedItems 集合是从零开始的，所以请从 0 开始循环访问该集合。以下代码将提供项在已选中项列表而不是整个列表中的编号。

```
if(checkedListBox1.CheckedItems.Count != 0)
{
    string s = "";
    for(int x = 0; x <= checkedListBox1.CheckedItems.Count - 1 ; x++)
    {
      s=s+"选定项:"+(x+1).ToString()+"="+checkedListBox1.CheckedItems[x].
ToString() + "\n";
    }
    MessageBox.Show (s);
}
```

2. 使用 Items 集合获取 CheckedListBox 控件中的所有项

因为 Items 集合是从零开始的，所以从 0 开始逐句通过该集合并对每个项调用 GetItemChecked 方法，可以获取 CheckedListBox 控件中的所有项。以下代码将为获取列表中的所有项号。

```
int i;
string s;
s = "选定项:\n" ;
for (i = 0; i <= (checkedListBox1.Items.Count-1); i++)
{
    if (checkedListBox1.GetItemChecked(i))
    {
      s = s + "项 " + (i+1).ToString() + " = " + checkedListBox1.Items.Items[i].
ToString() + "\n";
    }
}
MessageBox.Show (s);
```

【例 6-3】选择爱好

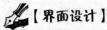【实例说明】

该程序主要用来演示复选列表框控件的使用。该程序模拟选择多项爱好，当用户选择爱好之后，显示用户选择的爱好。程序运行结果如图 6-8 所示。

【界面设计】

该窗体主要由一个 Button、一个 CheckedListBox 和一个 Lable 控件组成，其设计效果如图 6-9 所示。

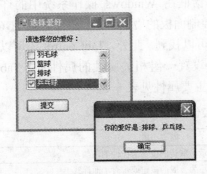

图 6-8　选择爱好　　　　　　　　　图 6-9　"选择爱好"窗体设计效果

【功能实现】

该程序主要实现"提交"按钮的单击事件处理，完整的程序代码如下所示：

```
1   public partial class Demo6_3 : Form
2   {
3       public Demo6_3()
4       {
5           InitializeComponent();
6       }
7       private void btn_submit_Click(object sender, EventArgs e)
8       {
9           int i;
10          String checkedtxt = null;
11          for (i = 0; i < this.cListBox_like.CheckedItems.Count; i++)
12          {
13              checkedtxt += this.cListBox_like.CheckedItems[i].
                ToString()+"、";
14          }
15          MessageBox.Show("你的爱好是:" + checkedtxt);
16      }
17  }
```

【代码分析】

● 第 11 行：this.cListBox_like.CheckedItems.Count 得到复选列表框中选中项的总和；

图 6-10 "显示"属性对话框

● 第 13 行: this.cListBox_like.CheckedItems[i].ToString()得到复选列表框中选中项的文本。

程序运行后，运行界面如图 6-8 所示。

6.1.5 TabControl 控件

Windows 窗体中的 TabControl 显示多个选项卡，这些选项卡类似于笔记本中的分隔卡和档案柜文件夹中的标签。选项卡中可包含图片和其他控件，可以使用该选项卡控件来生成多页对话框，这种对话框在 Windows 操作系统中的许多地方（例如控制面板的"显示"属性中，如图 6-10 所示）都可以找到。此外，TabControl 还可以用来创建用于设置一组相关属性的属性页。TabControl 控件的主要属性见表 6-5。

表 6-5　TabControl 控件主要属性

属　性	描　述
Alignment	控制标签在标签控件的什么位置显示。默认的位置为控件的顶部
Appearance	控制标签的显示方式。标签可以显示为一般的按钮或带有平面样式
HotTrack	如果这个属性设置为 true，则当鼠标指针滑过控件上的标签时，其外观就会改变
Multiline	如果这个属性设置为 true，就可以有几行标签
RowCount	返回当前显示的标签行数
SelectedIndex	返回或设置选中标签的索引
SelectedTab	返回或设置选中的标签。注意这个属性在 TabPages 的实例上使用
TabCount	返回标签的总数
TabPages	这是控件中的 TabPage 对象集合。使用这个集合可以添加和删除 TabPage 对象

　　TabControl 提供了一种简单的方式，可以把对话框组织为逻辑上相对独立的部分，以便根据控件顶部的标签来访问。TabControl 的最重要的属性是 TabPages，该属性包含单独的选项卡。每一个单独的选项卡都是一个 TabPage 对象。单击选项卡时，将为该 TabPage 对象引发 Click 事件。单击其中的每一个标签都会在对话框的剩余空间中显示不同的控件集合。它清楚地说明了如何使用 TabControl 控件来组合相关信息，使用户易于查找需要的信息。

　　通过使用 TabControl 控件和组成控件上各选项卡的 TabPage 对象的属性，可以更改 Windows 窗体中选项卡的外观。通过设置这些属性，可使用编程方式在选项卡上显示图像，以垂直方式而非水平方式显示选项卡，显示多行选项卡，以及启用或禁用选项卡。

【提示】

● 如果要在选项卡的标签部位显示图标，需要使用 ImageList 控件，并将 TabControl 控件的 ImageList 属性设置为 ImageList 控件。将 TabPage 的 ImageIndex 属性设置为列表中的相应图像的索引；

● 如果要创建多行选项卡，在添加所需的选项卡页的数量后，将 TabControl 的 Multiline 属性设置为 true；

● 如果要以编程方式启用或禁用选项卡，将 TabPage 的 Enabled 属性设置为 true 或 false。

【例 6-4】 使用选项卡

【实例说明】

该程序主要用来演示 TabControl 控件的各种属性、事件和方法的使用。程序运行后，打开"使用选项卡"对话框，在第一个选项卡中单击"下一页"按钮，可以进入第二个选项卡；单击"新增"按钮，将会创建"新增页"（包含一个按钮），如图 6-11 所示；在第二个选项卡上单击"上一页"按钮，可以进入第一个选项卡，单击"删除"按钮，将会删除当前页（第二页），如图 6-12 所示。

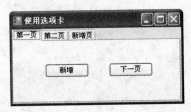

图 6-11　新增选项卡页后　　　　　　　　图 6-12　删除选项卡页后

【界面设计】

（1）新建项目 TabDemo。拖放 TabControl 控件到窗体。修改属性 Dock 为 Fill。

（2）单击 TabControl 属性 TabPages 后的⋯按钮，打开 TabPage 集合编辑器，修改 tabPage1 和 tabPage2 的属性 Text 分别为："第一页"和"第二页"；Name 分别为："tpFirst"和"tpSecond"，如图 6-13 所示。

（3）选中第一页，添加两个按钮控件（"新增"和"下一页"）。同样在第二页中也放置两个按钮控件（"删除"和"上一页"），如图 6-14 所示。

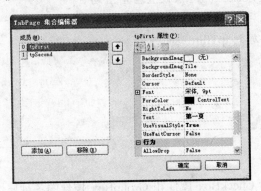

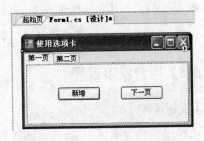

图 6-13　TabPage 集合编辑器　　　　　　图 6-14　"使用选项卡"界面设计

【功能实现】

（1）添加窗体 Load 事件（窗体装载）代码。

```
1    public partial class frmTabDemo:Form
2    {
3        public frmTabDemo()
4        {
5            InitializeComponent();
```

```
6       }
7       private void btnNext_Click(object sender, EventArgs e)
8       {
9           tabControl1.SelectTab(1);
10      }
11      private void btnPrev_Click(object sender, EventArgs e)
12      {
13          tabControl1.SelectTab(0);
14      }
15      private void btnAdd_Click(object sender, EventArgs e)
16      {
17          TabPage tpThird = new TabPage();
18          tabControl1.Controls.Add(tpThird);
19          tpThird.Text = "新增页";
20          Button btnFirst = new Button();
21          btnFirst.Text = "第一页";
22          tpThird.Controls.Add(btnFirst);
23          tabControl1.SelectTab(2);
24      }
25      private void btnDelete_Click(object sender, EventArgs e)
26      {
27          if(tpSecond!=null)
28              tabControl1.Controls.Remove(tpSecond);
29      }
30  }
```

 【代码分析】

- 第 9、13、23 行：使用 TabControl 的 SelectTab 方法设置当前活动页；
- 第 15～24 行：创建一个新的选项页后添加到 TabControl 上；
- 第 20～22 行：创建一个新的按钮添加到 tpThird 选项页上；
- 第 28 行：删除选项页 tpSecond。

程序运行结果如图 6-11 和图 6-12 所示。

【例 6-5】用户权限设置

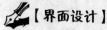 【实例说明】

　　该程序主要用来演示 RadioButon 控件、CheckBox 控件和 GroupBox 控件的各种属性、事件和方法的使用。程序运行后，打开"权限设置"对话框，可以对指定用户的类型、用户权限等进行相应的设置，如图 6-15 所示。单击"确定"按钮后，将设置后的信息通过信息框显示出来（在本例中没有将用户权限的信息保存到数据库中），如图 6-16 所示。单击"取消"按钮，取消对当前用户的权限设置。

　　【界面设计】

　　根据实例要求，完成窗体及相关控件的布局，如图 6-15 所示。

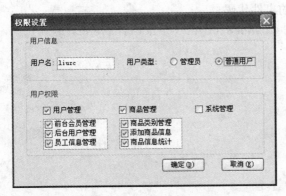
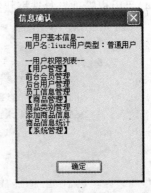

图 6-15 "权限设置"窗口　　　　　　　　图 6-16 "信息确认"信息框

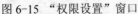

【功能实现】

（1）添加窗体 Load 事件（窗体装载）代码。

```
1    private void frmSetRight_Load(object sender, EventArgs e)
2    {
3        rbtCommon.Checked = false;
4        rbtAdmin.Checked = false;
5    }
```

在窗体的装载事件中完成对用户类型（管理员和普通用户）的初始设置（未选定状态）。

（2）添加"普通用户"单选按钮 Checked 状态变化的事件代码。

```
1    private void rbtCommon_CheckedChanged(object sender, EventArgs e)
2    {
3        if (rbtCommon.Checked)
4        {
5            ckUser.Checked = true;
6            ckGoods.Checked = true;
7            ckSystem.Checked = false;
8        }
9    }
```

第 3 行语句根据当前 Checked 属性值进行处理，如果被选定，则启用"用户管理"和"商品管理"的详细功能。

（3）添加"管理员"单选按钮 Checked 状态变化的事件代码。

```
1    private void rbtAdmin_CheckedChanged(object sender, EventArgs e)
2    {
3        if (rbtAdmin.Checked)
4        {
5            ckUser.Checked = true;
6            ckGoods.Checked = true;
7            ckSystem.Checked = true;
8        }
9    }
```

第 3 行语句根据当前 Checked 属性值进行处理，如果被选定，则启用"用户管理"和"商品管理"和"系统管理"的详细功能。

（4）"用户管理"复选框状态变化的事件代码。

```
1    private void ckUser_CheckedChanged(object sender, EventArgs e)
2    {
3        if (ckUser.Checked == true)
4        {
5            cklUser.Visible = true;
6            SelectAll(cklUser);
7        }
8        else
9        {
10           cklUser.Visible = false;
11           DeSelectAll(cklUser);
12       }
13   }
```

如果选定了"用户管理"复选框，将显示对应 CheckedListBox 控件并选定该控件中的所有列表项。相反，如果取消选定"用户管理"复选框，将隐藏对应 CheckedListBox 控件并取消选定该控件中的所有列表项。

（5）"商品管理"复选框状态变化的事件代码。

```
1    private void ckGoods_CheckedChanged(object sender, EventArgs e)
2    {
3        if (ckGoods.Checked == true)
4        {
5            cklGoods.Visible = true;
6            SelectAll(cklGoods);
7        }
8        else
9        {
10           cklGoods.Visible = false;
11           DeSelectAll(cklGoods);
12       }
13   }
```

如果选定了"商品管理"复选框，将显示对应 CheckedListBox 控件并选定该控件中的所有列表项。相反，如果取消选定"商品管理"复选框，将隐藏对应 CheckedListBox 控件并取消选定该控件中的所有列表项。

（6）"系统管理"复选框状态变化的事件代码。

```
1    private void ckSystem_CheckedChanged(object sender, EventArgs e)
2    {
3        if (ckSystem.Checked == true)
4        {
5            cklSystem.Visible = true;
6            SelectAll(cklSystem);
7        }
8        else
9        {
10           cklSystem.Visible = false;
11           DeSelectAll(cklSystem);
```

```
12        }
13   }
```

如果选定了"系统管理"复选框,将显示对应 CheckedListBox 控件并选定该控件中的所有列表项。相反,如果取消选定"系统管理"复选框,将隐藏对应 CheckedListBox 控件并取消选定该控件中的所有列表项。

(7)选中 CheckListBox 中所有控件的方法 SelectAll。

```
1   public void SelectAll(object chckList)
2   {
3       if (chckList.GetType().ToString() == "System.Windows.Forms.
        CheckedListBox")
4       {
5           CheckedListBox ckl = (CheckedListBox)chckList;
6           for (int i = 0; i < ckl.Items.Count; i++)
7           { ckl.SetItemCheckState(i, CheckState.Checked); }
8       }
9   }
```

通过 for 循环,遍历 CheckListBox 控件中所有项并选定该控件中的每一项。

(8)取消选中 CheckListBox 中所有控件的方法 DeSelectAll。

```
1   public void DeSelectAll(object chckList)
2   {
3       if (chckList.GetType().ToString() == "System.Windows.Forms.
        CheckedListBox")
4       {
5           CheckedListBox ckl = (CheckedListBox)chckList;
6           for (int i = 0; i < ckl.Items.Count; i++)
7           { ckl.SetItemCheckState(i, CheckState.Unchecked); }
8       }
9   }
```

通过 for 循环,遍历 CheckListBox 控件中所有项并取消选定该控件中的每一项。

(9)"确定"按钮事件代码。

```
1   private void btnOk_Click(object sender, EventArgs e)
2   {
3       try
4       {
5           if (txtUser.Text == "")
6           {
7               MessageBox.Show("用户名不能为空", "提示");
8               return;
9           }
10          if (rbtAdmin.Checked == false && rbtCommon.Checked == false)
11          {
12              MessageBox.Show("请选择用户类型", "提示");
13              return;
14          }
15          if (ckUser.Checked == false && ckGoods.Checked == false &&
            ckSystem.Checked == false)
```

```
16              {
17                  MessageBox.Show("请任选一项用户权限", "提示");
18                  return;
19              }
20          string strUser,strType;
21          strUser = txtUser.Text;
22          if (rbtCommon.Checked == true)
23          {
24              strType = "普通用户";
25          }
26          else
27          {
28              strType = "管理员";
29          }
30          string strcklUser = "【用户管理】" + "\n";
31          string strcklGoods = "【商品管理】" + "\n";
32          string strcklSystem = "【系统管理】" + "\n";
33          if (cklUser.Visible == true)
34          {
35
36              for (int i = 0; i < cklUser.CheckedItems.Count; i++)
37              {
38                  strcklUser += cklUser.CheckedItems[i].ToString() + "\n";
39              }
40          }
41          if (cklSystem.Visible == true)
42          {
43              for (int i = 0; i < cklSystem.CheckedItems.Count; i++)
44              {
45                  strcklSystem += cklSystem.CheckedItems[i].ToString() + "\n";
46              }
47
48          }
49          if (cklGoods.Visible == true)
50          {
51              for (int i = 0; i < cklGoods.CheckedItems.Count; i++)
52              {
53                  strcklGoods += cklGoods.CheckedItems[i].ToString() + "\n";
54              }
55          }
56      MessageBox.Show("--用户基本信息--" + "\n" + "用户名:" + strUser +"
        用户类型:" + strType + "\n\n" + "--用户权限列表--" + "\n" + strcklUser
        + strcklGoods + strcklSystem, "信息确认");
57      }
58  catch (Exception ee)
59  {
60      MessageBox.Show(ee.Message);
61  }
62 }
```

- 第 5~9 行：用户名为空性验证；
- 第 10~14 行：用户类型选择验证；
- 第 15~19 行：选择用户权限验证；
- 第 33~55 行：根据用户类型和权限设置，构造输出信息；
- 第 56 行：使用 MessageBox.Show 方法输出特定用户的权限信息。

（10）"取消"按钮事件代码。

```
1   private void btnCancel_Click(object sender, EventArgs e)
2   {
3       txtUser.Text = "";
4       rbtCommon.Checked = false;
5       rbtAdmin.Checked = false;
6       ckUser.Checked = false;
7       ckSystem.Checked = false;
8       ckGoods.Checked = false;
9   }
```

程序运行后，界面如图 6-15 和图 6-16 所示。

【提示】

- 可以通过控件数组和方法中的 sender 参数对同类型的控件的事件进行统一处理，请读者参阅相关资料完成；
- 如果在程序中多个地方需要使用重复的一段代码，通常情况下通过一个独立的方法来实现这一特定功能。

课堂实践 2

1．操作要求

（1）综合应用 RadioButton 控件、CheckBox 控件和 GroupBox 控件设计简单的字体设置器，参考界面如图 6-17 所示。

（2）编写相应控件事件处理代码。

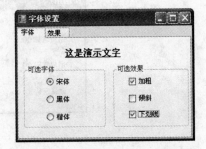

图 6-17 "课堂实践 2"参考界面

2．操作提示

（1）参考 Word 中的字体对话框进行界面设计。

（2）参考【例 6-1】实现程序的功能。

6.2　添加用户的设计与实现

6.2.1　界面设计

1．控件组成

"添加用户"界面中包括的控件和这些控件的主要属性见表 6-6。

表 6-6 "添加用户"窗体控件及主要属性

控 件 名 称	属 性 名 称	属 性 值
Form1	Name	frmAddUser
	Text	添加用户
	Size	400, 180
	StartPosition	CenterScreen
	FormBorderStyle	FixedDialog
TextBox1	Name	txtUser
	Text	
TextBox 2	Name	txtPass
	Text	
	PasswordChar	*
	MaxLength	16
TextBox 3	Name	txtConfirm
	Text	
	PasswordChar	*
	MaxLength	16
Button1	Name	btnOk
	Text	确定 (O)
Button2	Name	btnExit
	Text	退出 (X)

2．绘制界面

按要求绘制出来的"添加用户"的程序界面如图 6-18 所示。

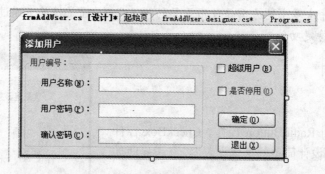

图 6-18 "添加用户"界面设计

6.2.2 功能实现

1．数据有效性验证代码

（1）单击"确定"按钮，用户名称不能为空，密码不能为空。

（2）用户密码和确认密码应一致。

2．添加用户功能的实现

（1）打开数据库连接。

（2）构造添加用户的 INSERT 语句。

（3）以连接对象和 INSERT 语句为参数构造 SqlCommand 对象。

（4）通过 SqlCommand 对象 ExecuteNonQuery 方法执行 INSERT 语句，完成用户的添加。
完整的程序代码如下所示：

```
1    public partial class frmAddUser:Form
2    {
3        SqlConnection scWebshop;
4        public frmAddUser()
5        {
6            InitializeComponent();
7        }
8        private void btnOk_Click(object sender, EventArgs e)
9        {
10           string sqlAddUser = "";
11           if (this.txtPass.Text.Trim() == "")
12           {
13               MessageBox.Show("密码不能为空! ", "错误提示");
14               return;
15           }
16           if (this.txtUser.Text.Trim() == "")
17           {
18               MessageBox.Show("用户名不能为空! ", "错误提示");
19               return;
20           }
21           if (this.txtPass.Text != this.txtConfirm.Text)
22           {
23               MessageBox.Show("密码不一致! ", "错误提示");
24               return;
25           }
26           string maxID = "U88";
27           if (this.chkAdmin.Checked == true && this.chkStop.Checked == false)
28           {
29               sqlAddUser = "insert into Users values('" + maxID + "','" +
                 this.txtUser.Text + "','" + this.txtConfirm.Text + "',
                 '1111111111111111',1,'超级')";
30           }
31           if (this.chkAdmin.Checked == true && this.chkStop.Checked == true)
32           {
33               sqlAddUser = "insert into Users values('" + maxID + "','" +
                 this.txtUser.Text + "','" + this.txtConfirm.Text + "',
                 '1111111111111111',0,'超级')";
34           }
35           if (this.chkAdmin.Checked == false && this.chkStop.Checked == false)
36           {
37               sqlAddUser = "insert into Users values('" + maxID + "','" +
                 this.txtUser.Text + "','" + this.txtConfirm.Text + "',
                 '0000000000000000',1,'普通')";
38           }
39           if (this.chkAdmin.Checked == false && this.chkStop.Checked == true)
40           {
```

```
41        sqlAddUser = "insert into Users values('" + maxID + "','" +
          this.txtUser.Text + "','" + this.txtConfirm.Text + "',
          '0000000000000000',0,'普通')";
42      }
43      OpenSqlConnection();
44      SqlCommand myCommand = new SqlCommand(sqlAddUser, scWebshop);
45      int i = myCommand.ExecuteNonQuery();
46      if (i == 1)
47      {
48          MessageBox.Show("添加用户成功！", "提示");
49          this.Close();
50      }
51      else
52      {
53          MessageBox.Show("添加用户失败！", "提示");
54      }
55    }
56    public void OpenSqlConnection()
57    {
58        //打开到WebShop的数据库连接
59    }
60  }
61  private void btnExit_Click(object sender, EventArgs e)
62  {
63      this.Close();
64  }
```

【代码分析】

- 第 3 行：声明 SqlConnection 对象 scWebshop；
- 第 10 行：声明并初始化保存 SQL 语句的字符串变量 sqlAddUser；
- 第 11～25 行：数据有效性验证；
- 第 26 行：声明并初始化用户编号的变量（可以编写独立的方法获得用户表中已有的编号最大值，加 1 后成为新添加用户的编号）；
- 第 27～42 行：根据是否选择"超级用户"复选框和"是否停用"复选框，构造不同的 INSERT 语句；
- 第 43 行：调用第 56～59 行定义的 OpenSqlConnection 方法打开数据库连接；
- 第 44 行：以连接对象和 SQL 语句构造 SqlCommand 对象；
- 第 45 行：通过 SqlCommand 对象的 ExecuteNonQuery 方法执行 SQL 语句；
- 第 46～54 行：根据 ExecuteNonQuery 方法执行结果给出添加是否成功的提示信息；
- 第 58 行：实现到 WebShop 数据库的连接，详见第 5 章；
- 第 61～64 行："退出"按钮单击事件代码。

程序运行后，输入用户名称"test"，用户密码和确认密码"test"，并选定"超级用户"复选框，如图 6-19 所示。单击"确定"按钮后，用户添加成功。在数据库中可以查看到新添加的用户信息，如图 6-20 所示。

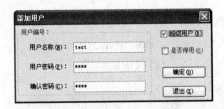

	u_ID	u_Name	u_Password	u_Power	u_Statue	u_Type
	U11	admin	admin	1111111111111111	True	超级
	U12	amy	amy0414	0000000000000000	True	普通
	U13	sa	sa	1111111100000011	True	普通
	U14	demo	demo	0000000000000000	True	普通
▶	U88	test	test	1111111111111111	True	超级

图 6-19 "添加用户"运行界面 　　　　　　图 6-20 新添加的用户信息

【提示】

- 读者自行完成产生用户编号的方法;
- 通过程序往数据表中添加记录时,要遵循数据表本身的完整性规则(如编号和用户名不能重复等);
- 根据需要编写独立的执行 SQL 语句的方法。

6.3　权限设置的设计与实现

6.3.1　界面设计

1. 控件组成

"权限设置"界面中包括的控件和这些控件的主要属性见表 6-7。

表 6-7 "权限设置"窗体控件及主要属性

控 件 名 称		属 性 名 称	属 性 值
Form1		Name	frmPowerChange
		Text	权限设置
		Size	380, 240
		StartPosition	CenterScreen
		FormBorderStyle	FixedDialog
TabControl	tabPage1	Text	基本资料维护
	tabPage2	Text	其他权限
CheckedListBox	chklBasic	Items	公告管理、支付方式、商品类别管理、添加商品、查看/修改商品、信息统计、前台会员管理、后台用户管理、网站员工管理、操作日志管理
	chklOther	Items	数据库压缩、备份数据库、恢复数据库、密码修改、数据导入导出、订单状态查询、订单处理

2. 绘制界面

按要求绘制出来的"添加用户"的程序界面如图 6-21 所示。

6.3.2　功能实现

(1)编写获取指定的用户(如 sa)已有的权限的方法 GetPower。

图 6-21 "权限设置"界面设计

（2）编写修改指定的用户（如 sa）权限的方法 SetPower。

（3）在窗体的装载事件中，调用 GetPower 方法在 CheckedListBox 中显示用户权限。

（4）在"确定"按钮的单击事件中调用 SetPower 方法完成用户权限的修改。

完整的程序代码如下所示：

```
1   public partial class frmPowerChange:Form
2   {
3       SqlConnection scWebshop;
4       public frmPowerChange()
5       {
6           InitializeComponent();
7       }
8       private void GetPower()
9       {
10          string strQuery = "select u_Power from Users where u_Name='sa'";
11          OpenSqlConnection();
12          SqlCommand command = new SqlCommand(strQuery, scWebshop);
13          SqlDataReader reader = command.ExecuteReader();
14          reader.Read();
15          string strOldPower= reader["u_Power"].ToString();
16          char[] cOldPower = strOldPower.ToCharArray();
17          for (int i = 0; i < this.chklBasic.Items.Count; i++)
18          {
19              if (cOldPower[i] == '0')
20                  chklBasic.SetItemCheckState(i, CheckState.Unchecked);
21              else
22                  chklBasic.SetItemCheckState(i, CheckState.Checked);
23          }
24          for (int i = this.chklBasic.Items.Count; i < 17; i++)
25          {
26              if (cOldPower[i] == '0')
27                  chklOther.SetItemCheckState(i - this.chklBasic.Items.Count,
                        CheckState.Unchecked);
28              else
29                  chklOther.SetItemCheckState(i - this.chklBasic.Items.Count,
                        CheckState.Checked);
30          }
31      }
32      private bool SetPower()
33      {
34          char[] cNewPower = new char[17];
35          string strNewPower= null;
36          for (int i = 0; i < this.chklBasic.Items.Count; i++)
37          {
38              if (this.chklBasic.GetItemChecked(i)== false)
39                  cNewPower[i] = '0';
40              else
41                  cNewPower[i] = '1';
```

```
42              }
43          for (int i = this.chklBasic.Items.Count; i < 17; i++)
44          {
45              if (this.chklOther.GetItemChecked(i - this.chklBasic.
                Items.Count) == false)
46                  cNewPower[i] = '0';
47              else
48                  cNewPower[i] = '1';
49          }
50          for (int i = 0; i < cNewPower.Length; i++)
51          {
52              strNewPower+= cNewPower[i].ToString();
53          }
54          string strUpdate = "update Users set u_Power='" + strNewPower+ "'
                where u_Name='sa'" ;
55          SqlCommand myCommand = new SqlCommand(strUpdate, scWebshop);
56          int iCount=myCommand.ExecuteNonQuery();
57          if (iCount == 1)
58              return true;
59          else
60              return false;
61      }
62      private void frmPowerChange_Load(object sender, EventArgs e)
63      {
64          GetPower();
65      }
66      private void bntSet_Click(object sender, EventArgs e)
67      {
68          if (MessageBox.Show("您真的要修改该用户的权限吗？", "提示",
                MessageBoxButtons.YesNo, MessageBoxIcon.Question) ==
                DialogResult.Yes)
69          if (SetPower())
70          {
71              MessageBox.Show("权限设置成功！", "提示");
72              this.Close();
73          }
74          else
75              MessageBox.Show("权限设置失败！", "提示");
76      }
77      private void bntQuit_Click(object sender, EventArgs e)
78      {
79          this.Close();
80      }
81      public void OpenSqlConnection()
82      {
83          //打开到WebShop的数据库连接
84      }
85  }
```

- 第 3 行：声明 SqlConnection 对象 scWebshop；
- 第 8～31 行：获取 sa 用户当前权限的方法 GetPower；
- 第 12～15 行：通过 SqlCommand 和 SqlDataReader 对象访问数据库获取 sa 用户的权限值（字符串）；
- 第 16 行：将字符串转换成字符数组；
- 第 17～23 行：对权限值的前 10 位进行判断，并设置基本权限 CheckedListBox 中复选框是否选定；
- 第 24～30 行：对权限值的后 7 位进行判断，并设置其他权限 CheckedListBox 中复选框是否选定；
- 第 32～61 行：修改 sa 用户权限的方法 SetPower，返回值为布尔值；
- 第 36～42 行：根据基本权限 CheckedListBox 中复选框的选定状态对权限值的前 10 位进行修改；
- 第 43～49 行：根据其他权限 CheckedListBox 中复选框的选定状态对权限值的后 7 位进行修改；
- 第 52 行：将字符数组中的各字符连接成权限字符串；
- 第 54～60 行：使用 SqlCommand 对象完成对 sa 用户权限的修改，并根据修改的结果返回 true 或 false；
- 第 66～76 行："确定"按钮单击事件中调用 SetPower 方法修改用户权限。

程序运行结果如图 6-4 所示。

课堂实践 3

1．操作要求

（1）完成"添加用户"模块界面的设计，并合理设置各控件的 Tab 键顺序索引，将"确定"按钮设置为窗体的 AcceptButton，将"取消"按钮设置为窗体的 CancelButton。

（2）实现"添加用户"模拟的功能，并要求对控件的按 Enter 键事件进行处理。

2．操作提示

（1）根据程序需要合理设置 Tab 键顺序索引。

（2）选择好按键处理对应的事件。

6.4 知 识 拓 展

6.4.1 焦点控制和键盘事件处理

在 GUI 程序中，用户经常使用鼠标进行操作，而在许多数据录入窗口中，可能包含许多控件，如果完全依赖鼠标进行定位，难免显得麻烦。因此，很多时候需要借助于键盘来完成相关的操作。另外，从程序的易用性考虑，程序员在编写程序时要考虑到用户对于键盘的使用和使用习惯。编写键盘程序时需要对光标进行控制，也需要对常见的键盘事件进行处理。

1．焦点控制

焦点也就是光标，在使用键盘操作时，通常借助于 Tab 键在图形用户界面上的不同部件之间移动光标。C#.NET 中提供了 TabStop 属性指示用户能否使用 Tab 键将焦点放到该控件上；也提供了 TabIndex 用来获取或设置在控件的容器的控件的 Tab 键顺序。同时，一般控件也提供了 Focus 方法来让该控件获得焦点；提供了 Leave 事件对失去焦点进行处理；提供了 Enter 事件对获得焦点进行处理。Tab 索引可由任何大于等于零的有效整数组成，越小的数字在 Tab 键顺序中越靠前。如果在同一父控件上多个控件具有相同的 Tab 索引，则控件的 Z 顺序确定控件的循环顺序。

【提示】

- 为了按 Tab 键顺序包括控件，其 TabStop 属性必须设置为 true；
- 控件的 TabIndex 值是按其添加的顺序自动赋值的，添加的顺序越前，该值越小；
- 在用户界面中控件比较多的时候，如果要改变光标在一组控件上的停留顺序，只需要按从小到大的顺序设置 TabIndex 值（即最先停留的设置为 0，依次类推）。

2．键盘事件处理

大多数 Windows 窗体程序都通过处理键盘事件来处理键盘输入。当用户按键盘键时，Windows 窗体提供两个事件 KeyDown 和 KeyPress，而当用户松开键盘键时，Windows 窗体提供一个事件 KeyUp。

- KeyDown 事件发生一次。
- KeyPress 事件，当用户按住同一个键时，该事件可以发生多次。
- 当用户松开键时，KeyUp 事件发生一次。

另外，窗体控件也提供了 KeyPreview 属性、SelectNextControl 方法和 OnKeyPress 方法对窗体上的控件的按键进行处理，请读者自行查阅 MSDN 进行学习。

当用户按键时，Windows 窗体根据键盘消息指定的是字符键还是物理键来确定要引发的事件。常见的键盘事件见表 6-8。

表 6-8　常见键盘事件

事件名称	说　　明	结　　果
KeyDown	当用户按物理键时将引发此事件	KeyDown 的处理程序接收： ● 一个 KeyEventArgs 参数，它提供 KeyCode 属性（它指定一个物理键盘按钮）。 ● Modifiers 属性（Shift、Ctrl 或 Alt）。 ● KeyData 属性（它组合键代码和修改键）。KeyEventArgs 参数还提供： ■ Handled 属性，可以设置该属性以防止基础控件接收键 ■ SuppressKeyPress 属性，它可以用来抑制该键击的 KeyPress 和 KeyUp 事件
KeyPress	当所按的键产生字符时将引发此事件。例如，当用户按 Shift 和小写的 "a" 键时，将产生大写字母 "A" 字符	KeyPress 在 KeyDown 之后引发。KeyPress 的处理程序接收：一个 KeyPressEventArgs 参数，它包含所按键的字符代码。此字符代码对于字符键和修改键的每个组合都是唯一的。 例如，"A" 键将生成： ● 字符代码 65（如果与 Shift 键一起按下） ● 或 Caps Lock 键 97（如果只按下它一个键）， ● 和 1（如果它与 Ctrl 键一起按下）
KeyUp	当用户松开物理键时将引发此事件	KeyUp 的处理程序接收 KeyEventArgs 参数： ● 它提供 KeyCode 属性（指定一个物理键盘按钮） ● Modifiers 属性（Shift、Ctrl 或 Alt） ● KeyData 属性（它组合键代码和修改键）

下面的代码显示了在用户名文本框中按下了 Enter 键后，将焦点定位到密码输入框。

```
private void txtUser_KeyPress(object sender, KeyPressEventArgs e)
{
    if (e.KeyChar== 13)
    {
        txtPass.Focus();
    }
}
```

下面的代码显示了在 KeyPress 事件处理程序中如何确定是否按下了 Shift 键。

```
public void TextBox1_KeyPress(object sender, KeyPressEventArgs e)
{
    if ((Control.ModifierKeys & Keys.Shift) == Keys.Shift)
    {
        MessageBox.Show("Pressed " + Keys.Shift);
    }
}
```

6.4.2　添加已有窗体到项目

在实际开发过程中，通常会独立使用窗体完成特定的功能。但最终这些独立的功能要集成到项目中。同时，有时也需要把已经完成好的一些窗体添加到现有的项目中。下面以"课程实践 2"中添加【例 6-1】中的窗体为例进行介绍。

（1）创建或打开项目（名称为 FontSeter）。

（2）将【例 6-1】项目中字体设置窗体对应的三个文件（frmRadio.cs、frmRadio.Designer.cs 和 frmRadio.resx）复制到当前项目所在文件夹，如图 6-22 所示。

（3）在当前解决方案资源管理器中，右键单击项目名称（如 FontSeter），选择"添加"→"现有项"，如图 6-23 所示。

图 6-22　复制需添加的窗体文件到当前项目文件夹

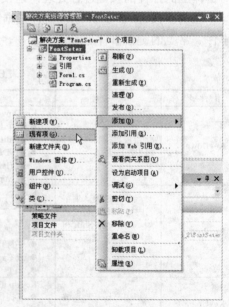

图 6-23　"添加→现有项"

（4）在打开的对话框中选择要添加的窗体文件（如：frmRadio.cs）后，再单击"添加"按钮，即可将已有窗体（包含界面和代码）添加到当前项目。

（5）根据需要对启动窗体或添加的窗体进行修改。

【提示】

- 有时候需要修改 Program.cs 文件中的启动代码 Application.Run(new Form1());（其中的 Form1 应根据需要进行更改）；
- 有时候还需要修改窗体类所属的名称空间（与 Program.cs 中的名称空间保持一致）；
- 在修改窗体的名称时，要注意窗体文件名和窗体名可能相同也可能不同。

6.4.3　ToolTip 组件

在一些 Windows 应用程序中，例如 Word 程序，当鼠标在工具条的按钮上停留一段时间后，会在旁边出现提示，ToolTip 控件就是为实现此功能的。在 C# .NET 中可以用 ToolTip 控件为控件增加提示。

Windows 窗体 ToolTip 组件在用户指向控件时显示相应的文本。工具提示可与任何控件相关联。例如，为节省窗体上的空间，可以在按钮上显示一个小图标并用工具提示解释该按钮的功能。

ToolTip 组件的主要方法包括 SetToolTip 和 GetToolTip。可以使用 SetToolTip 方法设置为控件显示的工具提示。使用 GetToolTip 方法可以获取为控件设置的工具提示。主要属性有 Active 和 AutomaticDelay，前者必须设置为 true 才能显示工具提示，后者用于设置以下三项内容：

- 显示工具提示字符串的时间；
- 用户必须指在控件上多长时间才会显示工具提示；
- 需要多久才会显示随后的工具提示窗口。

6.4.4　NumericUpDown 控件

Windows 窗体 NumericUpDown 控件是一种特殊的输入框，专门用来输入数字，通过 Value 属性获得其 decimal 型的值，使数据的输入更加方便。右侧有两个按钮可以让数字增加或减少。该控件看起来像是一个文本框与一对箭头的组合，用户可以单击箭头来调整值。该控件显示并设置选择列表中的单个数值。用户可以通过单击向上和向下按钮、按向上键和向下键或输入一个数字来增大和减小数字。单击向上键时，值沿最大值方向增加；单击向下键时，位置沿最小值方向移动。说明此类控件很有用的一个示例是音乐播放器上的音量控件。

该控件的主要属性包括 Value、Maximum（默认值为 100）、Minimum（默认值为 0）和 Increment（默认值为 1）。Value 属性设置该控件中当前选择的数字。Increment 属性设置用户单击向上或向下箭头时数字的调整量。当焦点移出该控件时，将根据最小值和最大值验证键入的输入。当用户连续按向上或向下箭头时，可以使用 Accelerations 属性增加该控件在数字上移动的速度。该控件的主要方法包括 UpButton 和 DownButton。

1. 设置 NumericUpDown 的格式

（1）通过将 DecimalPlaces 属性设置为一个整数，并将 ThousandsSeparator 属性设置为 true 或 false，显示十进制数值。

```
numericUpDown1.DecimalPlaces = 2;
numericUpDown1.ThousandsSeparator = true;
```

（2）通过将 Hexadecimal 属性设置为 true，显示十六进制数值。

```
numericUpDown1.Hexadecimal = true;
```

2．设置和读取 NumericUpDown 的值

（1）以代码方式或在"属性"窗口中为 Value 属性赋值。

```
numericUpDown1.Value = 55;
```

（2）通过调用 UpButton 或 DownButton 方法增加或减少在 Increment 属性中指定的值。

```
numericUpDown1.UpButton();
```

（3）通过代码方式访问 Value 属性。

```
if(numericUpDown1.Value >= 65)
{
    MessageBox.Show("年龄为:" + numericUpDown1.Value.ToString());
}
```

6.4.5 Panel 控件

Windows 窗体 Panel 控件用于为其他控件提供可识别的分组。通常，使用面板按功能细分窗体。例如，可能有一个订单窗体，它指定邮寄选项（如使用哪一类通信承运商）。将所有选项分组在一个面板中可向用户提供逻辑可视提示。在设计时所有控件都可以轻松移动——当移动 Panel 控件时，它包含的所有控件也将移动。分组在一个面板中的控件可以通过面板的 Controls 属性进行访问。此属性返回一批 Control 实例，因此，通常需要将该方式检索得到的控件强制转换为它的特定类型。

若要显示滚动条，请将 AutoScroll 属性设置为 true。也可以通过设置 BackColor、BackgroundImage 和 BorderStyle 属性自定义面板的外观。BorderStyle 属性确定面板轮廓为无可视边框（None）、简单线条（FixedSingle）还是阴影线条（Fixed3D）。

Windows 窗体控件 Panel 用于为其他控件提供可识别的分组。通常，使用面板按功能细分窗体。Panel 控件类似于 GroupBox 控件；但只有 Panel 控件可以有滚动条，只有 GroupBox 控件可显示标题。

课 外 拓 展

1．操作要求

（1）参照本章内容，合理选择控件设计"图书管理系统"的系统用户的管理界面。
（2）应用 SqlConnection 对象和 SqlCommand 对象等，实现添加用户、修改用户和删除用户的功能。
（3）将用户管理功能与第 5 章完成的用户登录功能进行联合调试。

2．操作说明

（1）根据"图书管理系统"的实际情况设计系统用户的权限。
（2）编写主要控件的键盘事件并对控件的焦点进行设置。

第7章 商品管理功能的设计与实现

学习目标

本章主要讲述应用各种 Windows 控件完成电子商城商品管理的界面设计，利用 ADO.NET 实现商品管理功能。主要包括 ListBox 控件的使用、ComboBox 控件的使用、DateTimePicker 控件的使用、DataAdapter 类的用法、DataSet 类的用法等。通过本章的学习，读者应能应用各种基本控件编写信息输入和修改程序，并能够根据应用程序需要编写独立的数据库访问类。本章的学习要点包括：

- ListBox 控件的使用；
- ComboBox 控件的使用；
- DataAdapter+DataSet 访问数据库的方法；
- DateTimePicker 控件的使用；
- 商品信息的输入和修改处理；
- 通用数据库访问类的设计；
- 应用程序配置文件 App.config 的使用。

教学导航

本章主要介绍商品管理（添加商品、修改商品、查询商品和删除商品）模块界面的设计和功能的实现。本章主要内容及其在 C# Windows 程序开发技术中的位置如图 7-1 所示。

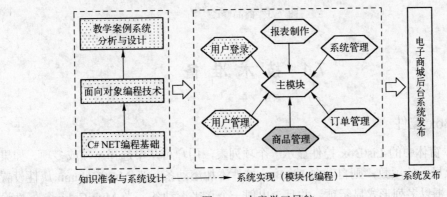

图 7-1 本章学习导航

任务描述

本章主要任务是完成 WebShop 后台管理系统的"商品添加"和"商品修改"的界面设计和功能实现，如图 7-2 和图 7-3 所示。

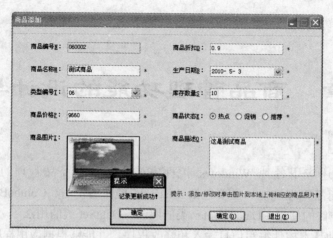

图 7-2 商品添加

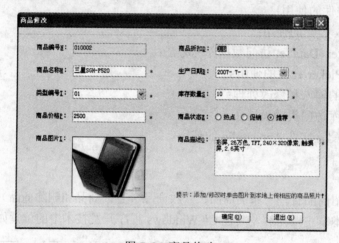

图 7-3 商品修改

7.1 技 术 准 备

7.1.1 ListBox 控件

Windows 窗体中的 ListBox 控件显示一个项列表,用户可从中选择一项或多项。如果项总数超出可以显示的项数,则自动向 ListBox 控件添加滚动条。当 MultiColumn 属性设置为 true 时,列表框以多列形式显示项,并且会出现一个水平滚动条。当 MultiColumn 属性设置为 false 时,列表框以单列形式显示项,并且会出现一个垂直滚动条。当 ScrollAlwaysVisible 设置为 true 时,无论项数多少都将显示滚动条。SelectionMode 属性确定一次可以选择多少列表项。

SelectedIndex 属性返回对应于列表框中第一个选定项的整数值。通过在代码中更改 SelectedIndex 值,可以编程方式更改选定项;列表中的相应项将在 Windows 窗体上突出显示。如果未选定任何项,则 SelectedIndex 值为-1。如果选定了列表中的第一项,则 SelectedIndex 值为 0。当选定多项时,SelectedIndex 值反映列表中最先出现的选定项。SelectedItem 属性类似于 SelectedIndex，但它返回项本身，通常是字符串值。Count 属性反映列表的项数，由于 SelectedIndex 是从零开始的，所以 Count 属性的值通常比 SelectedIndex 的最大可能值大一。

可以在设计时使用 Items 属性向列表添加项。如果要在运行时在 ListBox 控件中添加或删除项，可以使用 Add、Insert、Clear 或 Remove 方法。

列表框对象的设置通过该控件的相关属性来完成，ListBox 控件的主要属性见表 7-1。

表 7-1　ListBox 控件常用属性

属 性 名 称	功　　能
BorderStyle	获取或设置在 ListBox 四周绘制的边框的类型
ColumnWidth	获取或设置多列 ListBox 中列的宽度
DataSource	获取或设置此 ListControl 的数据源
DisplayMember	获取或设置要为此 ListControl 显示的属性
HorizontalExtent	获取或设置 ListBox 的水平滚动条可滚动的宽度
HorizontalScrollbar	获取或设置一个值，该值指示是否在控件中显示水平滚动条
ItemHeight	获取或设置 ListBox 中项的高度
Items	获取 ListBox 的项
SelectedIndex	获取或设置 ListBox 中当前选定项的从零开始的索引
SelectedIndices	获取一个集合，该集合包含 ListBox 中所有当前选定项的从零开始的索引
SelectedItem	获取或设置 ListBox 中的当前选定项
SelectedItems	获取包含 ListBox 中当前选定项的集合
SelectedValue	获取或设置由 ValueMember 属性指定的成员属性的值
SelectionMode	获取或设置在 ListBox 中选择项所用的方法，即多选（Multiple）、单选（Single）
Sorted	获取或设置一个值，该值指示 ListBox 中的项是否按字母顺序排序
Text	获取或搜索 ListBox 中当前选定项的文本
TopIndex	获取或设置 ListBox 中第一个可见项的索引

往列表框中添加新项的参考代码如下：

```
listBox1.Items.Add("大盘花菜");
```

使用 Insert 方法在列表框中列表中指定位置插入字符串或对象的参考代码如下：

```
listBox1.Items.Insert(0, "北京烤鸭");
```

如果要将一个数组的内容赋值给 Items 集合，其参考代码如下：

```
Object[] ItemObject = new System.Object[10];
for (int i = 0; i <= 9; i++)
{
    ItemObject[i] = "Item" + i;
}
listBox1.Items.AddRange(ItemObject);
```

如果要删除列表框中指定项，可以调用 Remove 或 RemoveAt 方法来实现（Remove 有一个参数可指定要移除的项，RemoveAt 移除具有指定的索引号的项），其参考代码如下：

```
// 删除第 1 项（索引为 0）
listBox1.Items.RemoveAt(0);
//删除当前选定项
listBox1.Items.Remove(listBox1.SelectedItem);
//删除指定项
listBox1.Items.Remove("北京烤鸭");
```

如果要移除列表框的所有项，可以调用 Clear 方法来实现，其参考代码如下：

```
listBox1.Items.Clear();
```

也可以通过 DataSource 和 DisplayMember 属性将 ListBox 绑定到数据，以便执行诸如浏览数据库中的数据、输入新数据或编辑现有数据等任务。该功能的实现在后续章节的实例中进行介绍。

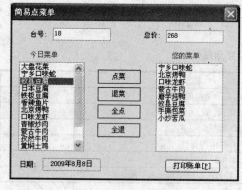

图 7-4 简单点菜单

【例 7-1】简易点菜单

【实例说明】

该程序主要用来演示列表控件的使用。该程序模拟一个点菜系统，程序运行时，在窗体上显示出台号和今日菜单，客人可以根据需要进行"点菜"或"退菜"，如图 7-4 所示。双击"今日菜单"中的某一道菜时，将会弹出信息框，显示该菜的详细信息，如图 7-5 所示。最后客人的点菜情况在"您的菜单"中显示。结账时，单击"打印账单"，将弹出信息框，并显示所点菜和菜的总价，如图 7-6 所示。

图 7-5 菜品详细信息

图 7-6 消费信息

【界面设计】

（1）添加用于显示菜品的列表框 lstSource，并通过控件的 Items 属性添加菜品名称，如图 7-7 所示。

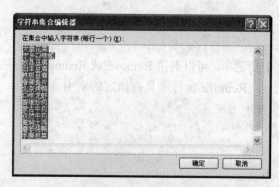

图 7-7 Items 集合内容

（2）参照图 7-4 完成"简易点菜单"的其余部分的界面设计。

● 为简化程序，该程序中的总价和日期为固定设置的信息；
● 菜品信息和价格信息可以来自于存储在数据库中信息。

【功能实现】

完整的程序代码如下所示：

```
1   public partial class frmListBox:Form
2   {
3       public frmListBox()
4       {
5           InitializeComponent();
6       }
7       private void btnSelectAll_Click(object sender; EventArgs e)
8       {
9           for (int i = 0; i < lstSource.Items.Count; i++)
10          {
11              lstSource.SelectedIndex=i;
12              lstSelected.Items.Add(lstSource.SelectedItem.ToString());
13          }
14      }
15      private void btnDeSelectAll_Click(object sender, EventArgs e)
16      {
17          lstSelected.Items.Clear();
18      }
19      private void btnSelect_Click(object sender, EventArgs e)
20      {
21          if (lstSource.SelectedIndex != -1)
22          {
23              this.lstSelected.Items.Add(this.lstSource.SelectedItem.
                ToString());
24          }
25      }
26      private void btnDeSelect_Click(object sender, EventArgs e)
27      {
28          if (lstSelected.SelectedIndex != -1)
29          {
30              this.lstSelected.Items.Remove(this.lstSelected.SelectedItem);
31          }
32      }
33      private void btnPrint_Click(object sender, EventArgs e)
34      {
35          string strSelected="";
36          for (int i = 0; i < lstSelected.Items.Count; i++)
37          {
38              strSelected+=lstSelected.Items[i].ToString()+"\n";
39          }
40          MessageBox.Show("-账单信息--" + "\n" + "台号:" + txtTable.Text + "\n"
```

```
              + "\n[点菜单]\n" + strSelected + "\n总价格:" + txtTotal.Text,"消费
              信息");
41        }
42    private void lstSource_DoubleClick(object sender, EventArgs e)
43        {
44        MessageBox.Show("菜名:"+lstSource.SelectedItem.ToString()+"\n"+"
              价格:18\n"+"来源:湖南攸县\n"+"烹制方法:选用精制黄豆磨制而成的豆腐,配以新鲜
              的青辣椒炒制而成.","详细信息");
45        }
46 }
```

【代码分析】

- 第 7~14 行：通过循环改变当前选项将备选的菜品添加到客人点菜单中；
- 第 15~18 行：通过调用 Items.Clear 方法清除客人点菜单中的所有项；
- 第 19~25 行：将当前所选的菜品添加到客人点菜单中；
- 第 26~32 行：将客人点菜单中的所选菜品退掉；
- 第 33~41 行：通过 for 循环将客人点菜单中的所有菜品信息连接成字符串输出；
- 第 42~45 行：双击某个菜品时，显示详细信息（该信息在本程序中为静态信息，可
  以通过读取数据库中的菜品信息实现动态变化）。

程序运行后，运行界面如图 7-4、图 7-5 和图 7-6 所示。

7.1.2 DataAdapter 类

DataAdapter 对象主要用来把数据源的数据填充到 DataSet 中，以及把 DataSet 里的数据
更新到数据库。它的常用方法有构造函数、填充或刷新 DataSet 的方法、将 DataSet 中的数据
更新到数据库里的方法和释放资源的方法。

不同类型的 Provider 使用不同的构造函数来完成 DataAdapter 对象的构造。对于
SqlDataAdapter 类，其构造函数说明如表 7-2 所示。

表 7-2 SqlDataAdapter 类构造函数说明

函 数 定 义	参 数 说 明	函 数 说 明
SqlDataAdapter()	不带参数	创建 SqlDataAdapter 对象
SqlDataAdapter(SqlCommand selectCommand)	selectCommand：指定新创建对象的 SelectCommand 属性	创建 SqlDataAdapter 对象。用参数 selectCommand 设置其 Select Command 属性
SqlDataAdapter(string selectCommandText, SqlConnection selectConnection)	selectCommandText：指定新创建对象的 SelectCommand 属性值 selectConnection：指定连接对象	创建 SqlDataAdapter 对象。用参数 selectCommandText 设置其 Select Command 属性值，并设置其连接对象是 selectConnection
SqlDataAdapter(string selectCommandText,String selectConnectionString)	selectCommandText：指定新创建对象的 SelectCommand 属性值 selectConnectionString：指定新创建对象的连接字符串	创建 SqlDataAdapter 对象。将参数 selectCommandText 设置为 Select Command 属性值，其连接字符串是 selectConnectionString

DataAdapter 对象主要用来连接 Connection 对象和 DataSet 对象。DataSet 对象只关心访
问操作数据，而不关心自身包含的数据信息来自哪个 Connection 连接到的数据源，而
Connection 对象只负责数据库连接而不关心结果集的表示。所以，在 ADO.NET 的架构中使
用 DataAdapter 对象来连接 Connection 和 DataSet 对象。

DataAdapter 对象的工作步骤一般有两种，一种是通过 Command 对象执行 SQL 语句，将

获得的结果集填充到 DataSet 对象中；另一种是将 DataSet 里更新数据的结果返回到数据库中。

DataAdapter 对象的常用属性形式为 XXXCommand，用于描述和设置操作数据库。使用 DataAdapter 对象，可以读取、添加、更新和删除数据源中的记录。对于每种操作的执行方式，适配器支持以下 4 个属性，类型都是 Command，分别用来管理数据操作的"增"、"删"、"改"、"查"动作。

- InsertCommand 属性：该属性用来向数据库中插入数据；
- DeleteCommand 属性：该属性用来删除数据库里的数据；
- UpdateCommand 属性：该属性用来更新数据库里的数据；
- SelectCommand 属性：该属性用来从数据库中检索数据。

调用 DataAdapter 的 Fill 方法时，它将向数据存储区传输一条 SQL SELECT 语句。该方法主要用来填充或刷新 DataSet，返回值是影响 DataSet 的行数。而调用 Update 方法时，DataAdapter 将检查参数 DataSet 每一行的 RowState 属性，根据 RowState 属性来检查 DataSet 里的每行是否改变和改变的类型，并依次执行所需的 INSERT、UPDATE 或 DELETE 语句，将改变提交到数据库中。这个方法返回影响 DataSet 的行数。

以下代码能给 DataAdapter 对象的 selectCommand 属性赋值。

```
//连接字符串
SqlConnection myConnection;
//创建连接对象 myConnection 语句
//创建 DataAdapter 对象
SqlDataAdapter adapter=new SqlDataAdapter();
//给 DataAdapter 对象的 SelectCommand 属性赋值
adapter.SelectCommand =new SqlCommand("SELECT U_ID, U_Name FROM Users ",
myConnection);
//后继代码
```

同样，可以使用上述方式给其他的 InsertCommand、DeleteCommand 和 UpdateCommand 属性赋值。

当在代码里使用 DataAdapter 对象的 SelectCommand 属性获得数据表的连接数据时，如果表中数据有主键，就可以使用 CommandBuilder 对象来自动为这个 DataAdapter 对象隐形地生成其他 3 个 InsertCommand、DeleteCommand 和 UpdateCommand 属性。这样，在修改数据后，就可以直接调用 Update 方法将修改后的数据更新到数据库中，而不必再使用 InsertCommand、DeleteCommand 和 UpdateCommand 这 3 个属性来执行更新操作。

SqlDataAdapter 是 DataSet 和 SQL Server 之间的桥接器，用于检索和保存数据。SqlDataAdapter 通过对数据源使用适当的 Transact-SQL 语句映射 Fill（它可更改 DataSet 中的数据以匹配数据源中的数据）和 Update（它可更改数据源中的数据以匹配 DataSet 中的数据）来提供这一桥接功能。

7.1.3 DataSet 类

DataSet 对象可以用来存储从数据库查询到的数据结果，由于它在获得数据或更新数据后立即与数据库断开，所以程序员能用此高效地访问和操作数据库。并且，由于 DataSet 对象具有离线访问数据库的特性，所以它更能用来接收海量的数据信息。

DataSet 是 ADO.NET 结构的主要组件，它是从数据源中检索到的数据在内存中的缓存。

DataSet 由一组 DataTable 对象组成，这些表可以通过 Tables 属性进行访问。

DataSet 是 ADO.NET 中用来访问数据库的对象。由于其在访问数据库前不知道数据库里表的结构，所以在其内部，用动态 XML 的格式来存放数据。这种设计使 DataSet 能访问不同数据源的数据。

DataSet 对象本身不同数据库发生关系，是通过 DataAdapter 对象从数据库里获取数据并把修改后的数据更新到数据库。程序员可以通过 DataApater 对象填充（Fill）或更新（Update）DataSet 对象。

.NET 的这种设计，很好地符合了面向对象思想里低耦合、对象功能唯一的优势。如果让DataSet 对象能直接连到数据库，那么 DataSet 对象的设计势必只能是针对特定数据库，通用性就非常差，这样对 DataSet 的动态扩展非常不利。由于 DataSet 独立于数据源，DataSet 可以包含应用程序本地的数据，也可以包含来自多个数据源的数据。与现有数据源的交互通过DataAdapter 来控制。

从前面的讲述中可以看出，DataSet 对象主要用来存储从数据库得到的数据结果集。为了更好地对应数据库里数据表和表之间的联系，DataSet 对象包含了 DataTable 和 DataRelation类型的对象。其中，DataTable 用来存储一张表里的数据，其中的 DataRows 对象就用来表示表的字段结构以及表里的一条数据。另外，DataTable 中的 DataView 对象用来产生和对应数据视图。而 DataRelation 类型的对象则用来存储 DataTable 之间的约束关系。DataTable 和DataRelation 对象都可以用对象的集合（Collection）对象类管理。

由此可以看出，DataSet 中的方法和对象与关系数据库模型中的方法和对象一致，DataSet对象可以看做是数据库在应用代码里的映射，通过对 DataSet 对象的访问，可以完成对实际数据库的操作。DataSet 的对象模型如图 7-8 所示。数据适配器 DataAdapter 和数据集 DataSet的在数据访问中的作用如图 7-9 所示。

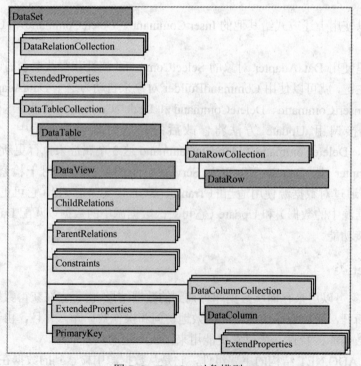

图 7-8　DataSet 对象模型

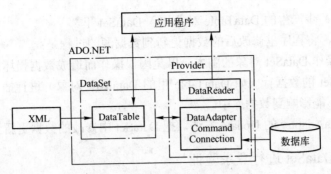

图 7-9　DataSet 与 DataAdapter

💡【提示】

● DataSet 可以只包含一个 DataTable 对象;
● 每个 DataTable 对象都有一些子对象 DataRow 和 DataColumn,表示数据库表中的行和列。通过这些对象可以获取表、行和列中的所有元素;
● 当访问 DataTable 对象时,请注意它们是按条件区分大小写的。例如,"mydatatable",与 "Mydatatable" 代表不同的对象。

1. 创建 DataSet

可以调用 DataSet 构造函数来创建 DataSet 的实例。可以选择指定一个名称参数。如果没有为 DataSet 指定名称,则该名称会设置为 "NewDataSet"。也可以基于现有的 DataSet 来创建新的 DataSet。创建 DataSet 对象的参考代码如下:

```
DataSet dsUsers = new DataSet("Users");
```

2. 从 DataAdapter 填充 DataSet

DataSet 的常见操作是用 DataAdapter 对象的 Fill()方法给它填充数据。Fill()是 DataAdapter 对象的方法,而不是 DataSet 的方法,因为 DataSet 是内存中数据的一个抽象表示,而 DataAdapter 对象是把 DataSet 和具体数据库联系起来的对象。Fill()方法有许多重载版本,本章使用的版本带两个参数,第一个参数指定要填充的 DataSet,第二个参数是 DataSet 中要包含所加载数据的 DataTable 名称。

DataSet 对象常和 DataAdapter 对象配合使用。通过 DataAdapter 对象,向 DataSet 中填充数据的一般过程是:

(1)建立数据库连接 SqlConnection。

(2)创建命令对象 SqlCommand。

(3)创建适配器对象 SqlDataAdapter。

(4)设置适配器对象的命令类型(SelectCommand)。

(5)创建 DataAdapter 和 DataSet 对象。

(6)使用 DataAdapter 对象,为 DataSet 产生一个或多个 DataTable 对象。

(7)DataAdapter 对象将从数据源中取出的数据填充到 DataTable 中的 DataRow 对象里,然后将该 DataRow 对象追加到 DataTable 对象的 Rows 集合中。

(8)重复第(6)步,直到数据源中所有数据都已填充到 DataTable 里。

（9）将第（6）步产生的 DataTable 对象加入 DataSet 里。

使用 DataSet，将程序里修改后的数据更新到数据源的过程是：

（1）创建待操作 DataSet 对象的副本，以免因误操作而造成数据损坏。

（2）对 DataSet 的数据行（如 DataTable 里的 DataRow 对象）进行插入、删除或更改操作，此时的操作不能影响到数据库中。

（3）调用 DataAdapter 的 Update 方法，把 DataSet 中修改的数据更新到数据源中。

【例 7-2】使用 DataSet 进行登录验证

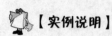

【实例说明】

该程序应用 DataSet 和 SqlDataAdapter 类实现对第 5 章中用户登录逻辑的验证。程序的界面设计与第 4 章的登录界面一致。

【功能实现】

使用 DataSet 和 SqlDataAdapter 类取代使用 SqlDataReader 类进行用户名和密码的验证。修改后的 CheckUser 方法的代码如下：

```
1    public bool CheckUser(string user, string pass)
2    {
3        string strQuery = "SELECT * FROM dbo.Users WHERE u_Name='"+user+"' AND
         u_Password='"+pass+"'";
4        SqlCommand command = new SqlCommand(strQuery, scWebshop);
5        SqlDataAdapter adapter = new SqlDataAdapter();
6        adapter.SelectCommand = command;
7        DataSet ds = new DataSet();
8        int i = adapter.Fill(ds, "Users");
9        if (i == 1)
10           return true;
11       else
12           return false;
13   }
```

【代码分析】

● 第 3 行：声明并初始化查询数据库的 SQL 语句 strQuery；

● 第 4 行：以连接对象和 SELECT 语句构建 SqlCommand 对象；

● 第 5 行：实例化数据库适配器对象 SqlDataAdapter；

● 第 6 行：设置数据库适配器的查询命令 SelectCommand 为 command；

● 第 7 行：实例化数据集对象 DataSet；

● 第 8 行：使用数据库适配器的 Fill 方法填充到数据集，并将填充的行数赋值给整型变量 i。

对比 DataReader 和 DataSet，可以得到这两个对象的主要特点和应用场合。

Connection+Command+DataReader 方式访问数据库的特点包括：

● 访问数据只用于显示，而不修改。

● 仅对一个数据源进行操作，或是对单表进行操作。

● 对于数据只希望向后顺序访问，而不进行重复遍历。

- 访问数据量小，不需要在内存中大量存储数据。
- 需要访问的结果集太大，不能一次性地全部放入内存，此时也能使用 DataReader 来逐次访问。

而 DataSet 支持离线的访问方式，故 Connection+ DataAdapter+DataSet 方式访问数据库的特点包括：

- 同一业务逻辑需要访问多个数据源，比如同时要向 SQL Server 和 Oracle 数据库中请求数据。
- 由于 DataSet 可以包含多个 DataTable，如果需要访问的数据对象来自多个表，可用 DataSet 的 Table 来分别存储管理。
- 如果访问操作的数据量比较大，利用 DataSet 的离线访问机制可以减轻对数据库负载的压力。

【提示】
- 该程序的其他代码与第 5 章的登录程序完全一致；
- 请比较使用 DataReader 和 DataSet 处理数据的异同。

课堂实践 1

1．操作要求

（1）创建一个用于存储本章数据的数据库 chap07。

（2）在 chap07 数据库中创建"保存菜单的数据"表 Food，包含编号、菜名、菜价、介绍等列，并添加相关记录。

（3）修改【例 7-1】，利用 DataSet 和 SqlDataAdapter 将数据库的菜单信息添加到列表框。

（4）尝试根据数据库中存储的信息动态显示菜品详细信息和统计总价。

2．操作提示

（1）可以使用【例 7-1】的界面设计。

（2）注意保存在 DataSet 中的信息的操作。

7.1.4　ComboBox 控件

Windows 窗体中的 ComboBox 控件用于在下拉组合框中显示数据。默认情况下，ComboBox 控件分两个部分显示：顶部是一个允许用户输入列表项的文本框。下部是一个列表框，它显示一个项列表，用户可从中选择一项。

ComboBox 控件和 SelectedIndex 属性返回一个整数值，该值与选择的列表项相对应。通过在代码中更改 SelectedIndex 值，通过编程方式更改选择项；列表中的相应项将出现在组合框的文本框部分。如果未选择任何项，则 SelectedIndex 值为-1。如果选择列表中的第一项，则 SelectedIndex 值为 0。SelectedItem 属性与 SelectedIndex 类似，但它返回项本身，通常是一个字符串值。Count 属性反映列表的项数，由于 SelectedIndex 是从零开始的，所以 Count 属性的值通常比 SelectedIndex 的最大可能值大一。

可以在设计时使用 Items 属性向列表添加项。如果要在程序运行时在 ComboBox 控件中添加或删除项，可以使用 Add、Insert、Clear 或 Remove 方法。

组合框对象的设置通过该控件的相关属性来完成，ComboBox 控件的主要属性见表 7-3。

表 7-3　ComboBox 控件常用属性

属 性 名 称	功　　能
AutoCompleteMode	获取或设置控制自动完成如何作用于 ComboBox 的选项
AutoCompleteSource	获取或设置一个值，该值指定用于自动完成的完整字符串源
DataSource	获取或设置此 ComboBox 的数据源
FlatStyle	获取或设置 ComboBox 的外观
DisplayMember	获取或设置要为此 ListControl 显示的属性
DropDownStyle	获取或设置指定组合框样式的值
FlatStyle	获取或设置 ComboBox 的外观
Items	获取一个对象，该对象表示该 ComboBox 中所包含项的集合
MaxDropDownItems	获取或设置要在 ComboBox 的下拉部分中显示的最大项数
MaxLength	获取或设置组合框可编辑部分中最多允许的字符数
SelectedIndex	获取或设置指定当前选定项的索引
SelectedItem	获取或设置 ComboBox 中当前选定的项
SelectedText	获取或设置 ComboBox 的可编辑部分中选定的文本
SelectedValue	获取或设置由 ValueMember 属性指定的成员属性的值
SelectionLength	获取或设置组合框可编辑部分中选定的字符数
SelectionStart	获取或设置组合框中选定文本的起始索引
Sorted	获取或设置组合框中的条目是否以字母顺序排序，默认值为 false，不允许
ValueMember	获取或设置一个属性，该属性将用作 ListControl 中的项的实际值

使用 AutoCompleteCustomSource、AutoCompleteMode 和 AutoCompleteSource 属性创建 ComboBox 时，可实现将所输入的字符串前缀与所维护源中的所有字符串的前缀进行比较来自动完成输入字符串的填写。这对于将 URL、地址、文件名或命令频繁输入其中的 ComboBox 控件来说很有用。但 AutoCompleteMode 和 AutoCompleteSource 属性必须一起使用。

【例 7-3】组合框数据绑定

　【实例说明】

该程序主要用来演示组合框控件绑定到 DataSet 数据源的用法。程序运行时，用户可以输入商品名称（如：Toshiba M910），在选择商品类别（来自于数据库）后，在组合框中选择不同的类别后，会显示用户选择的商品类别名称，如图 7-10 所示。用户输入完成后，单击"确定"按钮，弹出消息框显示商品信息，如图 7-11 所示。单击"退出"按钮，退出当前程序。

图 7-10　组合框绑定商品类别　　　　图 7-11　选择的商品信息

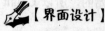【界面设计】

该程序界面主要由一个文本框（用于输入商品名称）和一个组合框（用于选择商品类别名称，其中的选项在程序运行时从数据库中添加）和两个按钮组成，如图 7-9 所示。

📖 【功能实现】

该程序运行后，在窗体装载时（frmComboBox_Load）连接到 WebShop 数据库，读取商品类别表（Types）中的商品类别名称，添加到组合框中；在组合框中的选项发生变化（cmbType_SelectedIndexChanged）时，改变 lblInfo 中显示内容；单击"确定"按钮后（btnOk_Click）弹出消息框。

程序的完整代码如下：

```
1   public partial class frmComboBox:Form
2   {
3       public frmComboBox()
4       {
5           InitializeComponent();
6       }
7       private void frmComboBox_Load(object sender, EventArgs e)
8       {
9           cmbType.AutoCompleteMode = AutoCompleteMode.SuggestAppend;
10          cmbType.AutoCompleteSource = AutoCompleteSource.ListItems;
11          SqlConnection conn = new SqlConnection("Data Source=liuzc\\
            sqlexpress;Initial Catalog=WebShop;Integrated Security=SSPI;");
12          conn.Open();
13          DataSet ds = new DataSet();
14          SqlDataAdapter da = new SqlDataAdapter("select t_Name from Types",
            conn);
15          da.Fill(ds);
16          cmbType.DataSource = ds.Tables[0].DefaultView;
17          cmbType.DisplayMember = "t_Name";
18      }
19      private void cmbType_SelectedIndexChanged(object sender, EventArgs e)
20      {
21          lblInfo.Text = "您选择的商品类别是:" + cmbType.Text;
22      }
23      private void btnOk_Click(object sender, EventArgs e)
24      {
25          MessageBox.Show("--商品信息--\n" + "商品名称:" + txtNo.Text + "\n" +
            "商品类别:" + cmbType.Text + "\n","商品信息");
26      }
27      private void btnExit_Click(object sender, EventArgs e)
28      {
29          this.Close();
30      }
31  }
```

🖥 【代码分析】

● 第 3～18 行: 窗体装载时（程序启动时）读取商品类别表中的商品类别添加到组合框；
● 第 9～10 行: 设置组合框的自动完成模式，AutoCompleteMode 和 AutoCompleteSource（必须联合使用），详细用法请参阅 MSDN；
● 第 16～17 行: 设置组合框绑定的数据源；

- 第 19～22 行: 组合框选定的项目发生变化时, 动态改变标签上的显示的商品类别名称;
- 第 23～26 行: 单击"确定"按钮, 弹出消息框显示用户输入的商品信息;
- 第 27～30 行: 单击"退出"按钮, 退出当前程序。

程序运行后, 运行界面如图 7-10 和图 7-11 所示。

7.1.5 DateTimePicker 控件

使用 Windows 窗体中的 DateTimePicker 控件, 用户可以从日期或时间列表中选择单个项。在用来表示日期时, 它显示为两部分: 一个下拉列表 (带有以文本形式表示的日期) 和一个网格 (在单击列表旁边的向下箭头时显示)。

如果希望 DateTimePicker 作为选取或编辑时间 (而不是日期) 的控件出现, 请将 ShowUpDown 属性设置为 true, 并将 Format 属性设置为 Time。当 ShowCheckBox 属性设置为 true 时, 该控件中的选定日期旁边将显示一个复选框。当选中该复选框时, 选定的日期时间值可以更新。当复选框为空时, 值显示为不可用。DateTimePicker 控件的常用属性见表 7-4。

表 7-4 DateTimePicker 控件常用属性

属 性 名 称	功　　　能
CalendarFont	获取或设置应用于日历的字体样式
CalendarForeColor	获取或设置日历的前景色
CalendarMonthBackground	获取或设置月月的背景色
CalendarTitleBackColor	获取或设置日历标题的背景色
CalendarTitleForeColor	获取或设置日历标题的前景色
CalendarTrailingForeColor	获取或设置日历结尾日期的前景色
Checked	获取或设置一个值, 该值指示是否已用有效日期/时间值设置了 Value 属性且显示的值可以更新
CustomFormat	获取或设置自定义日期/时间格式字符串
DropDownAlign	获取或设置 DateTimePicker 控件上下拉日历的对齐方式
Format	获取或设置控件中显示的日期和时间格式
MaxDate	获取或设置可在控件中选择的最大日期和时间
MaximumDateTime	获取 DateTimePicker 控件允许的最大日期值
MinDate	获取或设置可在控件中选择的最小日期和时间
MinimumDateTime	获取 DateTimePicker 控件允许的最小日期值
ShowCheckBox	获取或设置一个值, 该值指示在选定日期的左侧是否显示一个复选框
ShowUpDown	获取或设置一个值, 该值指示是否使用数值调节钮控件 (也称为 up-down 控件) 调整日期/时间值
Value	获取或设置分配给控件的日期/时间值

DateTimePicker 控件的 Format 属性用于设置日期和时间的格式, 有四种格式:

(1) Custom: DateTimePicker 控件以自定义格式显示日期/时间值。

(2) Long: DateTimePicker 控件以用户操作系统设置的长日期格式显示日期/时间值。

(3) Short: DateTimePicker 控件以用户操作系统设置的短日期格式显示日期/时间值。

(4) Time: DateTimePicker 控件以用户操作系统设置的时间格式显示日期/时间值。

【提示】
- 必须将 Format 属性设置为 DateTimePickerFormat.Custom, CustomFormat 属性才能影响显示的日期和时间的格式设置;
- 若要在 DateTimePicker 中只显示时间, 请将 Format 设置为 Time, 并将 ShowUpDown

属性设置为 false。

DateTimePicker 控件的主要事件有 Click 事件（在单击控件时发生）和 CloseUp 事件（当下拉日历被关闭并消失时发生）。利用这两个事件可以对日期时间进行相关的处理。

下面的代码示例创建 DateTimePicker 控件的一个新实例并将其初始化。

```
public void CreateMyDateTimePicker()
{
    // 创建一个新的 DateTimePicker 控件
    DateTimePicker dateTimePicker1 = new DateTimePicker();
    // 设置最小日期和最大日期
    dateTimePicker1.MinDate = new DateTime(1985, 6, 20);
    dateTimePicker1.MaxDate = DateTime.Today;
    // 设置自定义格式字符串
    dateTimePicker1.CustomFormat = "MMMM dd, yyyy - dddd";
    dateTimePicker1.Format = DateTimePickerFormat.Custom;
    //设置显示复选框
    dateTimePicker1.ShowCheckBox = true;
    dateTimePicker1.ShowUpDown = true;
}
```

7.1.6 Timer 组件

定时控件（Timer）也叫定时器或计时器控件，是按一定时间间隔周期性地自动触发事件的控件。在程序运行时，定时控件是不可见的。定时控件的属性、方法和事件主要包括：

- 属性 Interval：周期性地自动触发事件的时间间隔，单位为毫秒。
- 属性 Enabled：为 true，启动定时器。调用方法 Start()也可启动定时器。
- 方法 Start()和 Stop()：启动和停止定时器。设置属性 Enabled=false 也可停止定时器。
- 事件 Tick：每间隔属性 Interval 指定的时间，产生事件 Tick。

【例 7-4】简易备忘录

【实例说明】

该程序主要用来演示 DataTimePicker 控件和 Timer 控件的使用。该程序运行后，在窗口的下部显示了"今天日期"和"当前时间"。用户可以在日期选择器（dtpDate）中指定提醒日期，可以在时间选择器（dtpTime）中指定提醒时间，在文本框中输入提醒内容，如图 7-12 所示。单击"保存"按钮确认当前备忘信息并弹出信息框，如图 7-13 所示。单击"退出"按钮，退出当前程序。

图 7-12　简易备忘录

图 7-13　备忘信息

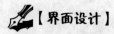【界面设计】

该程序用到的主要控件及其属性设置见表 7-5。

表 7-5 "简易备忘录"窗体控件及主要属性

对象名称	属性名称	属性值
窗体(Form)	Name	frmDateTime
	FormBorderStyle	FixedToolWindow
	MinimizeBox	false
	MaximizeBox	false
	Text	简易备忘录
	StartPosition	CenterScreen（屏幕中央）
	Size	380, 250
提醒日期（DateTimePicker）	Name	dtpDate
提醒时间（DateTimePicker）	Name	dtpTime
	Format	Time
	ShowUpDown	True
定时器（Timer）	Enabled	设计时为 False，运行时设置为 True
	Interval	设计时为 100，运行时设置为 1000

参照表 7-5 完成"简易备忘录"界面的设计，如图 7-14 所示。

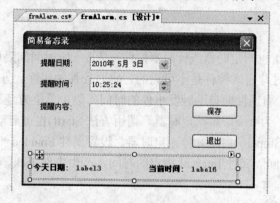

图 7-14 "简易备忘录"界面设计

【提示】

● 如果 DateTimePicker 的 Value 属性未在代码中更改或被用户更改，它将设置为当前的日期和时间（DateTime.Now）；
● 显示今天日期和当前时间的标签的文本内容在程序运行时进行设置。

【功能实现】

在窗体装载时完成今天日期和当前时间的显示。为了能够动态地显示当前时间，在 Timer 组件的 Tick 事件中每间隔 1000 毫秒（1 秒）动态更改当前时间的内容。单击"保存"按钮后，弹出消息框显示用户设置的备忘信息。

完整的程序代码如下所示：

```
1    public partial class frmDateTime:Form
2    {
3        public frmDateTime()
```

```
4        {
5            InitializeComponent();
6        }
7        private void frmDateTime_Load(object sender, EventArgs e)
8        {
9            timer1.Enabled = true;
10           timer1.Interval = 1000;
11           lblNowDate.Text = DateTime.Now.ToLongDateString().ToString();
12           lblNowTime.Text = DateTime.Now.ToLongTimeString().ToString();
13       }
14       private void timer1_Tick(object sender, EventArgs e)
15       {
16           lblNowTime.Text = DateTime.Now.ToLongTimeString().ToString();
17       }
18       private void btnSave_Click(object sender, EventArgs e)
19       {
20           MessageBox.Show("\n[日期]" + dtpDate.Value.ToLongDateString() +
             "\n\n[时间]" + dtpTime.Value.ToShortTimeString() + "\n\n[内容]" +
             txtAlarm.Text, "备忘信息");
21       }
22       private void btnExit_Click(object sender, EventArgs e)
23       {
24           this.Close();
25       }
26   }
```

【代码分析】

- 第 7～13 行: 窗体装载时设置 Timer 组件的相关属性，并显示今天日期和当前时间；
- 第 9 行: 启用定时器 timer1；
- 第 10 行: 设置定时器 timer1 时间间隔为 1 秒，即 1 秒钟触发一次；
- 第 11 行: 通过 DateTime.Now.ToLongDateString()方法获得长型日期（日期格式类型详细信息请参阅 MSDN）；
- 第 12 行: 通过 DateTime.Now.ToLongTimeString()方法获得长型时间；
- 第 14～17 行: Timer 组件的 Tick 事件（每间隔 1 秒触发）中，动态更新当前时间；
- 第 18～21 行: 获取所设置的提醒日期、提醒时间和提醒内容，并通过消息框进行显示；
- 第 22～25 行: 退出按钮单击事件处理。

程序运行界面如图 7-12 和图 7-13 所示。

课堂实践 2

1. 操作要求

（1）打开"课堂实践 1"创建的数据库 chap07。

（2）在 chap07 数据库中创建提醒表 Alarm，包含编号、提醒日期、提醒时间、提醒内容等列，并添加相关记录。

（3）修改【例 7-4】，利用 SqlCommand 将用户输入的备忘信息保存到数据库中。

2．操作提示

（1）可以使用【例 7-4】的界面设计。
（2）注意数据库中列的数据类型的选择和保存时备忘信息的转换。

7.2 商品管理功能的实现

7.2.1 界面设计

由于部分控件和技术还没有学习，该程序对 WebShop 后台管理系统中的商品管理界面进行了简化处理。设计为通过两个按钮分别进入到"商品添加"功能和"商品修改"功能。

1．控件组成

（1）设置窗体和布局基本控件

"商品管理"界面的主窗体及主要控件的属性见表 7-6。

表 7-6 "商品管理"窗体及主要控件属性

控 件 名 称	属 性 名 称	属 性 值
Form1	Name	frmGoodsManage
	Text	商品管理
	Size	300, 150
	StartPosition	CenterScreen
	FormBorderStyle	FixedToolWindow
btnAdd（添加商品按钮） btnModify（修改商品按钮）	ImageAlign	MiddleLeft
	TextAlign	MiddleRight
	Size	96,32
btnExit（退出按钮）	Size	64,32

（2）设置按钮的图片

如果要实现带图标的按钮，可以使用 Button 控件的 Image 属性，打开"选择资源"对话框后，如图 7-15 所示。选择"本地资源"单选按钮后再单击"导入"按钮，在本地文件系统中查找到特定的图标文件后，单击"确定"按钮，就可以为按钮添加图标。

2．绘制界面

按要求绘制出来的应用程序界面如图 7-16 所示。

图 7-15 "选择资源"对话框

图 7-16 "商品管理"界面设计

7.2.2 功能实现

frmGoodsManage 提供了添加商品和修改商品的途径，用户可以在该窗口上选择对应的功能进入到添加商品或修改商品界面。由于在修改商品时，一般情况下需要显示当前商品信息，程序中设置了一个静态属性 goodsid，并赋值为 010002，以实现对该商品的修改操作。

完整的程序代码如下所示：

```
1  public partial class frmGoodsManage:Form
2  {
3     public static string goodsid;
4     public frmGoodsManage()
5     {
6        InitializeComponent();
7     }
8     private void btnAdd_Click(object sender, EventArgs e)
9     {
10       frmAddGoods fag = new frmAddGoods();
11       fag.Text = "商品添加";
12       fag.ShowDialog(this);
13    }
14    private void btnModify_Click(object sender, EventArgs e)
15    {
16       goodsid = "010002";
17       if (goodsid == null)
18       {
19          MessageBox.Show("请选择您要修改的记录! ", "提示");
20          return;
21       }
22       frmAddGoods fag = new frmAddGoods();
23       fag.Text = "商品修改";
24       fag.ShowDialog(this);
25    }
26    private void btnExit_Click(object sender, EventArgs e)
27    {
28       this.Close();
29    }
30 }
```

【代码分析】

- 第 3 行：声明静态属性 goodsid，便于在商品修改窗体进行判断和处理；
- 第 8～13 行：选择"添加商品"，创建 frmAddGoods 对象，打开"商品添加"窗体；
- 第 14～25 行：选择"修改商品"，创建 frmAddGoods 对象，打开"商品修改"窗体（实际上"商品添加"为同一窗体，只是标题发生变化）；
- 第 16 行：给 goodsid 赋值为"010002"（实际程序中通过其他方式传入）；
- 第 26～28 行："退出"按钮单击事件处理。

程序运行后，界面如图 7-17 所示。

7.2.3 通用数据库访问类

从前面的一些数据库访问程序的例子可以看到，对数据库访问通常包括一些相对固定的操作，如建立数据库连接、根据 SQL 查询语句获取数据集、使用 SqlCommand 对象执行 SQL 语句、使用 SqlDataReader

图 7-17 "商品管理"运行界面

读取数据等。如果在每个需要数据库操作的地方，都编写数据库连接代码和数据库操作语句，既会造成大量代码的重复，也不方便对数据库连接资源的管理。根据面向对象的方法和抽象的原则，我们可以尝试将这些操作封装到独立的一个类中，通过这个类提供的方法，完成特定的数据库操作，实现在同一个项目的各个模块之间代码的复用。

下面介绍创建通用数据库访问类的步骤：

（1）在项目中添加一个类。在当前项目（如 AddGoods）打开状态下，单击工具栏上的 ![icon]（或右键单击项目名称依次选择"添加"→"类"），打开"添加新项"对话框，输入类的名称（如 ClassDB），如图 7-18 所示。

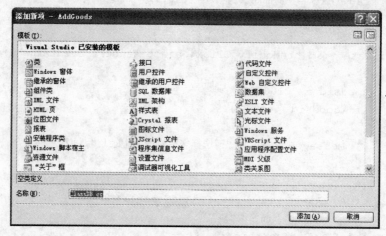

图 7-18 添加新项

（2）根据数据访问的需要，编写相关的方法。ClassDB 的详细代码如下所示：

```
1   using System;
2   using System.Collections.Generic;
3   using System.Text;
4   using System.Data;
5   using System.Data.SqlClient;
6   namespace AddGoods
7   {
8       class ClassDB
9       {
10          public string myconnectionstring = "Data Source=liuzc\\SQLEXPRESS;
            Initial Catalog=WebShop;Integrated Security=SSPI";
11          private SqlConnection myConnection = null;
12          private SqlCommand myCommand = null;
```

```csharp
13          private SqlDataReader myReader = null;
14          private SqlDataAdapter myAdapter;
15          private DataSet ds;
16          private DataTable dt;
17          public int ExecuteSQL(string Sql)
18          {
19              using (myConnection = new SqlConnection(myconnectionstring))
20              {
21                  using (myCommand = new SqlCommand(Sql, myConnection))
22                  {
23                      try
24                      {
25                          myConnection.Open();
26                          int intRows = myCommand.ExecuteNonQuery();
27                          if (intRows < 0)
28                          {
29                              myReader = myCommand.ExecuteReader();
30                              if (myReader.HasRows == true)
31                                  intRows = 1;
32                              else
33                                  intRows = 0;
34                              return intRows;
35                          }
36                          else
37                              return intRows;
38                      }
39                      catch (Exception e)
40                      {
41                          throw new Exception(e.Message);
42                      }
43                      finally
44                      {
45                          myCommand.Dispose();
46                          myConnection.Close();
47                      }
48                  }
49              }
50          }
51          public string GetString(string Sql)
52          {
53              using (myConnection = new SqlConnection(myconnectionstring))
54              {
55                  using (myCommand = new SqlCommand(Sql, myConnection))
56                  {
57                      try
58                      {
59                          myConnection.Open();
60                          myReader = myCommand.ExecuteReader();
```

```
61              if (myReader.Read())
62                  return myReader[0].ToString();
63              else
64                  return "";
65          }
66          catch (Exception e)
67          {
68              throw new Exception(e.Message);
69          }
70          finally
71          {
72              myCommand.Dispose();
73              myConnection.Close();
74          }
75      }
76  }
77  }
78  public DataSet GetDataSet(string Sql)
79  {
80      using (myConnection = new SqlConnection(myconnectionstring))
81      {
82          using (myAdapter = new SqlDataAdapter(Sql, myConnection))
83          {
84              try
85              {
86                  myConnection.Open();
87                  ds = new DataSet();
88                  int i = myAdapter.Fill(ds);
89                  if (i > 0)
90                      return ds;
91                  else
92                      return null;
93              }
94              catch (Exception e)
95              {
96                  throw new Exception(e.Message);
97              }
98              finally
99              {
100                 myAdapter.Dispose();
101                 myConnection.Close();
102             }
103         }
104     }
105 }
106 public DataSet GetDataSet(string Sql, string table)
107 {
108     using (myConnection = new SqlConnection(myconnectionstring))
```

```
109                 {
110                     using (myAdapter = new SqlDataAdapter(Sql, myConnection))
111                     {
112                         try
113                         {
114                             myConnection.Open();
115                             ds = new DataSet();
116
117                             int i = myAdapter.Fill(ds, table);
118                             if (i > 0)
119                                 return ds;
120                             else
121                                 return null;
122                         }
123                         catch (Exception e)
124                         {
125                             throw new Exception(e.Message);
126                         }
127                         finally
128                         {
129                             myAdapter.Dispose();
130                             myConnection.Close();
131                         }
132                     }
133                 }
134             }
135         }
136 }
```

【代码分析】

- 第 10~16 行: 声明该类需要用到的全局变量;
- 第 17~50 行: 根据指定的 SQL 语句（一般为插入、修改或删除语句），执行数据库操作，返回值为整型（请注意该方法中 using 语句的使用为了在特定的语句块中使用和释放对象）;
- 第 51~77 行: 根据指定的 SQL 语句（一般为查询语句），执行数据库操作，返回特定的字符串（如商品编号和用户名等）;
- 第 78~105 行: 根据指定的 SQL 语句（一般为查询语句），执行数据库查询操作，返回值为 DataSet（查询结果保存在数据集中）;
- 第 106~134 行: 根据指定的 SQL 语句（一般为查询语句）和表名，执行数据库查询操作，返回值为 DataSet（查询结果保存在数据集的指定的表中）。

【提示】

- ClassDB 类中的方法在前面的章节中均已学习过，在此不再详细解释;
- 为了方便读者理解通用数据库访问类，这里给出了详细代码，后续章节中将根据需要添加相关方法，详细代码及注释请参阅所附源代码。

7.3　添加/修改商品功能的实现

7.3.1　界面设计

"商品添加"功能涉及的数据比较多，在界面设计时综合了大多数的 Windows 控件，详细属性设置请参阅所附源代码。按要求绘制出来的应用程序界面如图 7-19 所示。为了方便实现商品图片的上传，该程序中使用了打开文件对话框（OpenFileDialog）控件，该控件的详细用法请参阅第 9 章。

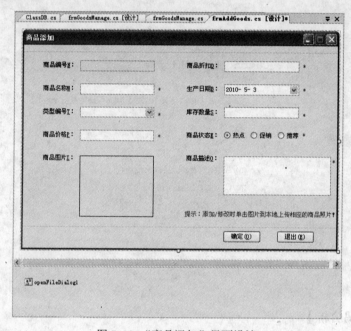

图 7-19　"商品添加"界面设计

7.3.2　功能实现

这是一个典型的信息添加和修改程序。该程序要实现获取已有的商品编号，由此产生新添加商品的编号；同时，在程序启动时要在组合框中添加已有的商品类别编号；并且在运行时需要根据用户的选择动态改变成商品添加或商品修改。程序要实现的功能比较复杂，代码也相对比较多。下面分步详细介绍各个方法的功能。

（1）变量初始化和窗体装载事件代码。

```
1    ClassDB db = new ClassDB();
2    DataSet ds = null;
3    string image = null;
4    string fileEx = null;
5    string imagepath = null;
6    private void AddGoods_Load(object sender, EventArgs e)
7    {
8        this.openFileDialog1.Title = "上传商品图片";
```

```
9        this.openFileDialog1.DefaultExt = "*.Jpg|*.jpg";
10       this.openFileDialog1.Filter = "图片文件*.Bmp|*.bmp|*.GIF|*.gif|
         *.Jpg|*.jpg";
11       string getType = "select t_ID from Types";
12       DataSet dataset = db.GetDataSet(getType);
13       if (dataset == null)
14       {
15           return;
16       }
17       else
18       {
19           for (int i = 0; i < dataset.Tables[0].Rows.Count; i++)
20           {
21               cb_Type.Items.Add(dataset.Tables[0].Rows[i][0].ToString());
22           }
23       }
24       if (this.Text == "商品添加")
25       {
26           this.txt_No.Text = GetMax();
27           cb_Type.DropDownStyle = ComboBoxStyle.DropDownList;
28       }
29       else
30       {
31           FillData();
32       }
33   }
```

【代码分析】

- 第 1～5 行: 声明并初始化相关变量, 其中的第 1 行语句为实例化通用数据库访问对象;
- 第 8～10 行: 初始化打开文件对话框相关参数;
- 第 11～12 行: 设置查询商品类别编号的 SQL 语句, 并调用 ClassDB 类的 getDataSet 方法, 返回一个数据集, 以便添加到组合框中;
- 第 19～22 行: 将查询得到的商品类别编号动态添加到组合框中;
- 第 24～28 行: 根据窗体的标题 (在商品管理窗体中选择相应功能时赋值) 进行判断, 如果为 "商品添加", 自动添加商品的编号并设置组合框的风格;
- 第 30～32 行: 如果为 "商品修改", 则调用 fillData 方法, 将指定的商品信息填充到窗体上的各个控件。

（2）添充窗体控件的方法 FillData。该方法根据构造的 SQL 语句, 将从 WebShop 数据库中 Goods 表中查询到的记录填充到当前窗体的各个控件。

```
1    private void FillData()
2    {
3        string strfill = "select * from Goods where g_ID='" + frmGoodsManage.
         goodsid + "'";
4        try
5        {
```

```
6            ds = db.GetDataSet(strfill);
7            if (ds == null)
8            {
9                return;
10            }
11            else
12            {
13                this.txt_No.Text = frmGoodsManage.goodsid;
14                this.txt_Name.Text = ds.Tables[0].Rows[0]["g_Name"].
                 ToString();
15                txt_Dis.Text = ds.Tables[0].Rows[0]["g_Discount"].ToString();
16                txt_Number.Text = ds.Tables[0].Rows[0]["g_Number"].ToString();
17                txt_Price.Text = ds.Tables[0].Rows[0]["g_Price"].ToString();
18                txt_Description.Text = ds.Tables[0].Rows[0]["g_Description"].
                 ToString();
19                cb_Type.Text = ds.Tables[0].Rows[0]["t_ID"].ToString();
20                dtp_Birth.Text = ds.Tables[0].Rows[0]["g_ProduceDate"].
                 ToString();
21                pb_GoodsImg.Image = Image.FromFile(ds.Tables[0].Rows[0]
                 ["g_Image"].ToString());
22                if (ds.Tables[0].Rows[0]["g_Status"].ToString() == "热点")
23                    this.rb_Hot.Checked = true;
24                else
25                    if (ds.Tables[0].Rows[0]["g_Status"].ToString() == "畅销")
26                        this.rb_Pro.Checked = true;
27                    else
28                        this.rb_Tj.Checked = true;
29            }
30        }
31        catch (Exception e)
32        {
33            MessageBox.Show(e.ToString());
34        }
35    }
```

【代码分析】

- 第 3 行：构造根据"商品管理"窗体中传入的商品编号（010002）查询商品详细信息的 SQL 语句；
- 第 6 行：以 strfill 为参数调用 ClassDB 中的 getDataSet 方法，得到商品编号为 010002 的商品详细信息保存到数据集中；
- 第 13～28 行：将数据集中对应表中的指定行（该程序中的数据集只有一行）的相应列信息读入到窗体上的相应控件；
- 第 22～28 行：根据商品的状态，设置 RadionButton 的选定状态。

（3）自动产生商品编号的方法 GetMax。

```
1   private string GetMax()
```

```
2   {
3       string isMaxs = null;
4       string max = db.GetString("select max(g_ID) from Goods");
5       if (max == "")
6       {
7           return isMaxs = "010001";
8       }
9       isMaxs = max.Substring(0, 1) + Convert.ToString(Convert.ToInt32
        (max.Substring(1, 5)) + 1);
10      return isMaxs;
11  }
```

（4）数据库有效性验证方法 Check。

```
1   private bool Check()
2   {
3       Regex rg = null;
4       if (txt_Name.Text.Trim() == "")
5       {
6           MessageBox.Show("记录填写不完整! ", "错误提示");
7           return false;
8       }
9       if (cb_Type.Text.Trim() == "")
10      {
11          MessageBox.Show("记录填写不完整! ", "错误提示");
12          return false;
13      }
14      if (txt_Price.Text.Trim() == "")
15      {
16          MessageBox.Show("记录填写不完整! ", "错误提示");
17          return false;
18      }
19      else
20      {
21          rg = new Regex(@"^\d+(\.\d+)?$");
22          if (!rg.IsMatch(txt_Price.Text))
23          {
24              MessageBox.Show("商品价格填写错误! ", "错误提示");
25              return false;
26          }
27      }
28      if (txt_Dis.Text.Trim() == "")
29      {
30          MessageBox.Show("记录填写不完整! ", "错误提示");
31          return false;
32      }
33      else
34      {
35          rg = new Regex(@"^0\.\d*[1-9]\d*$");
36          if (!rg.IsMatch(txt_Dis.Text))
```

```
37              {
38                  MessageBox.Show("商品折扣填写错误！", "错误提示");
39                  return false;
40              }
41          }
42          if (dtp_Birth.Text.Trim() == "")
43          {
44              MessageBox.Show("记录填写不完整！", "错误提示");
45              return false;
46          }
47          if (txt_Number.Text.Trim() == "")
48          {
49              MessageBox.Show("记录填写不完整！", "错误提示");
50              return false;
51          }
52          else
53          {
54              rg = new Regex(@"^[0-9]*[1-9][0-9]*$");
55              if (!rg.IsMatch(txt_Number.Text))
56              {
57                  MessageBox.Show("库存数量填写错误！", "错误提示");
58                  return false;
59              }
60          }
61          if (txt_Description.Text.Trim() == "")
62          {
63              MessageBox.Show("记录填写不完整！", "错误提示");
64              return false;
65          }
66          int i = dtp_Birth.Text.CompareTo(DateTime.Now.ToShortDateString());
67          if (i > 0)
68          {
69              MessageBox.Show("日期错误！", "错误提示");
70              return false;
71          }
72          return true;
73  }
```

【代码分析】

- 第 3 行：声明并初始化正则表达式变量 rg；
- 第 21、35、54 行：设置用于数据验证的正则表达式；
- 第 22、36、55 行：使用正则表达式验证用户输入的数据（使用正则表达式进行数据验证的详细内容请参阅 MSDN）；
- 第 66 行：使用 Text.CompareTo 方法比较商品生产日期。

（5）"确定"按钮单击事件处理。

```
1  private void btnOK_Click(object sender, EventArgs e)
```

```
2    {
3        if (image == null)
4        {
5            if (MessageBox.Show("您确定不上传图片吗？", "询问", MessageBoxButtons.
             YesNo) == DialogResult.No)
6            {
7                pictureBox1_Click(sender, e);
8                return;
9            }
10       }
11       else
12       {
13           pb_GoodsImg.Image.Save(Application.StartupPath + "/" + imagepath);
14       }
15       string name = txt_Name.Text.Trim().ToString();
16       string typeNo = cb_Type.Text.Trim().ToString();
17       string price = txt_Price.Text.Trim().ToString();
18       string discount = txt_Dis.Text.Trim().ToString();
19       string date = dtp_Birth.Text.Trim().ToString();
20       string number = txt_Number.Text.Trim().ToString();
21       string description = txt_Description.Text.Trim().ToString();
22       string statue = null;
23       if (this.rb_Hot.Checked)
24           statue = "热点";
25       else
26           if (this.rb_Pro.Checked)
27               statue = "畅销";
28           else
29               statue = "促销";
30       string sql = null;
31       if (Check())
32       {
33           if (this.Text == "商品添加")
34           {
35               sql = "insert into Goods values('" + GetMax() + "','" + name +
                 "','" + typeNo + "','" + price + "','" + discount + "','" + number
                 + "','" + date + "','" + imagepath + "','" + statue + "','" +
                 description + "')";
36           }
37           else
38           {
39               sql = "update Goods set g_Name='" + name + "',t_ID='" + typeNo
                 + "',g_Price='" + price + "',g_Discount='" + discount +
                 "',g_Number='" + number + "',g_ProduceDate='" + date +
                 "',g_Status='" + statue + "',g_Description='" + description +
                 "' where g_ID='" + frmGoodsManage.goodsid + "'";
40           }
41           int i = db.ExecuteSQL(sql);
```

```
42          if (i == 1)
43          {
44              MessageBox.Show("记录更新成功！", "提示");
45              this.Close();
46          }
47          else
48          {
49              MessageBox.Show("记录更新失败！", "提示");
50          }
51      }
52  }
```

【代码分析】

- 第 3~10 行: 没有上传商品图片的处理;
- 第 13 行: 使用 PictureBox 的 Image.Save 方法将图片以指定的名称保存到应用程序所在的 pImage 文件中;
- 第 15~29 行: 获取要添加到数据库中的商品详细信息;
- 第 31~51 行: 单击"确定"按钮后, 如果商品信息有效 (Check 方法返回值为 True) 进行商品添加或商品修改的处理;
- 第 33~36 行: 构造添加商品信息的 SQL 语句 (INSERT 语句);
- 第 37~40 行: 构造修改商品信息的 SQL 语句 (UPDATE 语句);
- 第 41 行: 调用 ClassDB 的 ExecuteSQL 方法执行数据库操作语句;
- 第 42~50 行: 根据 ExecuteSQL 方法的返回值给出对应的提示信息。

（6）PictureBox 的单击事件处理。

```
1   private void pictureBox1_Click(object sender, EventArgs e)
2   {
3       if (openFileDialog1.ShowDialog() == DialogResult.OK)
4       {
5           image = openFileDialog1.FileName;
6           pb_GoodsImg.Image = Image.FromFile(image);
7           fileEx = Path.GetExtension(image).ToLower();
8           imagepath = "pImage/" + txt_No.Text.ToString() + fileEx;
9       }
10  }
```

【代码分析】

- 第 5 行: 获取打开文件的文件名;
- 第 6 行: 设置图片框中显示的图像为打开的图片文件;
- 第 7 行: 获得图片文件的扩展名;
- 第 8 行: 构造图片文件的保存路径。

程序运行后的结果如图 7-2 和图 7-3 所示。

1. 操作要求

（1）打开（或新建）实现第 5 章登录功能的项目 LoginByClassDB。
（2）将本章所完成的通用数据库访问类添加到项目 LoginByClassDB 中。
（3）改写实现登录功能的代码，通过通用数据库访问类的相关方法实现登录验证。

2. 操作提示

（1）可以使用 ClassDB 中现有的方法，也可以添加新的方法。
（2）体会使用的通用数据库访问类的优点。

7.4 知 识 拓 展

7.4.1 MonthCalendar 控件

Windows 窗体中的 MonthCalendar 控件为用户查看和设置日期信息提供了一个直观的图形界面。该控件以网格形式显示日历。网格包含月份的编号日期，这些日期排列在周一到周日下的七个列中，并且突出显示选定的日期范围。可以单击月份标题任何一侧的箭头按钮来选择不同的月份。与 DateTimePicker 控件不同，可以使用 MonthCalendar 控件选择多个日期。

MonthCalendar 控件的外观具有很高的可配置性。默认情况下，今天的日期显示为圆形，并且在网格的底部加以说明。通过将 ShowToday 和 ShowTodayCircle 属性设置为 false，可以更改此功能。还可以通过将 ShowWeekNumbers 属性设置为 true，在日历中添加周编号。通过设置 CalendarDimensions 属性，可以水平和垂直显示多个月份。默认情况下，星期日显示为每周的第一天，不过可以使用 FirstDayOfWeek 属性将任何一天指定为第一天。

此外，还可以通过向 BoldedDates、AnnuallyBoldedDates 和 MonthlyBoldedDates 属性添加 DateTime 对象，将某些日期设置为一次性地、每年或每月显示为粗体。

MonthCalendar 控件的主要属性是 SelectionRange，即该控件中选定的日期范围。SelectionRange 值不能超过 MaxSelectionCount 属性中设置的最大可选择天数。用户可以选择的最早和最晚日期由 MaxDate 和 MinDate 属性确定。

MonthCalendar 控件的使用如图 7-20 所示。

图 7-20 MonthCalendar 控件

7.4.2 App.config 文件

通过向 C#项目添加应用程序配置文件（app.config 文件），可以自定义公共语言运行库定位和加载程序集文件的方式。当生成项目时，开发环境会自动创建 app.config 文件的副本并更改其文件名，使其与可执行文件同名，然后将新的.config 文件移动到 bin 目录下。

向 C#项目（如 AddGoods）添加应用程序配置文件的步骤如下：

（1）在"项目"菜单上单击"添加新项"。

（2）在打开的"添加新项"对话框中选择"应用程序配置文件"模板，然后单击"添加"按钮。名为 app.config 的文件被添加到当前项目中，如图 7-21 所示。

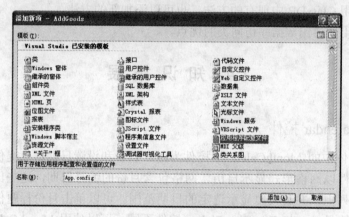

图 7-21   添加新项——应用程序配置文件

在基于 C#的 Windows 程序开发中，利用 App.config 文件可以存储与应用程序相关的一些信息，下面以保存和读取连接字符串的操作为例说明该文件的使用。

1．将连接字符串存储在配置文件中

在 7.2.3 中编写的通用数据库访问类中，定义了连接字符串的变量。但如果应用程序的运行环境或数据库服务器的位置发生变化，由于在代码中嵌入了连接字符串，需要修改源程序并重新生成应用程序。此外，编译成应用程序源代码的未加密连接字符串可以使用 MSIL 反汇编程序（ildasm.exe）查看。这样既不利于程序的移植，也容易产生应用程序的安全性问题。可以将连接字符串保存在 App.config 文件中，这样如果环境发生变化，只需要修改该文件中的连接字符串，而不需要重新编译程序。

连接字符串可以存储在配置文件的<connectionStrings>元素中。连接字符串存储为键/值对的形式，可以在运行时使用名称查找存储在 connectionString 属性中的值。以下配置文件示例显示名为 DatabaseConnection 的连接字符串，该连接字符串引用连接到 SQL Server 本地实例的连接字符串。

```
<connectionStrings>
   <add name="DatabaseConnection"
     connectionString="Persist Security Info=False;Integrated Security=
SSPI;database=Northwind;server=(local);"
     providerName="System.Data.SqlClient" />
</connectionStrings>
```

2. 从配置文件中检索连接字符串

System.Configuration 命名空间提供使用配置文件中存储的配置信息的类。ConnectionStringSettings 类具有两个属性，映射到上面所示的<connectionStrings>示例部分中显示的名称。

以下示例通过将连接字符串的名称传递给ConfigurationManager，再由其返回ConnectionStringSettings 对象，以便从配置文件中检索连接字符串。ConnectionString 属性用于显示此值。

```
using System;
using System.Configuration;
class Program
{
    static void Main()
    {
        ConnectionStringSettings settings;
        settings =
            ConfigurationManager.ConnectionStrings["DatabaseConnection"];
        if (settings != null)
        {
            Console.WriteLine(settings.ConnectionString);
        }
    }
}
```

对于 7.2.3 节中的 ClassDB 类，使用 App.config 文件保存连接字符后的文件内容如图 7-22 所示。

图 7-22　AddGoos 项目中的 App.Config 文件

如果要读取 App.config 文件中保存的连接字符串，需要将原有的保存连接字符串的代码：

```
public string myconnectionstring = "Data Source=liuzc\\SQLEXPRESS;Initial
Catalog=WebShop;Integrated Security=SSPI";
```

更改为：

```
public string myconnectionstring = ConfigurationManager.ConnectionStrings
["connectionstring"].ToString();
```

【提示】

● 可以使用受保护的配置可选地加密配置文件中存储的连接字符串；

● App.config 文件中的信息使用键/值对的形式保存；

● 读者请自行完成修改后运行程序，体会 App.config 文件的作用。

1．操作要求

（1）参照 WebShop 后台管理系统中商品管理功能的界面设计，完成"图书管理系统"中添加图书、修改图书模块的界面设计。

（2）编写"图书管理系统"中的通用数据库访问类。

（3）使用 App.config 文件保存连接字符串。

（4）实现"图书管理系统"中添加图书、修改图书的功能。

2．操作说明

（1）由于从本章开始要求使用通用数据库访问完成数据库访问操作，建议将之前已完成的"图书管理系统"中的数据库操作进行改写。

（2）对完成数据库操作的各种方法进行总结和比较。

第 8 章　订单管理功能的设计与实现

学习目标

本章主要讲述应用 DataGridView 控件、BindingSource 类和 BindingNavigator 控件构造查询界面，通过存储过程实现相关数据库操作的方法，并通过类库进一步提高多项目间的代码复用等。主要包括 DataGridView 控件的使用、BindingSource 类的使用、BindingNavigator 控件的使用、SqlParameter 对象的使用等。通过本章的学习，读者应能熟练应用 DataGridView 控件编写界面友好、灵活多样的查询程序。本章的学习要点包括：

- DataGridView 控件的使用；
- BindingSource 类的使用；
- BindingNavigator 控件的使用；
- SqlParameter 对象的使用；
- 通过存储过程完成数据库操作；
- 编写和引用类库；
- WebShop 订单管理功能的实现。

教学导航

本章主要介绍订单管理（查询订单、订单详情和处理订单）模块界面的设计和功能的实现。本章主要内容及其在 C# Windows 程序开发技术中的位置如图 8-1 所示。

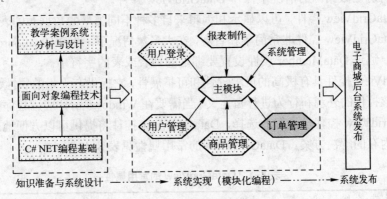

图 8-1　本章学习导航

任务描述

本章主要任务是完成 WebShop 后台管理系统的"订单管理"和"订单详情"的界面设计及功能实现，如图 8-2 和图 8-3 所示。

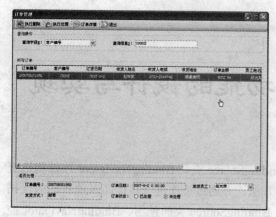

图 8-2 订单管理

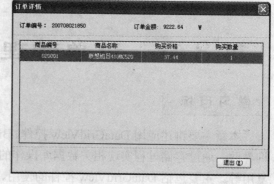

图 8-3 订单详情

8.1 技 术 准 备

8.1.1 DataGridView 控件

DataGridView 控件提供一种强大而灵活的以表格形式显示数据的方式。可以使用 DataGridView 控件来显示少量数据的只读视图，也可以对其进行缩放以显示特大数据集的可编辑视图。

可以用很多方式扩展 DataGridView 控件，以便将自定义行为内置在应用程序中。例如，可以采用编程方式指定自己的排序算法，以及创建自己的单元格类型。通过选择一些属性，可以轻松地自定义 DataGridView 控件的外观。可以将许多类型的数据存储区用做数据源，也可以在没有绑定数据源的情况下操作 DataGridView 控件。

使用 DataGridView 控件，可以显示和编辑来自多种不同类型的数据源的表格数据。将数据绑定到 DataGridView 控件非常简单和直观，在大多数情况下，设置 DataSource 属性可以设置好数据源；通过 DataMember 属性设置要绑定的列表或表的字符串。

DataGridView 控件具有极高的可配置性和可扩展性，它提供有大量的属性、方法和事件，可以用来对该控件的外观和行为进行自定义。当需要在 Windows 窗体应用程序中显示表格数据时，DataGridView 控件是最好的选择，DataGridView 控件将提供可以方便地进行编程以及有效地利用内存的解决方案。DataGridView 的常用属性见表 8-1。

表 8-1 DataGridView 的常用属性

属 性 名 称	功 能
AllowUserToAddRows	获取或设置一个值，该值指示是否向用户显示添加行的选项
AllowUserToDeleteRows	获取或设置一个值，该值指示是否允许用户从 DataGridView 中删除行
CellBorderStyle	获取 DataGridView 的单元格边框样式
ColumnCount	获取或设置 DataGridView 中显示的列数
ColumnHeadersBorderStyle	获取应用于列标题的边框样式
ColumnHeadersDefaultCellStyle	获取或设置默认列标题样式
ColumnHeadersHeight	获取或设置列标题行的高度（以像素为单位）
ColumnHeadersHeightSizeMode	获取或设置一个值，该值指示是否可以调整列标题的高度，以及它是由用户调整还是根据标题的内容自动调整

属 性 名 称	功 能
ColumnHeadersVisible	获取或设置一个值，该值指示是否显示列标题行
CurrentCell	获取或设置当前处于活动状态的单元格
CurrentCellAddress	获取当前处于活动状态的单元格的行索引和列索引
CurrentRow	获取包含当前单元格的行
DataMember	获取或设置数据源中 DataGridView 显示其数据的列表或表的名称
DataSource	获取或设置 DataGridView 所显示数据的数据源
EditMode	设置为 DataGridViewEditMode.EditProgrammatically 时，用户就不能手动编辑单元格的内容了。但是可以通过程序，调用 DataGridView.BeginEdit 方法，使单元格进入编辑模式进行编辑
DefaultCellStyle	在未设置其他单元格样式属性的情况下，获取或设置应用于 DataGridView 中的单元格的默认单元格样式
IsCurrentCellDirty	获取一个值，该值指示当前单元格是否有未提交的更改
IsCurrentCellInEditMode	获取一个值，该值指示是否正在编辑当前处于活动状态的单元格
IsCurrentRowDirty	获取一个值，该值指示当前行是否有未提交的更改
MultiSelect	获取或设置一个值，该值指示是否允许用户一次选择 DataGridView 的多个单元格、行或列
ReadOnly	设置 DataGridView 只读
RowCount	获取或设置 DataGridView 中显示的行数
RowHeadersBorderStyle	获取或设置行标题单元格的边框样式
RowHeadersDefaultCellStyle	获取或设置应用于行标题单元格的默认样式
RowHeadersVisible	获取或设置一个值，该值指示是否显示包含行标题的列
RowHeadersWidth	获取或设置包含行标题的列的宽度（以像素为单位）
RowHeadersWidthSizeMode	获取或设置一个值，该值指示是否可以调整行标题的宽度，以及它是由用户调整还是根据标题的内容自动调整
Rows	获取一个集合，该集合包含 DataGridView 控件中的所有行
RowsDefaultCellStyle	获取或设置应用于 DataGridView 的行单元格的默认样式
RowTemplate	获取或设置一行，该行表示控件中所有行的模板
ScrollBars	获取或设置要在 DataGridView 控件中显示的滚动条的类型
SelectedCells	获取用户选定的单元格的集合
AllowUserToAddRows	获取或设置一个值，该值指示是否向用户显示添加行的选项 AllowUserToAddRows 中删除行
SelectedColumns	获取用户选定的列的集合
SelectedRows	获取用户选定的行的集合
SelectionMode	获取或设置一个值，该值指示如何选择 DataGridView 的单元格
SortedColumn	获取 DataGridView 内容的当前排序所依据的列
SortOrder	获取一个值，该值指示是按升序或降序对 DataGridView 控件中的项进行排序，还是不排序

DataGridView 的用法非常灵活和复杂，下面列出 DataGridView 的一些常见操作方法：

1．取得或者修改当前单元格的内容

```
// 取得当前单元格内容
Console.WriteLine(DataGridView1.CurrentCell.Value);
// 取得当前单元格的列 Index
Console.WriteLine(DataGridView1.CurrentCell.ColumnIndex);
// 取得当前单元格的行 Index
Console.WriteLine(DataGridView1.CurrentCell.RowIndex);
// 设定 (0, 0) 为当前单元格
DataGridView1.CurrentCell = DataGridView1[0, 0];
```

2. 设定单元格只读

```
// 设置 DataGridView1 的第 2 列整列单元格为只读
DataGridView1.Columns[1].ReadOnly = true;
// 设置 DataGridView1 的第 3 行整行单元格为只读
DataGridView1.Rows[2].ReadOnly = true;
// 设置 DataGridView1 的[0, 0]单元格为只读
DataGridView1[0, 0].ReadOnly = true;
```

3. 行、列的隐藏和删除

```
// DataGridView1 的第一列隐藏
DataGridView1.Columns[0].Visible = false;
// DataGridView1 的第一行隐藏
DataGridView1.Rows[0].Visible = false;
// 列头隐藏
DataGridView1.ColumnHeadersVisible = false;
// 行头隐藏
DataGridView1.RowHeadersVisible = false;
// 删除名为"Column1"的列
DataGridView1.Columns.Remove("Column1");
// 删除第一列
DataGridView1.Columns.RemoveAt(0);
//删除第一行
DataGridView1.Rows.RemoveAt(0);
//删除选中行
foreach (DataGridViewRow r in DataGridView1.SelectedRows)
{
    if (!r.IsNewRow)
    {
        DataGridView1.Rows.Remove(r);
    }
}
```

4. DataGridView 冻结列或行

列冻结 DataGridViewColumn.Frozen 属性为 True 时，该列左侧的所有列被固定，横向滚动时固定列不随滚动条滚动而左右移动。

```
// DataGridView1 的左侧 2 列固定
DataGridView1.Columns[1].Frozen = true;
```

行冻结 DataGridViewRow.Frozen 属性为 True 时，该行上面的所有行被固定，纵向滚动时固定行不随滚动条滚动而上下移动

```
// DataGridView1 的上 3 行固定
DataGridView1.Rows[2].Frozen = true;
```

【提示】

● DataGridView 控件的使用在后续的应用中会逐步深入地进行讲解；
● DataGridView 控件可以通过向导方式完成快速设置。

【例 8-1】数据源向导

【实例说明】

该程序主要用来演示在 Visual Studio 开发环境中，使用 DataGridView 控件快速显示信息的方法。在设计过程中，通过可视化的方式完成 DataGridView 的数据源的绑定。程序运行后，在当前窗体上显示所有用户信息，如图 8-4 所示。

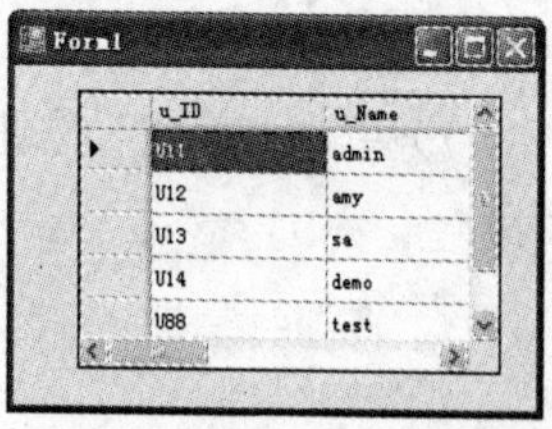

图 8-4　商品信息查询

【功能实现】

（1）在当前项目的 Form1 窗本上添加一个 DataGridView，默认情况下将打开"DataGridView 任务"浮动框（也可单击 DataGridView 控件上的▶按钮打开），提示用户选择数据源，如图 8-5 所示。

（2）单击"选择数据源"下拉列表框后，单击"添加项目数据源"链接可以添加项目数据源，如图 8-6 所示。

图 8-5　打开"DataGridView 任务"浮动框

图 8-6　选择"添加项目数据源"

（3）打开"选择数据源类型"对话框，选择"数据库"，如图 8-7 所示。

（4）单击"下一步"按钮，打开"选择您的数据连接"对话框，如果当前没有可用的连接，可以通过单击"新建连接"按钮建立新的连接，如图 8-8 所示。

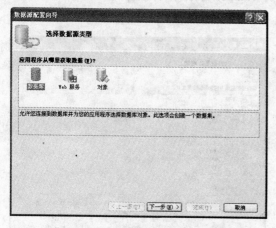

图 8-7　"选择数据源类型"对话框

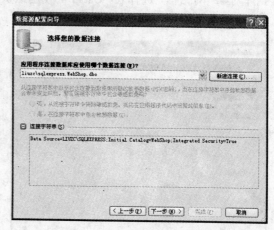

图 8-8　"选择您的数据连接"对话框

（5）单击"下一步"按钮，打开"选择数据源"对话框，选择"Microsoft SQL Server"，如图 8-9 所示。

（6）单击"继续"按钮，打开"添加连接"对话框，输入或选择服务器名"LIUZC\SQLEXPRESS"，选择"使用 Windows 身份验证"，选择数据库"WebShop"，如图 8-10 所示。

（7）单击"确定"按钮，打开"保存连接字符串"对话框，这里使用默认选项，如图 8-11 所示。

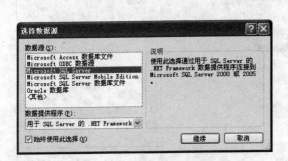

图 8-9 "选择数据源"对话框

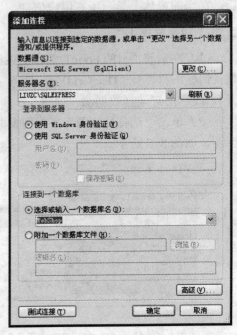

图 8-10 "添加连接"对话框

（8）单击"下一步"按钮，重新回到"选择您的数据连接"对话框，这时数据库连接已经创建好，也可以查看到连接字符串，如图 8-8 所示。单击"下一步"按钮，打开"选择数据库对象"对话框，选择表"Users"，使用默认的 DataSet 名称"WebShopDataSet"，如图 8-12 所示。

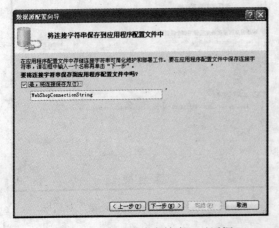

图 8-11 "保存连接字符串"对话框

图 8-12 "选择数据库对象"对话框

（9）单击"完成"按钮，完成数据源的创建，数据源的名称为 usersBindingSource，并同时创建了名称为 webShopDataSet 的数据集和名称为 userTableAdapter 的数据适配器，如图 8-13 所示。

为 DataGridView 选择或创建数据源后，运行程序即可显示 WebShop 电子商城的所有用户信息，如图 8-4 所示。

【例 8-2】查询商品信息

【实例说明】

该程序主要用来演示 DataGridView 控件的各种属性、事件和方法的使用。程序运行后，在当前窗体上显示所有商品信息。用户单击 DataGridView 的任意区域，将会显示用户单击区域所在行的商品编号、行号和列号，如图 8-14 所示。

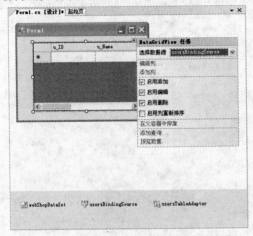

图 8-13　成功创建 DataGridView 的数据源

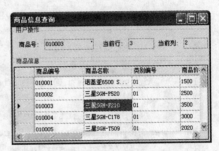

图 8-14　商品信息查询

【界面设计】

根据实例要求，完成窗体的属性设置见表 8-2。

表 8-2　"商品信息查询"窗体控件及主要属性

对 象 名 称	属 性 名 称	属 性 值
窗体(Form)	Name	frmQueryGoods
	FormBorderStyle	FixedToolWindow
	Text	商品信息查询
	StartPosition	CenterScreen（屏幕中央）
分组框 1（GroupBox）	Text	用户操作
	Dock	Top
分组框 2（GroupBox）	Text	商品信息
	Dock	Fill
数据网格（DataGridView）	Name	dvgGoods
	Dock	Fill

- 使用两个 GroupBox，并借助于 Dock 属性，可以实现将窗体的有效区域划分成两部分：第一个分组框的高度固定，宽度可变（Dock 属性为 Top）；第二个分组框填充除第一个分组框的剩下区域（Dock 属性为 Fill）；
- 为保证 DataGridView 能够总是填充 GroupBox 的有效区域，该控件的 Dock 属性也设置为 Fill。

【功能实现】

在窗体装载时将商品信息填充到 DataGirdView，在单击任一单元格时显示所在区域的行号和列号以及所在行的商品编号。

完整的程序代码如下所示：

```
1   public partial class frmQueryGoods:Form
2   {
3       public frmQueryGoods()
4       {
5           InitializeComponent();
6       }
7       private void frmQueryGoods_Load(object sender, EventArgs e)
8       {
9           FillGrid();
10      }
11      private void FillGrid()
12      {
13          String strConn="Data Source=liuzc\\SQLEXPRESS;Initial Catalog=
14      WebShop; Integrated  Security=SSPI";
15          //String strSql = "select * from Goods";
16          String strSql = "SELECT g_ID AS 商品编号,g_Name AS 商品名称,t_ID AS
        类别编号,g_Price AS 商品价格,g_Discount AS 商品折扣,g_Number AS 商品数量,
        g_ProduceDate AS 生产日期,g_Image AS 图片路径,g_Status AS 商品状态,
        g_Description AS 商品描述 FROM Goods";
17          SqlConnection conn = new SqlConnection(strConn);
18          SqlDataAdapter da = new SqlDataAdapter(strSql, conn);
19          conn.Open();
20          DataSet ds = new DataSet();
21          da.Fill(ds);
22          DataTable dt;
23          dt = ds.Tables[0].Copy();
24          dgvGoods.DataSource = dt;
25      }
26      private void dgvGoods_CellClick(object sender,DataGridViewCellEventArgs e)
27      {
28          txtNo.Text = dgvGoods.CurrentRow.Cells[0].Value.ToString();
29          //txtNo.Text = dgvGoods.SelectedRows[0].Cells[0].Value. ToString();
30          txtCol.Text = (dgvGoods.CurrentCell.ColumnIndex+1).ToString();
31          txtRow.Text = (dgvGoods.CurrentCell.RowIndex+1).ToString();
32      }
33  }
```

- 第 7～10 行：窗体装载时调用 FillGird 方法，在 dgvGoods 中填充商品信息；
- 第 15、16 行：查询商品信息的语句，使用第 16 行的带别名的 SQL 语句可以方便地解决 DataGirdView 显示时汉字列标题的问题；
- 第 23 行：使用 Tables[0].Copy 方法将数据集中特定表的数据复制一份；
- 第 24 行：指定 dgvGoods 数据源为备份的 DataTable 中的数据，该语句也可以直接写成：dgvGoods.DataSource = ds.Tables[0];
- 第 26～32 行：单击 dgvGoods 的某一单元格时，显示单元格所有行对应的商品编号、所在行号和所在列号；第 29 行语句为对当前选择的行进行操作，但如果用户没有选择行，则会引发异常，请读者自行比较。

课堂实践 1

1. 操作要求

（1）参照【例 8-2】编写一个显示所有会员信息的程序。
（2）使用第 7 章的通用数据库访问类完成数据库访问操作。
（3）尝试将单击单元格所在行的全部信息传递到另外一个窗体。

2. 操作提示

（1）注意通用数据库访问类的添加。
（2）注意窗体间传递数据的方法。

8.1.2 BindingSource 类

BindingSource 类是数据源和控件间的一座桥，同时提供了大量的 API 和 Event 供我们使用。BindingSource 类负责包装一个数据源并通过它自己的对象模型来暴露该数据源。BindingSource 类的在界面和数据库之间的关系如图 8-15 所示。

BindingSource 类的主要属性见表 8-3。

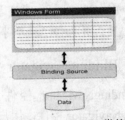

图 8-15　BindingSource 类的位置

表 8-3　BindingSource 类主要属性

属 性 名 称	功　　能
AllowEdit	指示是否能够编辑在底层数据源中的项
AllowNew	指示是否该新项能够被添加到底层数据源
AllowRemove	指示是否能够从底层数据源中删除这些项
Count	从底层数据源中取得的项的数目
CurrencyManager	取得一个对相关联的当前状态管理器的引用
Current	取得底层数据源中的当前项
DataMember	指示数据源中的一个特定的列表
DataSource	指示连接器绑定的数据源

属 性 名 称	功　能
Filter	用于过滤数据源的表达式
IsReadOnly	指示是否底层数据源是只读的
IsSorted	指示是否底层数据源中的该项已经被排序
Item	检索相应于指定索引的数据源项
List	取得连接器被绑定到的列表
Position	指示底层数据源中当前项的索引
Sort	指示用于排序的列名以及排序的顺序
SortDirection	指示在数据源中排序项的方法
SortProperty	取得用于排序数据源的 PropertyDescriptor 对象
SupportsAdvancedSorting	指示是否数据源支持多栏排序
SupportsChangeNotification	指示是否数据源支持改变通知
SupportsFiltering	指示是否数据源支持过滤
SupportsSearching	指示是否数据源支持搜索
SupportsSorting	指示是否数据源支持排序

【提示】

- BindingSource 对象的设计目的是既用来管理简单的数据绑定也应用于复杂的数据绑定场所；

- 表 8-3 中的基本数据源经常指一个集合（例如，一个类型化的数据集），但也可以是单个的对象（例如，一个独立的 DataRow）；

- 从表 8-3 中的属性可见，绑定源组件（BindingSource）拥有一个 Position 成员，它用于指示当前选择的数据项的索引。由绑定控件负责把逻辑选择转换成对用户可见而且有意义的一些内容。Current 属性指向在当前选择位置检索到的数据；

- BindingSource 类还暴露一些方法用于实现前后移动选择内容或跳转到一个特定的位置；并提供了一个事件，用于指示当前选择的元素已经发生改变。

8.1.3　BindingNavigator 控件

BindingNavigator 控件是绑定到数据的控件的导航和操作用户界面（UI）。使用 BindingNavigator 控件，用户可以在 Windows 窗体中导航和操作数据。

可使用 BindingNavigator 控件创建标准化方法，以供用户搜索和更改 Windows 窗体中的数据。通常将 BindingNavigator 与 BindingSource 组件一起使用，这样用户可以在窗体的数据记录之间移动并与这些记录进行交互。

BindingNavigator 控件由 ToolStrip 和一系列 ToolStripItem 对象组成，完成大多数常见的与数据相关的操作：添加数据、删除数据和定位数据。默认情况下，BindingNavigator 控件包含了一些标准按钮（首条、上一条、下一条、尾条等），如图 8-16 所示。

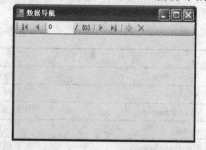

图 8-16　商品信息查询

BindingNavigator 控件中按钮名称及其功能描述见表 8-4。

表 8-4 BindingNavigator 控件中的按钮

按钮名称	功能
AddNewItem 按钮	将新行插入到基础数据源
DeleteItem 按钮	从基础数据源删除当前行
MoveFirstItem 按钮	移动到基础数据源的第一项
MoveLastItem 按钮	移动到基础数据源的最后一项
MoveNextItem 按钮	移动到基础数据源的下一项
MovePreviousItem 按钮	移动到基础数据源的上一项
PositionItem 文本框	返回基础数据源内的当前位置
CountItem 文本框	返回基础数据源内总的项数

【例 8-3】订单详情导航

【实例说明】

该程序主要用来演示 BindingSource、BindingNavigator 控件和 DataGridView 控件以及其他控件的绑定操作。程序运行后，在数据网格中显示所有订单详情信息，在文本框中显示当前订单的订单号，单击"<"和">"按钮，可以移动当前记录，如图 8-17 所示。

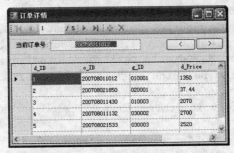

图 8-17 订单详情

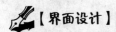【界面设计】

根据实例要求，完成订单详情的窗体的属性设置见表 8-5。

表 8-5 "订单详情"窗体及主要控件属性

控件名称	属性名称	属性值
Form1	Name	frmSourceAndNavigator
	Text	订单详情
	Size	450, 300
	StartPosition	CenterScreen
	FormBorderStyle	FixedToolWindow
	MinimizeBox	false
	MaximizeBox	false
btnPrevious（上一条按钮）	Text	<
btnNext（下一条按钮）	Text	>
txtNo（订单编号）	TextAlign	Center
绑定数据源	Name	bindingSource1
导航控件	Name	bindingNavigator1
数据网格	Name	dgvOrderDetails

为了简化数据库的访问操作，将之前编写好的 AddGoods 项目中的通用数据库访问类 Class.DB 添加到当前项目。

完整的程序代码如下所示：

```
1   ...
2   using AddGoods;//Class.DB 所在的名称空间
3   namespace SourceAndNavigator
4   {
5       public partial class frmNavigator:Form
6       {
7           DataSet dsDetails;
8           public frmNavigator()
9           {
10              InitializeComponent();
11          }
12          private void frmNavigator_Load(object sender, EventArgs e)
13          {
14              AddGoods.ClassDB db = new ClassDB();
15              string strSql = "SELECT * FROM OrderDetails";
16              dsDetails=db.GetDataSet(strSql);
17              bindingSource1.DataSource=dsDetails.Tables[0];
18              bindingNavigator1.BindingSource=bindingSource1;
19              dgvOrderDetails.DataSource=bindingSource1;
20              txtNo.DataBindings.Add("Text", bindingSource1, "o_ID");
21          }
22          private void btnPrevious_Click(object sender, EventArgs e)
23          {
24              bindingSource1.MovePrevious();
25          }
26          private void btnNext_Click(object sender, EventArgs e)
27          {
28              bindingSource1.MoveNext();
29          }
30      }
31  }
```

【代码分析】

● 第 2 行：引入 ClassDB 所在名称空间 AddGoods；
● 第 7 行：声明 DataSet 对象；
● 第 14 行：创建 ClassDB 对象 db；
● 第 16 行：调用 ClassDB 中的 GetDataSet 方法获得查询所有订单详情信息的数据集；
● 第 17 行：绑定数据源到查询的数据集；
● 第 18 行：数据源跟 bindingNavigator1 控件关联；
● 第 19 行：数据源跟 dgvOrderDetails 控件关联；
● 第 20 行：数据源跟 txtNo 控件关联；
● 第 24 行："<" 按钮单击事件处理（上移一条记录）；
● 第 25 行：">" 按钮单击事件处理（下移一条记录）。

8.1.4 存储过程的调用和 SqlParameter

在进行数据库应用程序的开发过程中，经常使用存储过程以简化程序员的工作，同时又可以保证数据的安全，在 ADO.NET 中也提供了利用 Command 对象实现调用存储过程的操作，也提供了 SqlParameter 对象来实现对存储过程或带参数的 SQL 语句中的参数的操作。

SqlParameter 表示 SqlCommand 的参数，也可以是它到 DataSet 列的映射。SqlParameter 有 7 种类型的构造函数，用户可以根据需要进行选择。SqlParameter 提供了相关属性对该对象进行操作，见表 8-6。

表 8-6　BindingNavigator 控件中按钮

属 性 名 称	功　　能
DbType	获取或设置参数的 SqlDbType
Direction	获取或设置一个值，该值指示参数是只可输入、只可输出、双向还是存储过程返回值参数
IsNullable	已重写。获取或设置一个值，该值指示参数是否接受空值
Offset	获取或设置对 Value 属性的偏移量
ParameterName	获取或设置 SqlParameter 的名称
Precision	获取或设置用来表示 Value 属性的最大位数
Scale	获取或设置 Value 解析为的小数位数
Size	获取或设置列中数据的最大大小（以字节为单位）
SourceColumn	获取或设置源列的名称，该源列映射到 DataSet 并用于加载或返回 Value
SqlDbType	获取或设置参数的 SqlDbType
SqlValue	获取作为 SQL 类型的参数的值，或设置该值
Value	获取或设置该参数的值

【例 8-4】调用存储过程查询商品

【实例说明】

该程序主要用来演示应用 SqlCommnad 对象调用存储过程、应用 SqlParameter 对象操作存储过程参数的过程和方法。程序启动后，打开"查询商品—商品编号"对话框，用户在商品编号输入框中输入要查询的商品编号（如 010008），单击"查询"按钮，程序将调用保存在数据库中的存储过程 pr_GoodsByID 查询商品的相关信息，并显示在当前窗体对应的文本框中，如图 8-18 所示。

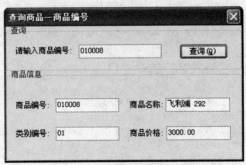

图 8-18　查询商品—商品编号

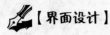【界面设计】

根据图 8-18 完成窗体的设计和相关控件的属性的设置。

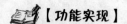【功能实现】

（1）保存在数据库中的存储过程 pr_GoodsByID 的内容如下：

```
CREATE PROC pr_GoodsByID
@gid char(6)
AS
SELECT g_ID 商品号,g_Name 商品名称,t_ID 商品类别,g_Price 商品价格 FROM Goods WHERE
g_ID=@gid
    Go
```

如果该存储过程在数据库中不存在，请将该过程添加到数据库中。

【提示】

- 存储过程的编写一般在设计数据库时完成；
- 有关 SQL Server 2005 和存储过程的相关知识请读者参阅该系列丛书中的《SQL Server 2005 实例教程》。

（2）编写"查询"按钮的单击事件代码，最后得到的完整的代码如下：

```
1    ...
2    using System.Data.SqlClient;
3    namespace CallProc
4    {
5        public partial class frmGoods:Form
6        {
7            public frmGoods()
8            {
9                InitializeComponent();
10           }
11           private void btnQuery_Click(object sender, EventArgs e)
12           {
13               SqlConnection conn = new SqlConnection();
14               conn.ConnectionString = @"Data Source=liuzc\SQLEXPRESS;Initial
Catalog=WebShop;Integrated Security=SSPI";
15               SqlCommand cmd = new SqlCommand();
16               cmd.CommandText = "pr_GoodsByID";
17               cmd.Connection = conn;
18               cmd.CommandType = CommandType.StoredProcedure;
19               SqlParameter p1 = new SqlParameter("@gid", SqlDbType.Char,6);
20               p1.Value = txtInput.Text;
21               cmd.Parameters.Add(p1);
22               try
23               {
24                   conn.Open();
25                   SqlDataReader dr = cmd.ExecuteReader();
26                   dr.Read();
27                   txtID.Text = dr.GetString(0);
28                   txtName.Text = dr.GetString(1);
29                   txtTID.Text = dr.GetString(2);
30                   txtPrice.Text = dr.GetDouble(3).ToString("F");
31                   dr.Close();
32                   conn.Close();
```

```
33                    }
34                catch (SqlException ex)
35                {
36                    MessageBox.Show(ex.Message);
37                }
38
39          }
40      }
41 }
```

【代码分析】

- 第 13 行：创建一个连接对象；
- 第 14 行：设置连接字符串；
- 第 15 行：创建一个 Command 对象；
- 第 16 行：指定 Command 对象的命令文本为存储过程的名称 pr_GoodsByID；
- 第 17 行：指定 Command 对象使用的连接为 conn；
- 第 18 行：指定 Command 对象的命令类型为 CommandType.StoredProcedure；
- 第 19 行：使用 SqlParameter 的 3 个参数的构造函数创建一个参数对象，其中的 SqlDbType 对应 SQL Server 特定的数据类型；
- 第 20 行：将商品编号文本框中的输入值赋给 SqlParameter 对象 p1；
- 第 21 行：向 cmd 对象的参数列表中添加参数对象 p1；
- 第 25 行：通过 cmd 的 ExecuteReader 方法执行存储过程；
- 第 26～30 行：读取查询后的记录并将列值显示在当前窗口中的对应文本框中；
- 第 27 行：获取第一行第一列字符串类型的数据（下同）；
- 第 31～32 行：关闭 DataReader 对象和连接对象；
- 第 34～37 行：异常处理。

程序运行后，用户输入要查询的商品编号，单击"查询"按钮，在文本框中显示查询到的商品的相关信息，如图 8-18 所示。

【提示】

- 根据 Command 对象的命令是 SQL 语句还是存储过程设置该对象的 CommandType 属性；
- 根据数据库存储过程的参数，选择合适的构造参数（如：SqlDbType.Char）和构造函数创建参数对象；
- 根据数据表中列的类型选择合适的方法（如：GetString 和 GetDouble）读取数据，并根据窗体上的控件对读取的数据进行合适的转换以便于显示；
- 该程序中商品编号数据输入的有效性验证请读者自行完成。

课堂实践 2

1. 操作要求

（1）在【例 8-4】的程序界面上添加 BindingSource 和 BindingNavigator 控件，以实现记

录（信息的显示方式不变）的导航功能。

（2）在【例 8-4】中添加上一条按钮"<"和下一条按钮">"（如【例 8-3】所示），并编写这两个按钮的单击事件代码，实现记录指针的移动。

2．操作提示

（1）在【例 8-4】的基础上完成。

（2）修改后的程序既可实现简单的导航，也可以根据输入的商品编号进行查询。

8.2 订单管理功能的设计与实现

8.2.1 界面设计

"订单管理"的界面由三大部分组成：工具栏、查询操作和所有订单（查询结果），如图 8-19 所示。其中工具栏 ToolStrip 的详细使用请参阅第 10 章。由于该界面中需要显示的内容较多，因此，使用了两个 GroupBox 对窗体的有效区域进行了合理分布，查询操作的 GroupBox 的 Dock 属性设置为 top，所有订单的 GroupBox 的 Dock 属性设置为 fill，这样就保证了该窗口在发生变化时，仍能保持协调的分配比例。

"订单详情"主要显示用户在"订单管理"程序中选择的某一订单的详细信息，其界面设计如图 8-20 所示。

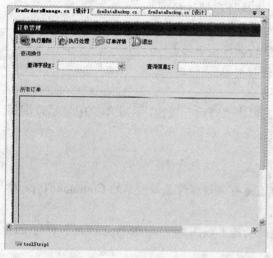
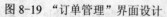

图 8-19 "订单管理"界面设计

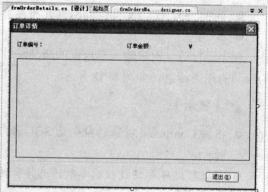

图 8-20 "订单详情"界面设计

8.2.2 数据访问层的实现

前面所编写的 ClassDB 类可以在同一个项目的多个文件中进行共享，减少在同一个项目内部的冗余代码，实现复用。而如果要在不同的项目之间共享特定的功能，可以通过动态链接库来实现。下面以实现 WebShop 数据库访问为例，说明 DLL 的创建过程。

（1）进入 Visual Studio 2005 集成环境后，依次选择"文件"→"新建"→"项目"，打开"新建项目"对话框。选择模板为"类库"，名称为"DAL"，位置为第 8 章源码所有的位置 chap08\dll，如图 8-21 所示。

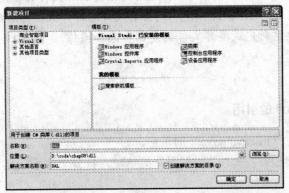

图 8-21 "新建项目"对话框

（2）项目创建后，新建名称为"ClassDB"的类，把之前已经编写完成的通用数据库访问类的内容放在 ClassDB 类中（名称空间为 DAL），如图 8-22 所示。

图 8-22 新建"ClassDB"类

（3）ClassDB 类编写完成后，依次选择"生成"→"生成 DAL"，将会在当前项目的 bin\Debug 目录下生成名称为 DAL.dll 文件（该文件可以作为独立组件由不同的项目进行引用），如图 8-23 所示。

图 8-23 生成后的 DAL.dll

【提示】

● 使用动态链接库可以实现不同项目间的代码的复用，而一个项目中的类只能为同一个项目中的文件所共享；

- 当前项目一旦添加了引用后，所引用的类库发生变化将会动态反映到当前项目中；
- 也可以将生成后的 DLL 文件复制到当前项目运行目录进行添加，但如果类库被重新编译后，需要重新完成类库文件的复制和添加操作。

8.2.3 功能实现

1. 添加对 DAL.dll 的引用

（1）打开名称为"OrderManage"的项目。

（2）依次选择"项目"→"添加引用"菜单项，打开"添加引用"对话框，如图 8-24 所示。

（3）选择"浏览"选项卡，定位到已创建好的 DAL.dll 文件，如图 8-25 所示。单击"确定"按钮，在当前项目中添加对 DAL.dll 的引用。

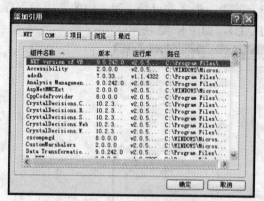

图 8-24 "添加引用"对话框

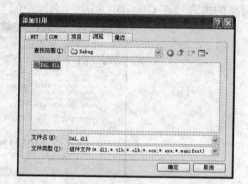

图 8-25 添加对 DAL.dll 的引用

2. 编写公共类 PublicUseClass

编写完成插入日志记录的类 PublicUseClass，该类的程序代码如下所示：

```
1   ...
2   using DAL;
3   namespace OrderManage
4   {
5       public class PublicUseClass
6       {
7           ClassDB db = new ClassDB();
8           private string GetMax()
9           {
10              string ismax = null;
11              string ism = db.GetString("select max(lo_ID) from Log");
12              if (ism == null)
13                  return ismax = "100001";
14              else
15                  return ismax = Convert.ToString(Convert .ToInt32 (ism )+1);
16          }
```

```
17          public void ToLog(string operation)
18          {
19              SqlParameter[] parameter ={
20                  new SqlParameter("@ID", SqlDbType.VarChar, 10),
21                  new SqlParameter("@User", SqlDbType.VarChar, 30),
22                  new SqlParameter("@Content", SqlDbType.VarChar, 200)
23              };
24              parameter[0].Value = GetMax();
25              parameter[1].Value = "admin";
26              parameter[2].Value = operation;
27              int i = db.ExecuteProcedure("pr_insertLog", parameter);
28          }
29      }
30  }
```

【代码分析】

- 第 2 行: 使用 using DAL, 引入实现数据库访问逻辑动态链接库中的名称空间 DAL;
- 第 7 行: 创建 DAL 中的 ClassDB 对象 db;
- 第 8~16 行: 获取已有日志编号的最大值;
- 第 11 行: 调用类库中的 GetString 方法取得当前日志编号最大值;
- 第 15 行: 进行日志编号的数据类型转换, 加 1 后作为新增日志的编号;
- 第 17~28 行: 实现用户名和密码正确性验证的方法 CheckUser;
- 第 19~23 行: 创建与日志表内容对应的参数数组 parameter;
- 第 24~26 行: 为 parameter 参数数组元素赋值, 其中第 25 行的静态用户值 "admin", 在实际程序中可以由登录程序传递而来。

3. 实现"订单管理"功能

(1) 编写将订单信息显示在"订单管理"窗口的方法 LoadData, 该方法的完整代码如下所示:

```
1   private void LoadData(string sql)
2   {
3       ds = db.GetDataSet(sql);
4       if (ds == null)
5       {
6           return;
8       }
8   .else
9       {
10          dgv_Orders.DataSource = ds.Tables[0];
11          txt_NO.Text = ds.Tables[0].Rows[0]["订单编号"].ToString();
12          txt_Date.Text = ds.Tables[0].Rows[0]["订货日期"].ToString();
13          txt_SendType.Text = ds.Tables[0].Rows[0]["送货方式"].ToString();
14          cb_Employee.Text = ds.Tables[0].Rows[0]["员工姓名"].ToString();
15          if (ds.Tables[0].Rows[0]["是否处理"].ToString() == "True")
```

```
16              rb_Done.Checked = true;
17          else
18              cb_undo.Checked = true;
19 }
20      string select = "select e_Name from Employees";
21      ds = db.GetDataSet(select);
22      for (int i = 0; i < ds.Tables[0].Rows.Count; i++)
23      {
24          cb_Employee.Items.Add(ds.Tables[0].Rows[i]["e_Name"].ToString());
25      }
26 }
```

【代码分析】

● 第 3 行：根据生成的查询语句执行查询操作并返回数据集；

● 第 10 行：设置 DataGridView 的数据源；

● 第 11～18 行：将查询的订单相关信息在窗体中对应的控件上显示；

● 第 20～21 行：获得员工姓名并添加到组合框中。

（2）完成"订单管理"窗体中相关控件的事件处理，完整的程序代码如下所示：

```
1   ...
2   using DAL;
3   namespace OrderManage
4   {
5       public partial class frmOrdersManage:Form
6       {
7           public frmOrdersManage()
8           {
9               InitializeComponent();
10          }
11          ClassDB db = new ClassDB();
12          DataSet ds = new DataSet();
13          public static string ordersid = null;
14          PublicUseClass puc = new PublicUseClass();
15          private void frmOrdersManage_Load(object sender, EventArgs e)
16          {
17              string order = "select * from vw_Orders";
18              LoadData(order);
19          }
20          private void dgv_Orders_CellClick(object sender, DataGridView Cell-
                EventArgs e)
21          {
22              ordersid=dgv_Orders.SelectedRows[0].Cells[0].Value.ToString();
23              string select="select*from vw_Orders where 订单编号='"+ordersid +"'";
24              try
25              {
26                  ds = db.GetDataSet(select);
27                  txt_NO.Text = ds.Tables[0].Rows[0]["订单编号"].ToString();
28                  txt_Date.Text=ds.Tables[0].Rows[0]["订货日期"].ToString();
29                  txt_SendType.Text=ds.Tables[0].Rows[0]["送货方式"].ToString();
```

```
30              cb_Employee.Text = ds.Tables[0].Rows[0]["员工姓名"].ToString();
31              if (ds.Tables[0].Rows[0]["是否处理"].ToString() == "True")
32                  rb_Done.Checked = true;
33              else
34                  cb_undo.Checked = true;
35          }
36          catch(Exception ex)
37          {
38              MessageBox.Show(ex.ToString ());
39          }
40      }
41      private void txt_Select_TextChanged(object sender, EventArgs e)
42      {
43          string sql = null;
44          if (cb_Name.Text == "")
45          {
46              MessageBox.Show("请选择查询的字段! ", "提示");
47              return;
48          }
49          else
50          {
51              switch (cb_Name.SelectedIndex)
52              {
53                  case 0:
54                  {
55 sql="select*from vw_Orders where 订单编号 like'%"+this.txt_Select.Text.
   ToString()+"%'";
56                  } break;
57                  case 1:
58                  {
59 sql = "select * from vw_Orders where 客户编号 like '%" +this.txt_Select.Text.
   ToString() + "%'";
60                      } break;
61                  case 2:
62                      {
63 sql = "select * from vw_Orders where 订货日期 like '%" +this.txt_Select.
   Text.ToString() + "%'";
64                      } break;
65                  case 3:
66                      {
67 sql="select * from vw_Orders where 收货人姓名 like '%"+this.txt_Select.
   Text.ToString()+ "%'";
68                      } break;
69                  case 4:
70                      {
71 sql= "select * from vw_Orders where 订单金额 like '%" + this.txt_Select.Text.
   ToString() + "%'";
72                      } break;
73                  case 5:
74                      {
75 sql= "select * from vw_Orders where 员工姓名 like '%" + this.txt_Select.Text.
   ToString() + "%'";
```

```
76                  } break;
77              case 6:
78                  {
79  sql= "select * from vw_Orders where 送货方式 like '%" + this.txt_Select.Text.
    ToString() + "%'";
80                  } break;
81              case 7:
82                  {
83  sql= "select * from vw_Orders where 支付方式 like '%" + this.txt_Select.Text.
    ToString() + "%'";
84                  } break;
85              case 8:
86                  {
87  sql= "select * from vw_Orders where 是否处理 like '%" + this.txt_Select.Text.
    ToString() + "%'";
88                  } break;
89              default:
90                  return;
91          }
92          if (ds != null)
93              ds.Clear();
94          LoadData(sql);
95      }
96  }
97  private void dgv_Orders_CellDoubleClick(object sender, DataGrid-
    ViewCellEventArgs e)
98  {
99      tsb_Details_Click(null , null );
100 }
101 private void tsb_Details_Click(object sender, EventArgs e)
102 {
103     if (ordersid == null)
104     {
105         MessageBox.Show("请选择您要的订单！", "提示");
106         return;
107     }
108     else
109     {
110         frmOrderDetails fod = new frmOrderDetails();
111         fod.ShowDialog(this);
112     }
113 }
114 private void tsb_Deal_Click(object sender, EventArgs e)
115 {
116     string deal = null;
117     if (ordersid == null)
118     {
119         MessageBox.Show("请选择您要的订单！", "提示");
120         return;
121     }
122     else
123         if (this.cb_Employee.Text == "")
```

```
124                            {
125                                MessageBox.Show("请选择送货员工！", "提示");
126                                return;
127                            }
128                        else
129                            {
130                                deal="update Orders set o_SendMode='" +cb_Employee.Text.
     Trim()+" ',o_Status=1 where o_ID='" + txt_NO.Text.ToString() + "'";
131                            }
132                    int i = db.ExecuteSQL(deal);
133                    if (i == 1)
134                    {
135                        puc.ToLog("处理了订单编号为:" + txt_NO.Text.ToString()+"订单");
136                        MessageBox.Show("订单编号为:" + txt_NO.Text.ToString() + "
     成功处理！", "提示");
137                        frmOrdersManage_Load(sender, e);
138                    }
139                    else
140                    {
141                        MessageBox.Show("订单处理失败！", "提示");
142                    }
143                }
144            private void tsb_Delete_Click(object sender, EventArgs e)
145            {
146                string delete = null;
147                if (ordersid == null)
148                {
149                    MessageBox.Show("请选择您要的订单！", "提示");
150                    return;
151                }
152                else
153                {
154                        if (MessageBox.Show("您真的要删除订单编号为:" + ordersid + "
     订单吗？", "提示", MessageBoxButtons.YesNo) == DialogResult.Yes)
155                        {
156                            delete = "delete from Orders where o_ID='" + ordersid + "'";
157                            try
158                            {
159                                int i = db.ExecuteSQL(delete);
160                                if (i == 1)
161                                {
162                                    puc.ToLog("删除了订单编号为:"+txt_NO.Text.ToString()
     + "订单");
163                                    MessageBox.Show("删除成功！");
164                                    frmOrdersManage_Load(sender, e);
165                                }
166                                else
167                                {
168                                    MessageBox.Show("删除失败！");
169                                }
170                            }
171                            catch
```

```
172                      {
173                          MessageBox.Show("不能删除该信息！");
174                          return;
175                      }
176                  }
177              }
178          }
179          private void cb_Employee_SelectedIndexChanged(object sender, Even-
             tArgs e)
180          {
181              rb_Done.Checked = true;
182          }
183          private void tsb_Exit_Click(object sender, EventArgs e)
184          {
185              this.Close();
186          }
187          …//LoadData 方法
188      }
189  }
```

【代码分析】

- 第 2 行: 使用 using DAL, 引入实现数据库访问逻辑的动态链接库中的名称空间 DAL;
- 第 11～14 行: 初始化 ClassDB 对象和 PublicUseClass 对象;
- 第 15～19 行: 窗体装载时, 调用 LoadData 方法显示所有订单信息 (从视图 vw_Orders 中获取);
- 第 20～40 行: 单击 DataGridView 的某一单元格时, 更新窗体控件显示的数据;
- 第 41～96 行: 在输入查询内容的文本框的内容发生时动态构造 SQL 语句, 并调用 LoadData 方法重新显示数据;
- 第 55、59、63、67、71、75、79、83、87 行: 根据用户选择的查询项目和输入的查询内容构造模糊查询 SQL 语句;
- 第 97～100 行: 双击 DataGridView 时的处理与单击工具栏上的 "订单详情" 按钮相同 (注意 tsb_Details_Click(null, null)的使用);
- 第 101～103 行: 单击工具栏上的 "订单详情" 按钮时, 打开 "订单详情" 窗口, 显示当前所选订单的详细信息;
- 第 114～143 行: 单击工具栏上的 "订单处理" 按钮时, 指定特定的员工进行处理, 并改变当前订单状态, 同时把操作记录到日志表;
- 第 130 行: 构造修改订单表记录的 Update 语句;
- 第 131 行: 调用 ClassDB 类库中的 ExecuteSQL 方法执行 SQL 语句;
- 第 135 行: 通过调用 PublicUseClass 类中的 ToLog 方法将当前操作写入日志表;
- 第 137 行: 通过 frmOrdersManage_Load(sender, e)调用窗体装载方法, 完成数据的重新显示;
- 第 144～178 行: 删除当前订单记录;
- 第 179～182 行: 发货员工组合框选项发生变化时, 改变订单状态;
- 第 183～186 行: "退出" 按钮单击事件处理;

● 第 188 行：该处省略了 LoadData 方法。

🖱️【提示】

● 该程序既使用了项目中的公用类 PublicUseClass，也使用了多个项目可以共享的类库 DAL.dll，代码的复用程度提高；
● 读者可以参阅本书配套资源进行详细的学习。

4. 实现"订单详情"功能

在"订单详情"窗体中编写显示订单详细信息的处理代码，完整代码如下所示：

```
1   …
2   using DAL;
3   namespace OrderManage
4   {
5       public partial class frmOrderDetails:Form
6       {
7           public frmOrderDetails()
8           {
9               InitializeComponent();
10          }
11          ClassDB db = new ClassDB();
12          DataSet ds = null;
13          private void frmOrderDetails_Load(object sender, EventArgs e)
14          {
15              string select = "select 商品编号,商品名称,购买价格,购买数量 from vw_
    OrdersDetails where o_ID='" + frmOrdersManage.ordersid + "'";
16              string sql = "select o_Sum from Orders where o_ID='"+frmOrdersManage.
    ordersid + "'";
17              txt_No.Text = frmOrdersManage.ordersid;
18              ds = db.GetDataSet(select );
19              if (ds == null)
20              {
21                  return;
22              }
23              else
24              {
25                  dgv_OrderDetails.DataSource = ds.Tables[0];
26                  txt_Sum.Text = db.GetString(sql);
27              }
28          }
29          private void btnExit_Click(object sender, EventArgs e)
30          {
31              this.Close();
32          }
33      }
34  }
```

🐛【代码分析】

● 第 13～28 行：窗体装载时根据订单管理窗体（frmOrderManage）传递过来的订单编号，在 DataGridView 中显示该订单的详细信息；

● 第 29～32 行:"退出"按钮单击事件处理。

程序运行后,程序界面如图 8-2 和图 8-3 所示。

8.3 知 识 拓 展

【例 8-5】DataGridView 分页显示信息

在使用 DataGridView 控件显示信息时,由于 DataGridView 控件是没有带分页属性,程序员必须自行编写程序设置每页要显示的记录,计算总的记录数和总页数,并根据用户的翻页操作,完成信息的分页处理。

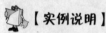【实例说明】

该程序主要用来演示 DataGridView 控件的分页操作。程序运行后,在数据网格中显示所有商品信息,用户可以通过翻页按钮实现翻页操作,程序显示当前总页数和当前页信息。在商品信息显示页中,可以使用 DataBindingNavigator 控件进行记录的导航操作,如图 8-26 所示。

图 8-26 分页显示商品信息

【界面设计】

根据实例要求,参照图 8-26 完成该程序的界面的设计。

【功能实现】

由于需要对数据库进行操作,首先将 DAL.dll 类库添加到当前项目。然后对各控件的事件进行处理,完整的程序代码如下所示:

```
1    ...
2    using DAL;
3    namespace PagedGrid
4    {
5        public partial class frmPagedGrid:Form
6        {
7            int pageSize = 0;      //每页显示行数
8            int iMax = 0;          //总记录数
9            int pageCount = 0;     //页数=总记录数/每页显示行数
10           int pageCurrent = 0;   //当前页号
11           int iCurrent = 0;      //当前记录行
12           DataSet ds = new DataSet();
```

```
13          DataTable dtGoods = new DataTable();
14          ClassDB db = new ClassDB();
15          public frmPagedGrid()
16          {
17              InitializeComponent();
18          }
19          private void frmPagedGrid_Load(object sender, EventArgs e)
20          {
21              ds = db.GetDataSet("SELECT * FROM Goods");
22              dtGoods = ds.Tables[0];
23              InitData();
24          }
25          private void InitData()
26          {
27              pageSize = 5;        //设置每页显示的行数
28              iMax = dtGoods.Rows.Count;
29              pageCount = (iMax / pageSize);     //计算出总页数
30              if ((iMax % pageSize) > 0) pageCount++;
31              pageCurrent = 1;      //当前页数从1开始
32              iCurrent = 0;         //当前记录数从0开始
33              LoadData();
34          }
35          private void LoadData()
36          {
37              int iStartPos = 0;    //当前页面开始记录行
38              int iEndPos = 0;      //当前页面结束记录行
39              DataTable dtTemp = dtGoods.Clone();    //克隆DataTable结构框架
40              if (pageCurrent == pageCount)
41                  iEndPos = iMax;
42              else
43                  iEndPos = pageSize * pageCurrent;
44              iStartPos = iCurrent;
45              lblInfo.Text = "共 " + pageCount.ToString() + "页,第 " + Convert.
ToString(pageCurrent) + "页";
              //从元数据源复制记录行
46
47              for (int i = iStartPos; i < iEndPos; i++)
48              {
49                  dtTemp.ImportRow(dtGoods.Rows[i]);
50                  iCurrent++;
51              }
52              bdsGoods.DataSource = dtTemp;
53              bdnGoods.BindingSource = bdsGoods;
54              dgvGoods.DataSource = bdsGoods;
55          }
56          private void btnFirst_Click(object sender, EventArgs e)
57          {
58              pageCurrent=1;
59              iCurrent = pageSize * (pageCurrent - 1);
60              LoadData();
61              MessageBox.Show("已经是第一页,请单击"下一页"查看! ");
62          }
63          private void btnPrevious_Click(object sender, EventArgs e)
```

```
64                {
65                    pageCurrent--;
66                    if (pageCurrent <= 0)
67                    {
68                        MessageBox.Show("已经是第一页,请单击"下一页"查看! ");
69                        return;
70                    }
71                    else
72                    {
73                        iCurrent = pageSize * (pageCurrent - 1);
74                    }
75                    LoadData();
76                }
77            private void btnNext_Click(object sender, EventArgs e)
78            {
79                    pageCurrent++;
80                    if (pageCurrent > pageCount)
81                    {
82                        MessageBox.Show("已经是最后一页,请单击"上一页"查看! ");
83                        return;
84                    }
85                    else
86                    {
87                        iCurrent = pageSize * (pageCurrent - 1);
88                    }
89                    LoadData();
90                }
91            private void btnLast_Click(object sender, EventArgs e)
92            {
93                    pageCurrent = pageCount;
94                    iCurrent = pageSize * (pageCurrent - 1);
95                    LoadData();
96                    MessageBox.Show("已经是最后一页,请单击"上一页"查看! ");
97                }
98        }
99    }
```

🔲 【代码分析】

● 第 7～14 行: 相关变量初始化;

● 第 19～24 行: 窗体装载时, 获得所有的信息, 调用 InitData 方法显示第一页;

● 第 25～34 行: 初始化分页相关变量, 并显示第一页;

● 第 35～55 行: 页数改变后, 重新计算页码和要显示的记录数并显示到 DataGridView;

● 第 56～62 行: 单击 "|<" 按钮, 显示第一页;

● 第 63～76 行: 单击 "<" 按钮, 显示上一页;

● 第 77～90 行: 单击 ">" 按钮, 显示下一页;

● 第 91～97 行: 单击 ">|" 按钮, 显示最后一页。

程序运行后, 运行界面如图 8-26 所示。

1．操作要求

（1）参照【例 8-5】改造【例 8-2】，实现分页显示商品信息。

（2）添加相关的按钮实现记录的导航操作。

2．操作提示

（1）使用第 7 章的通用数据库访问类库完成数据库访问操作。

（2）注意使用合适的 SQL 语句实现显示汉字标题。

8.3.1 使用 sa 用户连接数据库

为了能够在应用程序中使用 sa 用户登录数据库，首先需要在 SQL Server 2005 中开启 sa 账号。这里的 sa 账号是在 SQL Server 2005 系统安装过程中自动创建的一个系统账号，在基于 SQL Server 的数据库应用程序开发过程中，通常要使用 sa 账号进行数据库的相关操作。下面详细介绍开启 sa 账号的步骤。

1．配置 SQL Server 服务器的验证模式为"SQL Server 和 Windows 验证模式"，如图 8-27 所示

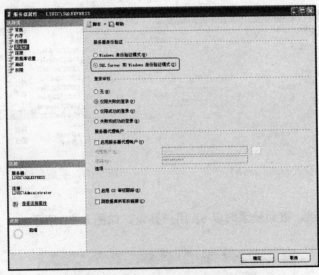

图 8-27 配置服务器的验证模式

2．配置 sa 账号

（1）启动 SQL Server Management Studio，在"对象资源管理器"中依次展开"数据库"节点、"安全性"节点、"登录名"节点。

（2）右键单击"sa"登录名，选择"属性"，如图 8-28 所示。

（3）打开"登录属性"对话框，选择"状态"选项卡，选择"登录"中的"启用"，如图 8-29 所示。

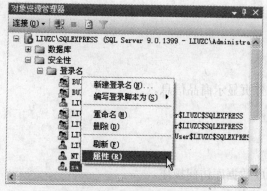

图 8-28 选择设置 sa 属性

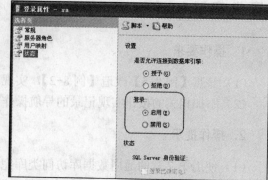

图 8-29 启用 sa 账号

（4）在"登录属性"对话框，选择"常规"选项卡，输入"密码"和"确认密码"（如super001），如图 8-30 所示。

3．重新启动 SQL Server 2005 数据库引擎服务

在"对象资源管理器"中右键单击"LIUZC\SQLEXPRESS"节点，选择"重新启动"菜单，如图 8-31 所示。

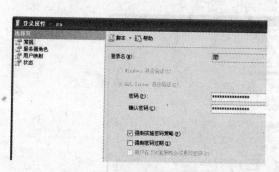

图 8-30 设置 sa 账号密码

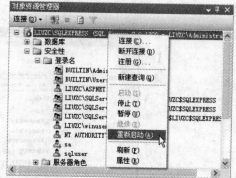

图 8-31 重新启动 SQL Server 2005 服务

4．断开当前连接，重新登录时以 sa 用户登录，如图 8-32 所示

图 8-32 以 sa 账号登录

如果登录成功，则可以在程序中使用 sa 用户进行登录，相应的连接字符串也需要进行修改。可以通过以下连接字符串实现对数据库的访问：

```
"Data    Source=liuzc\\sqlexpress;Initial    Catalog=WebShop;User    id=sa;pwd=
liuzc518;
```

8.3.2　WebBrowser 控件

WebBrowser 控件为 WebBrowser ActiveX 控件提供了托管包装。托管包装可以在 Windows 窗体客户端应用程序中显示网页。使用 WebBrowser 控件，可以复制应用程序中的 Internet Explorer Web 浏览功能，还可以禁用默认的 Internet Explorer 功能，并将该控件用做简单的 HTML 文档查看器。此外，可以使用该控件将基于 DHTML 的用户界面元素添加到窗体中，还可以隐瞒这些元素在 WebBrowser 控件中承载的事实。通过这种方法，可以将 Web 控件和 Windows 窗体控件无缝地整合到一个应用程序中。

WebBrowser 控件包含多种可以用来实现 Internet Explorer 中的控件的属性、方法和事件。例如，可以使用 Navigate 方法实现地址栏，使用 GoBack、GoForward、Stop 和 Refresh 方法实现工具栏中的导航按钮。可以处理 Navigated 事件，以便使用 Url 属性的值更新地址栏，使用 DocumentTitle 属性的值更新标题栏。

如果想要在应用程序中生成自己的页面内容，可以设置 DocumentText 属性。如果熟悉 HTML 文档对象模型（DOM），还可以通过 Document 属性操作当前网页的内容。通过此属性，可以将文档存储在内存中来修改文档，而不用在文件间进行导航。

此外，使用 Document 属性，可以从客户端应用程序代码调用网页脚本代码中实现的方法。若要从脚本代码访问客户端应用程序代码，请设置 ObjectForScripting 属性。脚本代码可以将指定的对象作为 window.external 对象访问。WebBrowser 控件的主要属性和方法见表 8-7。

表 8-7　WebBrowser 控件的主要属性和方法

名　称	说　明
Document 属性	获取一个对象，用于提供对当前网页的 HTML 文档对象模型（DOM）的托管访问
DocumentCompleted 事件	网页完成加载时发生
DocumentText 属性	获取或设置当前网页的 HTML 内容
DocumentTitle 属性	获取当前网页的标题
GoBack 方法	定位到历史记录中的上一页
GoForward 方法	定位到历史记录中的下一页
Navigate 方法	定位到指定的 URL
Navigating 事件	导航开始之前发生，使操作可以被取消
ObjectForScripting 属性	获取或设置网页脚本代码可以用来与应用程序进行通信的对象
Print 方法	打印当前的网页
Refresh 方法	重新加载当前的网页
Stop 方法	暂停当前的导航，停止动态页元素，如声音和动画
Url 属性	获取或设置当前网页的 URL。设置该属性时，会将该控件定位到新的 URL

下面的代码示例演示如何将 WebBrowser 控件定位到特定的 URL。

```
this.webBrowser1.Navigate("http://www.hnrpc.com");
```

【提示】

● 可以利用 WebBrowser 控件实现简单的搜索功能；

● WebBrowser 使用时的中文支持问题可以通过添加 System.Web 引用来解决。

1. 操作要求

（1）使用 DataGridView、BindingSource 和 BindingNavigator 设计好"图书管理系统"中的"图书查询"模块的界面。

（2）将"图书管理系统"中的通用数据库访问功能以类库的形式提供。

（3）在数据库访问的类库中添加根据图书编号查询图书信息的存储过程，并在程序中调用该存储过程查询图书信息。

（4）要求对显示在 DataGridView 控件中的图书信息进行分页显示。

2. 操作说明

（1）学会通用模糊查询功能的实现方法。

（2）注意后台数据库中存储过程中的参数与前台程序中参数和匹配。

（3）比较同一项目中的公共类和多项目共享的类库的特点和用法。

第9章 WebShop 系统管理功能的设计与实现

学习目标

本章主要讲述了各种对话框控件的使用和 WebShop 后台管理系统数据的备份与恢复。主要包括 OpenFileDialog 控件、SaveFileDialog 控件、ProgressBar 控件和 CheckedListBox 控件的使用、数据的备份与恢复、倒计时器和数据的导出。通过本章的学习，读者应能掌握 OpenFileDialog 控件、SaveFileDialog 控件、ProgressBar 控件和 CheckedListBox 控件的应用，了解 ColorDialog 控件、FolderBrowserDialog 控件和 FontDialog 控件的应用，编写数据库备份与恢复和数据导出的程序。本章的学习要点包括：

- OpenFileDialog 控件的使用；
- SaveFileDialog 控件的使用；
- ProgressBar 控件的使用；
- CheckedListBox 控件的使用；
- 数据库的备份与恢复；
- 数据的导出。

教学导航

本章主要介绍系统管理（数据备份、数据恢复和数据导出）模块界面的设计和功能的实现。本章主要内容及其在 C# Windows 程序开发技术中的位置如图 9-1 所示。

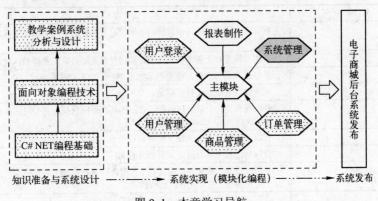

图 9-1 本章学习导航

任务描述

本章主要任务是完成 WebShop 后台管理系统的"数据备份\恢复"和"数据的导入导出"

的界面设计和功能实现，如图 9-2 和图 9-3 所示。

图 9-2　数据备份

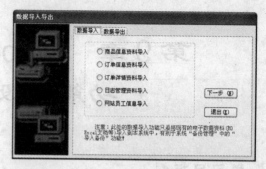

图 9-3　数据导入导出

9.1　技 术 准 备

9.1.1　OpenFileDialog

Windows 窗体中的 OpenFileDialog 控件为打开文件对话框。在运行时不能显式地看到，只有在设计模式下才可以显式看到，其功能是用来提示用户打开文件。用户可以使用 OpenFileDialog 控件浏览本地计算机以及网络中任何计算机上的文件夹，并选择打开一个或多个文件，该对话框返回用户在对话框中选定的文件的路径和名称。

Multiselect 属性设置对话框是否允许选择多个文件，CheckFileExists 属性设置当文件不存在时是否显示警告，DefaultExt 属性获取或设置默认文件扩展名，Title 属性获取或设置文件对话框标题。

OpenFileDialog 对象的设置通过该控件的相关属性来完成，OpenFileDialog 控件的主要属性见表 9-1。

表 9-1　OpenFileDialog 控件常用属性

属 性 名 称	功　　能
AddExtension	获取或设置一个值，该值指示如果用户省略扩展名，对话框是否自动在文件名中添加扩展名
CheckFileExists	获取或设置一个值，该值指示如果用户指定不存在的文件名，对话框是否显示警告
CheckPathExists	获取或设置一个值，该值指示如果用户指定不存在的路径，对话框是否显示警告
DefaultExt	获取或设置默认文件扩展名
DereferenceLinks	获取或设置一个值，该值指示对话框是否返回快捷方式引用的文件的位置，或者是否返回快捷方式 (.lnk) 的位置
FileName	获取或设置一个包含在文件对话框中选定的文件名的字符串
FileNames	获取对话框中所有选定文件的文件名
Filter	获取或设置当前文件名筛选器字符串，该字符串决定对话框的"另存为文件类型"或"文件类型"框中出现的选择内容
FilterIndex	获取或设置文件对话框中当前选定筛选器的索引
InitialDirectory	获取或设置文件对话框显示的初始目录
Multiselect	获取或设置一个值，该值指示对话框是否允许选择多个文件
ReadOnlyChecked	获取或设置一个值，该值指示是否选定只读复选框
RestoreDirectory	获取或设置一个值，该值指示对话框在关闭前是否还原当前目录

属 性 名 称	功　　能
SafeFileName	获取对话框中所选文件的文件名和扩展名。文件名不包含路径
SafeFileNames	获取对话框中所有选定文件的文件名和扩展名的数组。文件名不包含路径
ShowHelp	获取或设置一个值，该值指示文件对话框中是否显示"帮助"按钮
ShowReadOnly	获取或设置一个值，该值指示对话框是否包含只读复选框
Title	获取或设置文件对话框标题

OpenFileDialog 控件的常用的方法是 OpenFile()、ShowDialog()和 FileOk()，OpenFile()方法用来打开用户选定的具有只读权限的文件，ShowDialog()方法用来运行通用对话框，FileOk()方法是当用户单击文件对话框中的"打开"或"保存"按钮时发生。

9.1.2　I/O 流类

应用程序中经常涉及文件的操作，C#中提供了相关的文件操作流类来完成各类文件的读写操作。抽象基类 Stream 支持读取和写入字节。所有表示流的类都是从 Stream 类继承的。Stream 类及其派生类提供数据源和储存库的一般视图，使程序员不必了解操作系统和基础设备的具体细节。

流涉及三个基本操作：

● 可以从流读取。读取是从流到数据结构（如字节数组）的数据传输。

● 可以向流写入。写入是从数据源到流的数据传输。

● 流可以支持查找。查找是对流内的当前位置进行的查询和修改。

C#中提供的与文件相关的流及其主要功能见表 9-2。

表 9-2　从流读取和写入流的类

类　　名	功　　能
BinaryReader	从 Streams 读取编码的字符串和基元数据类型
BinaryWriter	向 Streams 写入编码的字符串和基元数据类型
StreamReader	通过使用 Encoding 进行字符和字节的转换，从 Streams 中读取字符
StreamWriter	通过使用 Encoding 将字符转换为字节，向 Streams 写入字符
StringReader	从 Strings 中读取字符。StringReader 允许您用相同的 API 来处理 Strings，因此输出可以是 String 或以任何编码表示的 Stream
StringWriter	向 Strings 写入字符。StringWriter 允许您用相同的 API 来处理 Strings，因此输出可以是 String 或以任何编码表示的 Stream
TextReader	是 StreamReader 和 StringReader 的抽象基类。抽象 Stream 类的实现用于字节输入和输出，而 TextReader 的实现用于 Unicode 字符输出
TextWriter	是 StreamWriter 和 StringWriter 的抽象基类。抽象 Stream 类的实现用于字节输入和输出，而 TextWriter 的实现用于 Unicode 字符输出

【例 9-1】打开文本文件

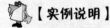【实例说明】

该程序主要用来演示打开文件控件的使用。该程序模拟打开文件，当用户单击"读取文件"按钮时，打开"打开"对话框。程序运行结果如图 9-4 所示。

【界面设计】

该窗体主要由一个 Button、一个 RichTextBox 和一个 OpenFileDialog 控件组成，其设计效果如图 9-5 所示。

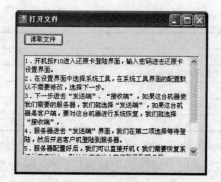

图 9-4 打开文件

图 9-5 "打开文件"窗体设计效果

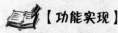【功能实现】

该程序主要实现"读取文件"的操作，完整的程序代码如下所示：

```
1    public partial class Demo9_1:Form
2        {
3            public Demo9_1()
4            {
5                InitializeComponent();
6            }
7            private void btn_read_Click(object sender, EventArgs e)
8            {
9                this.oFileDlg.InitialDirectory = "E:\\";
10               this.oFileDlg.Filter = "文本文件|*.*|C#文件|*.CS|所有文件|*.*";
11               this.oFileDlg.RestoreDirectory = false;
12               this.oFileDlg.FilterIndex = 1;
13               if (this.oFileDlg.ShowDialog() == DialogResult.OK)
14               {
15                   string fname = this.oFileDlg.FileName;
16                   StreamReader sr = new StreamReader(fname, Encoding.Default);
17                   string str;
18                   while ((str = (sr.ReadLine())) != null)
19                   {
20                       this.richTextBox1.Text += str + "\r";
21                   }
22               }
23           }
```

【代码分析】

● 第 9 行：设置打开文件时默认的主目录；
● 第 10 行：设置打开文件类型；
● 第 11 行：设置打开文件时不允许选择多个文件；
● 第 12 行：设置文件对话框中当前选定筛选器的索引为 1；
● 第 13 行：判断单击的是"确定"按钮，还是"取消"按钮；
● 第 15 行：获取要打开的文件的文件名，包含路径；
● 第 16 行：创建读取文件对象，并设定其编码方式，使用时要引入 System.IO；
● 第 18 行：一行一行读取文件，并将读取的内容赋值给 str 变量；

- 第 20 行：将读取的每一行的内容赋值给 RichTextBox 控件，"\r" 用来分段。

【提示】

- 在使用 StreamReader 对象时要引入名称空间 "using System.IO;"；
- 读取的文本文件如果当中含有汉字时，在保存文本文件时，将其编码方式改成 UTF-8，否则汉字将显示乱码，如果没有汉字则可以不需要更改。修改编码方式的如图 9-6 所示。

程序运行后，运行界面如图 9-7 所示，单击"读取文件"按钮读取指定文件的内容，并显示在文本框中，如图 9-4 所示。

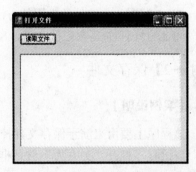

图 9-6　修改文本文件编码方式　　　　图 9-7　打开文件程序初始结果

9.1.3　SaveFileDialog

SaveFileDialog 控件是保存文件对话框。当用户需要保存文件时，通过它来向用户询问要保存的文件名和位置。保存文件对话框与打开文件对话框作用是类似的，使用它们的目的都是为了获取或设置文件名及其位置，前者获取需要保存的文件名字和位置，后者获取需要打开的文件名和位置。

OverwritePrompt属性获取或设置一个值，该值指示如果用户指定的文件名已存在，Save As 对话框是否显示警告，CheckFileExists属性设置当文件不存在时是否显示警告，DefaultExt属性获取或设置默认文件扩展名，Title属性获取或设置文件对话框标题，CreatePrompt属性获取或设置一个值，该值指示如果用户指定不存在的文件，对话框是否提示用户允许创建该文件。

SaveFileDialog 对象的设置通过该控件的相关属性来完成，SaveFileDialog 控件的主要属性见表 9-3。

表 9-3　SaveFileDialog 控件常用属性

属 性 名 称	功　　能
AddExtension	获取或设置一个值，该值指示如果用户省略扩展名，对话框是否自动在文件名中添加扩展名
CheckFileExists	获取或设置一个值，该值指示如果用户指定不存在的文件名，对话框是否显示警告
CheckPathExists	获取或设置一个值，该值指示如果用户指定不存在的路径，对话框是否显示警告
CreatePrompt	获取或设置一个值，该值指示如果用户指定不存在的文件，对话框是否提示用户允许创建该文件
DefaultExt	获取或设置默认文件扩展名
DereferenceLinks	获取或设置一个值，该值指示对话框是否返回快捷方式引用的文件的位置，或者是否返回快捷方式 (.lnk) 的位置
FileName	获取或设置一个包含在文件对话框中选定的文件名的字符串

属性名称	功　能
FileNames	获取对话框中所有选定文件的文件名
Filter	获取或设置当前文件名筛选器字符串，该字符串决定对话框的"另存为文件类型"或"文件类型"框中出现的选择内容
FilterIndex	获取或设置文件对话框中当前选定筛选器的索引
InitialDirectory	获取或设置文件对话框显示的初始目录
OverwritePrompt	获取或设置一个值，该值指示如果用户指定的文件名已存在，Save As 对话框是否显示警告
RestoreDirectory	获取或设置一个值，该值指示对话框在关闭前是否还原当前目录
ShowHelp	获取或设置一个值，该值指示文件对话框中是否显示"帮助"按钮
Title	获取或设置文件对话框标题

SaveFileDialog 控件的常用的方法是 OpenFile()和 ShowDialog()，OpenFile()方法用来打开用户选定的具有读/写权限的文件，ShowDialog()方法用来运行通用对话框。

【例 9-2】保存文件

【实例说明】

该程序主要用来演示保存文件控件的使用。该程序模拟保存文件，当用户单击"保存文件"按钮时，打开"另存为"对话框。程序运行结果如图 9-8 所示。

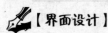
【界面设计】

该窗体主要由一个 Button、一个 RichTextBox 和一个 SaveFileDialog 控件组成，其设计效果如图 9-9 所示。

图 9-8　文件保存　　　　　　图 9-9　"保存文件"窗体设计效果

【功能实现】

该程序主要实现"保存文件"按钮的单击事件处理，完整的程序代码如下所示：

```
1    public partial class Demo9_2:Form
2    {
3        public Demo9_2()
4        {
5            InitializeComponent();
6        }
7
8        private void btn_save_Click(object sender, EventArgs e)
```

```
9            {
10                   this.sFileDlg.InitialDirectory = "E:\\";
11                   this.sFileDlg.Filter = "文本文件|*.*|C#文件|*.CS|所有文件|*.*";
12                   this.sFileDlg.CreatePrompt = true;
13                   if (this.sFileDlg.ShowDialog() == DialogResult.OK)
14                   {
15                       try
16                       {
17                           String fname = this.sFileDlg.FileName;
18                           StreamWriter sw = new StreamWriter(fname);
19                           sw.Write(this.rTxtBox_file.Text);
20                           sw.Close();
21                           MessageBox.Show("文件写入成功!");
22                       }
23                       catch (Exception)
24                       {
25                           MessageBox.Show("文件写入失败,请查看是否有写的权限");
26                       }
27                   }
28             }
29       }
```

【代码分析】

- 第 10 行: 设置保存文件时默认的主目录;
- 第 11 行: 设置保存文件类型;
- 第 12 行: 保存文件时,若文件不存在则提示是否创建文件;
- 第 19 行: 将 rTxtBox_file 控件中的文本写入文件;
- 第 20 行: 关闭流。

程序运行后,运行界面如图 9-8 所示,在文本框中输入相关的内容后,单击"保存文件"按钮,将文本框的内容保存至指定的文本文件。

9.1.4　ProgressBar 控件

ProgressBar 控件称为进度条。程序运行后,通常看到其上有一个蓝色的条在不断地伸长或变短,用来形象地表现需要在一段时间内完成的任务的进展状态,经常在下载、上传、复制和安装等任务中看到它。

ProgressBar 对象的设置通过该控件的相关属性来完成,ProgressBar 控件的主要属性见表 9-4。

表 9-4　ProgressBar 控件常用属性

属 性 名 称	功　　能
Maximum	获取或设置控件范围的最大值
Minimum	获取或设置控件范围的最小值
Value	获取或设置进度栏的当前位置
Step	获取或设置步长

ProgressBar 控件的 PerformStep()方法用来改变控件的 Value 值,增加一个由 Step 属性设定的步长。

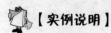【例 9-3】倒计时器

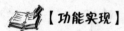【实例说明】

该程序主要用来演示进度条控件的使用。该程序模拟倒计时器。程序运行结果如图 9-10 所示。

【界面设计】

该窗体主要由一个 Button、一个 TextBox、一个 Timer 控件和一个 ProgressBar 控件组成，其设计效果如图 9-11 所示。

图 9-10　倒计时器

图 9-11　"倒计时器"窗体设计效果

【功能实现】

完整的程序代码如下所示：

```
1    public partial class Demo9_43:Form
2        {
3          public Demo9_4()
4          {
5               InitializeComponent();
6          }
7          public int total_second, tenth_second;
8          private void Demo9_4_Load(object sender, EventArgs e)
9          {
10              this.txtbox_time.Text = "3:00:0";
11              this.pgbar.Value = 180;
12              this.txtbox_time.BackColor = Color.Blue;
13              this.txtbox_time.ForeColor = Color.White;
14         }
15         private void btn_start_Click(object sender, EventArgs e)
16         {
17              total_second = 179;
18              tenth_second = 9;
19              this.timer_time.Enabled = true;
20         }
21         private void timer_time_Tick(object sender, EventArgs e)
22         {
23              int minute = total_second/60;
24              int second = total_second % 60;
25              string str = minute.ToString() + ":" + second.ToString() + ":"
```

```
                   + tenth_second.ToString();
26                 this.txtbox_time.Text = str;
27                 tenth_second--;
28                 if (tenth_second == -1)
29                 {
30                     tenth_second = 9;
31                     total_second--;
32                     if (total_second == -1)
33                     {
34                         this.timer_time.Enabled = false;
35                         MessageBox.Show("时间到！");
36                     }
37                     else
38                     {
39                         this.pgbar .Value = total_second;
40                     }
41                 }
42             }
43         }
```

【代码分析】

● 第 10 行：定义文本框控件中显示的字符；
● 第 11 行：设置进度条控件的 Value 值；
● 第 17 行：设置剩余时间的总秒数；
● 第 18 行：设置十分之九秒；
● 第 21~42 行：利用 Timer 控件的 Tick 事件实现倒计时器；
● 第 23~24 行：计算剩余的分钟数与秒数；
● 第 39 行：修改进度条的进度。

【提示】

● 剩余时间总秒数为 179；
● Timer 控件的 Enabled 属性初始化为 false，Interval 属性值为 100，即 Timer 控件的 Tick 事件的发生频率为 100 毫秒；
● 利用 Timer 控件的 Tick 事件修改文本框控件中的分、秒、十分秒，同时将剩余时间赋值给进度条控件的 Value 属性，因此进度条控件的颜色部分不断减少，这就是倒计时的基本原理。

程序运行后，单击"开始计时"按钮，运行界面如图 9-10 所示。

课堂实践1

1．操作要求

（1）新建"Windows 应用程序"项目，添加一个窗体并添加两个按钮和一个文本框。

（2）使用打开文件对话框和保存文件对话框完成打开文件和保存文件的操作。

（3）新建"Windows 应用程序"项目，添加一个窗体，利用进度条控件，设计一个学生演讲大赛使用的倒计时器。

2．操作提示

（1）打开文件时注意文件的编码方式。

（2）设计倒计时器时可以增加暂停功能和暂停后的继续功能。

9.2　数据备份/恢复功能的设计与实现

9.2.1　界面设计

数据备份与恢复窗体主要包括 Label、Button、OpenFileDialog、SaveFileDialog 等控件。数据备份与恢复窗体的设计效果如图 9-12 所示。

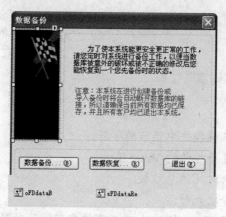

图 9-12　"数据备份恢复"窗体设计效果

9.2.2　功能实现

1．数据备份

将系统现有数据备份成 bak 文件，当系统数据库出现问题，可以通过数据恢复功能将备份的恢复。

2．数据恢复

将已经备份好的数据恢复到系统。

在 ClassDB 类中编写的数据库备份方法：DataBackup()，其代码如下所示：

```
1   public bool DataBackup(string path)
2       {
3           try
4           {
5               string sqlBackup="backup database WebShop to disk='"+path +"'";
6               SqlConnection conn = GetSqlConnection();
7               conn.Open();
8               SqlCommand comm = new SqlCommand();
9               comm.CommandText = sqlBackup;
10              comm.Connection = conn;
11              comm.ExecuteNonQuery();
12              conn.Close();
```

```
13                conn.Dispose();
14                return true;
15            }
16        catch (Exception e)
17        {
18            return false;
19        }
20    }
```

![机器人图标] **【代码分析】**

● 第 5 行：定义数据库备份的 SQL 语句；

● 第 9 行：设置命令文本为 sqlBackup。

在 ClassDB 类中编写的数据恢复方法：DataComeBack()，其代码如下所示：

```
1   public bool DataComeBack(string path)
2       {
3           string strRestore = "USE master DECLARE tb CURSOR LOCAL FOR SELECT
    'Kill '+ CAST(Spid AS VARCHAR) FROM master.dbo.sysprocesses";
4           strRestore += " WHERE dbid=DB_ID('WebShop') DECLARE @s nvarchar
    (1000) OPEN tb FETCH tb INTO @s";
5           strRestore += " WHILE @@FETCH_STATUS = 0 BEGIN EXEC (@s) FETCH
    tb INTO @s END CLOSE tb DEALLOCATE tb";
6           strRestore += "  RESTORE DATABASE WebShop FROM disk='" + path
    + "' WITH REPLACE";
7           using (SqlConnection conn = GetSqlConnection())
8           {
9               using (SqlCommand comm = new SqlCommand(strRestore, conn))
10              {
11                  try
12                  {
13                      conn.Open();
14                      comm.Connection = conn;
15                      comm.ExecuteNonQuery();
16                      conn.Close();
17                      return true;
18                  }
19                  catch (Exception e)
20                  {
21                      throw new Exception(e.Message);
22                  }
23              }
24          }
25      }
```

![机器人图标] **【代码分析】**

● 第 3~6 行：定义数据库恢复的 SQL 语句；

● 第 15 行：通过命令对象的 ExecuteNonQuery 方法执行数据恢复操作。

数据备份与恢复的完整的程序代码如下所示：

```
1   public partial class frmDataBackup:Form
```

```
2       {
3           public frmDataBackup()
4           {
5               InitializeComponent();
6           }
7           ClassDB.ClassDB db = new ClassDB.ClassDB();
8           string strFile = null;
9           PublicClass.PublicUseclass puc = new WebShop_admin.PublicClass.
    PublicUseclass();
10          private void btnBackup_Click(object sender, EventArgs e)
11          {
12              if (sFDdataRe.ShowDialog() == DialogResult.OK)
13              {
14                  strFile = sFDdataRe.FileName;
15                  bool RealDataBackup = db.DataBackup(strFile);
16                  if (RealDataBackup == true)
17                  {
18                      puc.toLog("成功数据库备份");
19                      MessageBox.Show("数据库备份成功!", "成功提示");
20                      this.Close();
21                  }
22                  else
23                  {
24                      MessageBox.Show("数据库备份失败!", "错误提示");
25                  }
26              }
27          }
28          private void frmDataBackup_Load(object sender, EventArgs e)
29          {
30              sFDdataRe.DefaultExt = "*.bak|*.bak";
31              sFDdataRe.Title = "数据库备份";
32              sFDdataRe.Filter = "数据库备份文件(*.bak)|*.bak";
33              oFDdataB.DefaultExt = "*.bak|*.bak";
34              oFDdataB.Title = "数据库恢复备份";
35              oFDdataB.Filter = "数据库恢复文件(*.bak)|*.bak";
36          }
37          private void btnDataRe_Click(object sender, EventArgs e)
38          {
39              if (oFDdataB.ShowDialog() == DialogResult.OK)
40              {
41                  bool DataGetback =db.DataComeBack(this.oFDdataB.FileName);
42                  if (DataGetback == true)
43                  {
44                      puc.toLog("成功数据库恢复");
45                      MessageBox.Show("数据库恢复成功!", "成功提示");
46                      this.Close();
47                  }
48                  else
49                  {
50                      MessageBox.Show("数据库恢复失败!", "成功提示");
```

```
51                  }
52              }
53          }
54      private void button3_Click(object sender, EventArgs e)
55      {
56          this.Close();
57      }
58  }
```

【代码分析】

- 第 7 行: 定义公共类 ClassDB 的对象;
- 第 9 行: PublicClass 为公共类;
- 第 10～27 行: 【数据备份...(&B)】按钮方法, 实现数据备份;
- 第 28～36 行: 窗体初始化方法;
- 第 37～53 行: 【数据恢复...(&R)】按钮方法, 实现数据恢复;
- 第 54～57 行: 【退出】按钮方法。

程序运行后, 初始界面如图 9-13 所示, 单击"数据备份"按钮, 指定备份文件后调用数据备份方法, 完成数据备份, 如图 9-14 所示; 如果用户单击"数据恢复"按钮, 指定要恢复的文件后, 完成数据恢复操作, 如图 9-15 所示。

图 9-13　数据备份

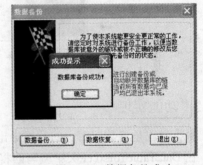

图 9-14　数据备份成功

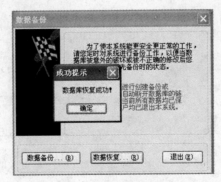

图 9-15　数据恢复成功

课堂实践 2

1. 操作要求

(1) 设计图书管理系统的数据备份和数据恢复窗体。

（2）完成图书管理系统的数据备份与数据恢复功能。

2．操作提示

（1）数据库备份的 sql 语句与恢复的 sql 语句的编写。

（2）打开文件控件与保存文件控件的应用。

9.3　数据导入/导出功能的设计与实现

9.3.1　界面设计

数据导入/导出窗体中主要用到了 TabControl、RadioButton、GroupBox、PictureBox 和 Button 等控件。数据导入/导出窗体的设计效果如图 9-16 所示。

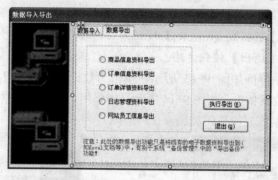

图 9-16　"数据导入导出"窗体设计效果

9.3.2　功能实现

数据导出是将数据库中的数据导出到 Excel 表中。

在 DataTableToExcel 类中编写的将 DataTable 转换为 Excel 的方法：ExportExcel，其代码如下所示：

```
//导出 Excel
public static void ExportExcel(System.Data.DataTable dt)
{
    Excel.Application excelKccx = new Excel.Application();
    excelKccx.Workbooks.Add(true);
    for (int i = 0; i < dt.Columns.Count; i++)//取字段名
    {
        excelKccx.Cells[1, i + 1] = dt.Columns[i].ColumnName.ToString();
    }
    for (int i = 0; i < dt.Rows.Count; i++)//取记录值
    {
        for (int j = 0; j < dt.Columns.Count; j++)
        {
            excelKccx.Cells[i + 2, j + 1] = dt.Rows[i][j].ToString();
        }
    }
    excelKccx.Visible = true;
}
```

数据导出的程序代码如下：

```
1    ClassDB.ClassDB db = new ClassDB.ClassDB();
2           DataSet ds = null;
3           RadioButton rb=null;
4           PublicClass.PublicUseclass puc = new WebShop_admin.PublicClass.
     PublicUseclass();
5           private void btnExcute_Click(object sender, EventArgs e)
6           {
7               string sql = null;
8               switch (rb.TabIndex)
9               {
10                  case 5:
11                      {
12                          sql = "select * from Log";
13                          puc.toLog("日志导出");
14                      } break;
15                  case 6:
16                      {
17                          sql = "select * from Goods";
18                          puc.toLog("商品信息导出");
19                      }
20                      break;
21                  case 7:
22                      {
23                          sql = "select * from Orders";
24                          puc.toLog("订单信息导出");
25                      } break;
26                  case 8:
27                      {
28                          sql = "select * from OrderDetails";
29                          puc.toLog("订单详情信息导出");
30                      } break;
31                  case 9:
32                      {
33                          sql = "select * from Employees";
34                          puc.toLog("员工信息导出");
35                      } break;
36                  default:
37                      return;
38              }
39              ds = db.GetDataSet(sql);
40              DataTable dt = ds.Tables[0];
41              DataTableToExcel.ExportExcel(dt);
42          }
```

【代码分析】

● 第 8～38 行：根据选择判断要导出哪一张表的数据；

● 第 41 行：通过 DataTableToExcel 类（详见所附资源）中的 ExportExcel 方法将数据导出到 Excel 表中。

程序运行后，界面如图 9-17 所示。单击"执行导出"按钮后，订单信息资料表中的数据将导出到指定的 Excel 表中。

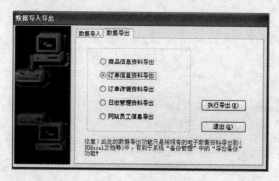

图 9-17　数据导出

9.4　知 识 拓 展

9.4.1　ColorDialog

使用 ColorDialog 控件可以设置窗体自身或控件的颜色。同样，ColorDialog 控件也可以用做一个类，其方法是在代码中声明它，而不是把一个控件拖放到窗体设计器中。

ColorDialog 控件允许用户选择基本颜色，用户也可以自定义颜色，这给应用程序增加了更多的灵活性。在应用程序中进行这样的定制，可以灵活地给应用程序提供更专业的外观，用户也会很高兴，因为他们可以根据自己的偏好调整应用程序的外观。

ColorDialog 控件的常用属性见表 9-5。

表 9-5　ColorDialog 控件的一些可用属性

属　性	说　明
AllowFullOpen	表明用户是否能用对话框自定义颜色
AnyColor	表明对话框是否显示基本颜色组中的所有可用颜色
Color	表明用户所选的颜色
CustomColors	表明显示在对话框中的自定义颜色组
FullOpen	表明当对话框打开时，用来创建自定义颜色的控件是否可见
ShowHelp	表明是否在对话框中显示 Help 按钮
SolidColorOnly	表明对话框是否限制用户只能选择纯色

这个对话框并没有太多的属性，因此它使用起来就比前面那些对话框简单多了。与其他的对话框控件一样，ColorDialog 也包含 ShowDialog 方法。前面的示例中已经介绍过这个方法，这里就不再讨论了。

为显示 Color 对话框，只需执行它的 ShowDialog 方法：

```
ColorDialog1.ShowDialog()
```

ColorDialog 控件返回的 DialogResult 为 OK 或 Cancel。为了获取用户所选的颜色，只要将从 Color 属性获取的值赋给一个变量，或者支持颜色的控件的任一个属性，比如文本框的 ForeColor 属性：

```
txtFile.ForeColor = ColorDialog1.Color
```

9.4.2 FolderBrowserDialog

有时候，应用程序可能只允许用户选择文件夹而非文件，或许在执行备份时需要一个文件夹来保存临时文件。FolderBrowserDialog 控件显示 Browse For Folder 对话框，以允许用户选择文件夹。该对话框中不显示文件，仅显示文件夹。通过该对话框，用户可以很方便地选择应用程序所需的文件夹。与前面介绍的其他对话框一样，也可以在代码中将 FolderBrowserDialog 控件声明为一个类。

FolderBrowserDialog 控件的常用属性见表 9-6。

表 9-6 FolderBrowserDialog 控件的一些可用属性

属　　性	说　　明
Description	在对话框中提供描述性的消息
RootFolder	指示对话框开始浏览的根文件夹
SelectedPath	指示用户所选的文件夹
ShowNewFolderButton	指示 Make New Folder 按钮是否显示在对话框中

与其他对话框控件一样，FolderBrowserDialog 控件也包含 ShowDialog 方法。

9.4.3 FontDialog

有时需要编写应用程序，允许用户选择显示或输入数据所使用的字体，或者查看某个系统下安装的所有可用字体。这时就要用到 FontDialog 控件了，它在一个用户熟悉的标准对话框内，显示了安装在系统中所有可用字体的列表。

与 OpenFileDialog 和 SaveFileDialog 控件一样，FontDialog 类也可以用做控件（其方法是拖放到窗体上）或类（其方法是在代码中声明）。

FontDialog 控件使用起来很简单，只需设置一些属性，显示对话框，然后查询所需的属性。FontDialog 控件的常用属性见表 9-7。

表 9-7 FontDialog 控件的一些可用属性

属　　性	说　　明
AllowScriptChange	表明用户是否能改变 Script 下拉列表框中指定的字符集，以显示非当前显示的字符集
Color	表明所选字体的颜色
Font	表明所选的字体
FontMustExist	如果用户试图输入不存在的字体或样式，该属性表明对话框是否指定错误条件
MaxSize	表明用户可以选择的最大字号（单位是点）
MinSize	表明用户可以选择的最小字号（单位是点）
ShowApply	表明对话框是否包含 Apply 按钮
ShowColor	表明对话框是否显示颜色选项
ShowEffects	表明对话框是否包含允许用户指定删除线、下画线和文本颜色的选项
ShowHelp	表明对话框是否显示 Help 按钮

9.4.4 文件操作

C#中提供了一系列的类完成对文件属性、文件的判断等操作。C#中提供的用于文件 I/O 的类见表 9-8。

表 9-8 FontDialog 控件的一些可用属性

类　　名	说　　明
Directory	提供通过目录和子目录进行创建、移动和枚举的静态方法。DirectoryInfo 类提供实例方法
DirectoryInfo	提供通过目录和子目录进行创建、移动和枚举的实例方法。Directory 类提供静态方法
DriveInfo	提供访问有关驱动器的信息的实例方法
File	提供用于创建、复制、删除、移动和打开文件的静态方法，并协助创建 FileStream。FileInfo 类提供实例方法
FileInfo	提供用于创建、复制、删除、移动和打开文件的实例方法，并协助创建 FileStream。File 类提供静态方法
FileStream	支持通过其 Seek 方法随机访问文件。默认情况下，FileStream 以同步方式打开文件，但它也支持异步操作。File 包含静态方法，而 FileInfo 包含实例方法
FileSystemInfo	是 FileInfo 和 DirectoryInfo 的抽象基类
Path	提供以跨平台的方式处理目录字符串的方法和属性
DeflateStream	提供使用 Deflate 算法压缩和解压缩流的方法和属性
GZipStream	提供压缩和解压缩流的方法和属性。默认情况下，此类使用与 DeflateStream 类相同的算法，但可以扩展到使用其他压缩格式
SerialPort	提供控制串行端口文件资源的方法和属性

File、FileInfo、DriveInfo、Path、Directory 和 DirectoryInfo 是密封（在 Microsoft Visual Basic 中为 NotInheritable）类。可以创建这些类的新实例，但它们不能有派生类。

【例 9-4】自动备份

 【实例说明】

该程序主要用来利用文件相关类创建文件夹并进行自动备份的方法。程序启动后，设置自动备份时间、指定要备份的文件夹和目标文件夹。系统自动进行时间的监测，到达指定时间后，自动创建相关文件夹完成备份操作。程序运行结果如图 9-18 所示。

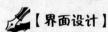 **【界面设计】**

该窗体主要由一个 DateTimePicker、一个定时器控件和一个 FolderBrowserDialog 控件等组成，其设计效果如图 9-19 所示。

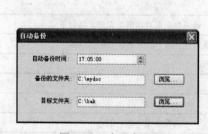

图 9-18 自动备份

图 9-19 "自动备份"窗体设计效果

【功能实现】

该程序启动后，在设置的时间表到达时，自动完成相关操作。完整的程序代码如下所示：

```
1   using System;
```

```csharp
2    using System.Collections.Generic;
3    using System.ComponentModel;
4    using System.Data;
5    using System.Drawing;
6    using System.Text;
7    using System.Windows.Forms;
8    using System.IO;
9    namespace DateTimeFile
10   {
11       public partial class frmAutoBack:Form
12       {
13           public frmAutoBack()
14           {
15               InitializeComponent();
16           }
17           private void Form1_Load(object sender, EventArgs e)
18           {
19               dateTimePicker1.Value = DateTime.Parse("17:05:00");
20           }
21           private void button1_Click(object sender, EventArgs e)
22           {
23               folderBrowserDialog1.ShowDialog();
24               textBox1.Text = folderBrowserDialog1.SelectedPath;
25           }
26           private void button2_Click(object sender, EventArgs e)
27           {
28               folderBrowserDialog1.ShowDialog();
29               textBox2.Text = folderBrowserDialog1.SelectedPath;
30           }
31           private void timer1_Tick(object sender, EventArgs e)
32           {
33             if(DateTime.Now.ToLongTimeString()==dateTimePicker1.Value.ToLong-
     TimeString())
34             {
35                   if(textBox1.Text !="" && textBox2.Text != "")
36                   {
37     if(Directory.Exists(textBox2.Text+"\\"+DateTime.Now.Month.ToString())
     ==false)
38                       {
39     Directory.CreateDirectory(textBox2.Text+"\\"+DateTime.Now.Month.ToStr-
     ing()+"月");
40                       }
41                       CopyDirectory(textBox1.Text, textBox2.Text + "\\" + Date-
     Time.Now.Month.ToString()+"\\"+DateTime.Now.Date.ToShortDateString());
42                   }
43             }
44           }
45           private void CopyDirectory(string sourcePath , string destPath)
46           {
47               DirectoryInfo dir = new DirectoryInfo(sourcePath);
48               FileSystemInfo[] fileinfo = dir.GetFileSystemInfos();
49               foreach (FileSystemInfo i in fileinfo)
```

```
50                    {
51                        if (i is DirectoryInfo)
52                        {
53                            Directory.CreateDirectory(destPath+"\\"+i.Name);
54                            CopyDirectory(sourcePath+"\\"+i.Name, destPath + "\\" +
    i.Name);
55                        }
56                        else
57                        {
58                            if (File.Exists(destPath + "\\" + i.Name) == false)
59                            {
60                                File.Copy(i.FullName, destPath + "\\" + i.Name);
61                            }
62                        }
63                    }
64                }
65            }
66 }
```

【代码分析】

- 第 19 行: 设置 dateTimePicker1 的初始值;
- 第 23 行、第 28 行: 打开文件浏览对话框;
- 第 24 行、第 29 行: 将选择的文件显示在文本框中;
- 第 35 行: 判断两个文本框中的输入是否相等;
- 第 37 行: 应用 Directory 的 Exists 方法判断指定的文件夹是否存在;
- 第 39 行: 使用 Directory 的 CreateDirectory 方法创建当前月份的文件夹;
- 第 41 行: 调用 CopyDirectory 方法完成文件夹的复制;
- 第 45～63 行: CopyDirectory 方法,完成文件夹中所有文件的复制。

课外拓展

1. 操作要求

(1) 参照【例 9-4】,在"课堂实践 2"的基础上完善图书管理系统的数据备份和数据恢复功能,添加自动生成备份文件夹的功能。

(2) 完成图书管理系统中"系统管理"模块的"数据导入和导出"功能。

(3) 完成图书管理系统中"系统管理"模块的"修改密码"功能。

(4) 完成图书管理系统中"系统管理"模块的"锁屏"功能。

2. 操作说明

(1) 考虑多种可能的备份方法。

(2) "锁屏"功能是在用户离开操作电脑时提供的重新登录功能(主程序不关闭)。

(3) 参照样例系统完成图书管理系统"系统管理"模块的其他功能。

第 10 章　WebShop 后台主模块的设计与实现

学习目标

本章主要讲述应用 MenuStrip 控件、StatusStrip 控件和 ToolStrip 控件设计 WebShop 后台管理系统的主窗体及集成各子模块的方法。主要包括 MenuStrip 控件的使用、StatusStrip 控件的使用、ToolStrip 控件的使用、MDI 窗体和主窗体功能的实现等。通过本章的学习，读者应能掌握 MenuStrip 控件、StatusStrip 控件和 ToolStrip 控件的应用，能使用 MDI 技术设计应用程序。本章的学习要点包括：

- MenuStrip 控件的使用；
- StatusStrip 控件的使用；
- ToolStrip 控件的使用；
- MDI 窗体的设计；
- 主窗体功能的实现和子模块功能的集成。

教学导航

本章主要介绍设计应用程序主模块的技术，并将各子模块集成进行联合调试，形成一个完整的系统。本章主要内容及其在 C# Windows 程序开发技术中的位置如图 10-1 所示。

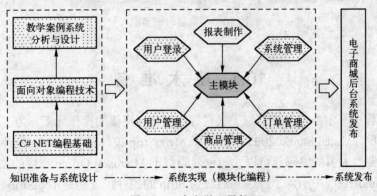

图 10-1　本章学习导航

任务描述

本章主要任务是完成 WebShop 后台管理系统的主模块界面的设计和功能的实现，最终完成的主模块如图 10-2 和图 10-3 所示。

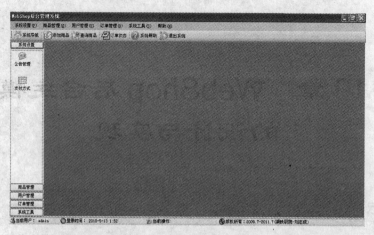

图 10-2　WebShop 后台管理系统主界面

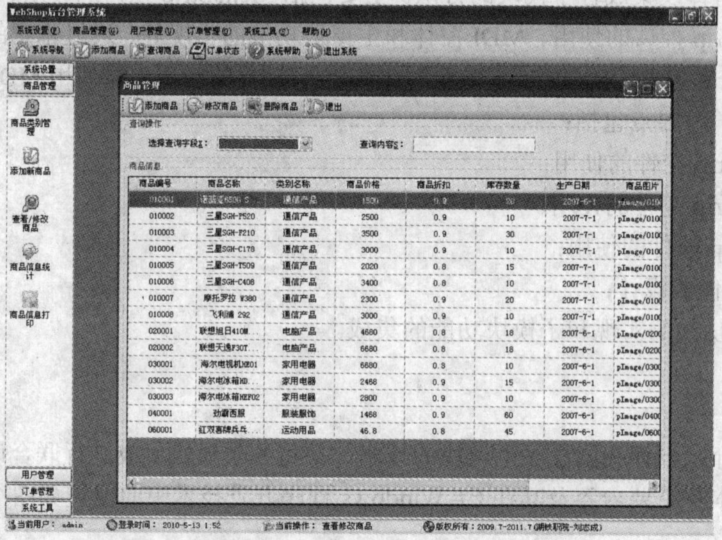

图 10-3　商品管理界面

10.1　技　术　准　备

Windows 程序基本都包含菜单与工具栏等可视化、快捷的操作元素。为了帮助用户创建应用程序的菜单，Visual Studio 2005 中提供了 MenuStrip 控件和 ToolStrip 控件，使用这两个控件可以不需要做太多的编码就可以快速创建类似于 Microsoft Office 那样的菜单与工具栏。

Visual Studio 2005 中引入了一系列后缀为 Strip 的控件，分别是 ToolStrip、MenuStrip 和 StatusStrip，接下来介绍这些控件的具体使用。

10.1.1　MenuStrip 控件

MenuStrip 控件是 Visual Studio 2005 中的新功能，利用 MenuStrip 控件可以快速创建菜单。MenuStrip 对象的设置通过该控件的相关属性来完成，MenuStrip 控件的主要属性见表 10-1。

表 10-1　MenuStrip 控件的常用属性

属 性 名 称	功　　能
ContextMenu	获取或设置与控件关联的快捷菜单
MdiWindowListItem	获取或设置用于显示多文档界面 （MDI） 子窗体列表的 ToolStripMenuItem
ShowItemToolTips	获取或设置一个值，该值指示是否显示 MenuStrip 的工具提示

1. 使用标准项快速插入菜单

利用 MenuStrip 控件的"插入标准项"功能，可以快速创建菜单，如图 10-4 所示。

读者可以发现，Visual Studio2005 生成的菜单与以前的 Visual Studio 版本比较，最大的区别是在菜单项的左边有图标。

使用标准项快速插入菜单的步骤是：

（1）从工具箱中，把一个 MenuStrip 控件的实例拖放到设计界面上。

（2）选中 MenuStrip 控件，单击属性面板窗口右下角的"插入标准项"，则在窗体的顶端生成一个类似于 Microsoft Office 中的菜单。

2. 手工创建菜单

从工具箱中把 MenuStrip 控件拖放到设计界面上时，该控件会位于窗体和控件盘上，而且可以直接在窗体上编辑。要创建新的菜单项，只需把指针放在窗体的菜单栏上，如图 10-5 所示。

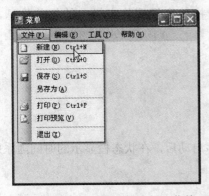

图 10-4　使用标准项快速插入菜单

图 10-5　手工创建菜单

在突出显示的框中输入菜单的标题（如果要为该菜单项设置快捷键，请添加快捷键的字母并在该字母前面加上一个宏字符(&)）在菜单项中，该字母显示为下画线形式，可以按下 Alt 键和该字母键来选择该菜单项。如果要创建菜单分隔线，把菜单分成组，必须使用 ToolStripSeparator 控件，而不是 ToolStripMenuItem 控件。也可以输入一个短横线（-），作为该项的标题。Visual Studio 会自动假定该项是一个分隔符，从而改变控件的类型。

手工创建菜单的步骤是：

（1）从工具箱中，把一个 MenuStrip 控件的实例拖放到设计界面上。

（2）单击 MenuStrip 控件的菜单文本区域，输入"文件"，按下 Enter 键。

（3）在文件项下面的文本区域输入"新建"、"打开"。

（4）完成图像的处理。在"文件"菜单中选择"新建"菜单项，在属性面板的 Image 属性左边单击省略号（…），打开"选择资源"对话框，如图 10-6 所示。在 Visual Studio2005 的安装目录"Microsoft Visual Studio 8\Common7\VS2005ImageLibrary"下有一个"VS2005 ImageLibrary.zip"压缩包，此压缩包中有一些默认的图片。

手工创建的菜单如图 10-7 所示。

图 10-6　选择图形资源

图 10-7　手工创建菜单完成

10.1.2　StatusStrip 控件

StatusStrip 控件为状态栏控件，用于显示应用程序当前状态的简短信息，例如在 Word 中输入文本时，Word 会在状态栏中显示当前的页码、节、行、列等相关信息。

StatusStrip 控件派生于 ToolStrip，可以通过 ToolStripStatusLabel、ToolStripProgressBar、ToolStripDropDownButton 和 ToolStripSplitButton 控件来设置状态栏中的相关信息，其中 ToolStripStatusLabel 是 StatusStrip 控件默认的。

【例 10-1】使用状态栏

【实例说明】

该程序主要用来演示状态栏控件的使用，程序启动后，在状态栏显示的时间随系统时间的改变而改变。程序运行结果如图 10-8 所示。

【界面设计】

该窗体主要由一个 StatusStrip、一个 Timer 和 3 个 ToolStripStatusLabel 控件组成，其界面设计步骤如下：

（1）创建窗体及添加 StatusStrip，默认 StatusStrip 名称为 statusStrip1 ；

（2）在 statusStrip1 的 Items 属性中添加三个 StatusLabel 默认名称为 toolStripStatusLabel1，toolStripStatusLabel2，toolStripStatusLabel3；

（3）修改 toolStripStatusLabel1 的 Text 属性为相关文字如"欢迎使用本系统"；

（4）修改 toolStripStatusLabel2 的 Text 属性为空，Sprint 属性为 True，BorderSides 属性为 Left,Right；

（5）修改 toolStripStatusLabel3 的 Text 属性为空，在窗体的 Load 事件中修改其显示为当前时间；

（6）要使状态栏时间信息随操作系统当前时间不停的改变则可以通过增加 Timer 控件来实现。最终完成的窗体的设计效果如图 10-9 所示。

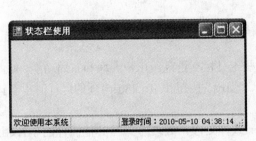

图 10-8　状态栏

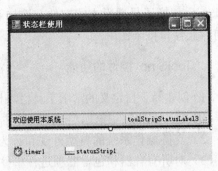

图 10-9　状态栏窗体设计效果

【功能实现】

实现状态栏的时间随系统时间的改变而改变，主要是通过 Timer 控件的 Tick()事件动态获取系统的当前时间，再将变化的时间赋值给 toolStripStatusLabel 控件。其完整代码如下所示。

```
1   public partial class Demo10_1:Form
2   {
3       public Demo10_1()
4       {
5           InitializeComponent();
6       }
7       private void Demo10_1_Load(object sender, EventArgs e)
8       {
9           this.toolStripStatusLabel3.Text = "登录时间:" + DateTime.Now.
            ToString("yyyy-MM-dd hh:mm:ss");
10          this.timer1.Interval = 1000;
11          this.timer1.Start();
12      }
13      private void timer1_Tick(object sender, EventArgs e)
14      {
15          this.toolStripStatusLabel3.Text = "系统当前时间:" + DateTime.Now.
            ToString("yyyy-MM-dd hh:mm:ss");
16      }
17  }
```

【代码分析】

● 第 9 行：设置系统当前时间赋值给 toolStripStatusLabel 控件；

● 第 10 行：设置计时器时间间隔为 1 秒钟；

● 第 11 行：启动计时器。

10.1.3　ToolStrip 控件

ToolStrip 是 Visual Studio 2005 的一个新成员。使用 ToolStrip 及其关联的类，可以创建具有 Microsoft Office、Microsoft Internet Explorer 或自定义的外观和行为的工具栏及其他用

户界面元素。这些元素支持溢出及运行时项重新排序。ToolStrip 控件提供丰富的设计时体验，包括就地激活和编辑、自定义布局、漂浮（即工具栏共享水平或垂直空间的能力）。尽管 ToolStrip 替换了早期版本的控件并添加了功能，但是仍可以在需要时选择保留 ToolBar 以备向后兼容和将来使用。

1. ToolStrip 控件的功能

（1）创建易于自定义的常用工具栏，让这些工具栏支持高级用户界面和布局功能，如停靠、漂浮、带文本和图像的按钮、下拉按钮和控件、"溢出"按钮和 ToolStrip 项的运行时重新排序。

（2）支持操作系统的典型外观和行为。

（3）对所有容器和包含的项进行事件的一致性处理，处理方式与其他控件的事件相同。

（4）将项从一个 ToolStrip 拖到另一个 ToolStrip 内。

（5）使用 ToolStripDropDown 中的高级布局创建下拉控件及用户界面类型编辑器。

（6）通过使用 ToolStripControlHost 类来使用 ToolStrip 中的其他控件，并为它们获取 ToolStrip 功能。

（7）通过使用 ToolStripRenderer、ToolStripProfessionalRenderer 和 ToolStripManager 以及 ToolStripRenderMode 枚举和 ToolStripManagerRenderMode 枚举，可以扩展此功能并修改外观和行为。

（8）ToolStrip 控件为高度可配置的、可扩展的控件，它提供了许多属性、方法和事件，可用来自定义外观和行为。

2. ToolStrip 控件的属性

ToolStrip 控件的主要属性见表 10-2。

表 10-2 ToolStrip 控件的常用属性

属 性 名 称	功　　能
Dock	获取或设置 ToolStrip 停靠在父容器的哪一边缘
AllowItemReorder	获取或设置一个值，让该值指示拖放和项重新排序是否专门由 ToolStrip 类进行处理
LayoutStyle	获取或设置一个值，让该值指示 ToolStrip 如何对其项进行布局
Overflow	获取或设置是将 ToolStripItem 附加到 ToolStrip，附加到 ToolStripOverflowButton，还是让它在这两者之间浮动
IsDropDown	获取一个值，该值指示单击 ToolStripItem 时，ToolStripItem 是否显示下拉列表中的其他项
OverflowButton	获取 ToolStripItem，它是启用了溢出的 ToolStrip 的 "溢出" 按钮
Renderer	获取或设置一个 ToolStripRenderer，用于自定义 ToolStrip 的外观和行为（外观）
RenderMode	获取或设置要应用于 ToolStrip 的绘制样式

课堂实践 1

1. 操作要求

（1）新建 "Windows 应用程序" 项目，在 Form1 窗体上创建一个类似于 "记事本" 程序的菜单。

（2）添加状态栏，并在状态栏显示当前时间（计时器）。

（3）创建一个工具栏，要求工具栏的按钮上具有图片与文字。

2．操作提示

（1）主菜单中必须包括"文件"菜单。

（2）状态栏上实现合理分隔。

（3）实现工具栏上的按钮事件与菜单事件的关联。

10.1.4　MDI 窗体与 SDI 窗体

MDI 窗体即多文档界面，SDI 窗体即单文档界面。

1．MDI 窗体

多文档界面（Multiple-Document Interface）简称 MDI 窗体。MDI 窗体用于同时显示多个文档，每个文档显示在各自的窗口中。MDI 窗体中通常有包含子菜单的窗口菜单，用于在窗口或文档之间进行切换，MDI 窗体十分常见。

MDI 窗体的应用非常广泛，例如，如果某公司的库存系统需要实现自动化，则需要使用窗体来输入客户和货品的数据、发出订单以及跟踪订单。这些窗体必须链接或者从属于一个界面，并且必须能够同时处理多个文件。这样，就需要建立 MDI 窗体以解决这些需求。

在 MDI 窗体中，起到容器作用的窗体被称为"父窗体"，可放在父窗体中的其他窗体被称为"子窗体"，也称为"MDI 子窗体"。当 MDI 应用程序启动时，首先会显示父窗体。所有的子窗体都在父窗体中打开，在父窗体中可以在任何时候打开多个子窗体。每个应用程序只能有一个父窗体，其他子窗体不能移出父窗体的框架区域。下面介绍如何将窗体设置成父窗体或子窗体。

（1）设置父窗体。如果要将某个窗体设置为父窗体，只要在窗体的属性面板中，将 IsMdiContainer 属性设置为 True 即可。

（2）设置子窗体。设置完父窗体，通过设置某个窗体的 MdiParent 属性来确定子窗体。

2．SDI 窗体

单文档界面（Single Document Interface）简称 SDI 窗体。SDI 是在一个窗口中只能打开一个文档进行各种操作。

【例 10-2】使用多文档窗口

【实例说明】

该程序建立一个类似 Microsoft Word 的编辑器，可以有多个窗口，每个窗口处理一个文档。多文档界面（MDI）应用程序具有一个主窗体（父窗体），主窗体在其工作区内包含一组窗体（子窗体）。每个子窗体都是一个限制为只能在该父窗体内出现的窗体。这些子窗体通常共享父窗体界面的菜单栏、工具栏以及其他部分。

该程序主要用来演示多文档程序的编写方法。该程序启动后显示带有菜单栏的主程序，如图 10-10 所示。依次单击"文件"、"新建"创建"主程序"的子窗口（打开新的窗口），窗口的标题为"文档1"、"文档2"等。连续新建 3 个文档后，选择"窗口"、"水平平铺"调整窗口的排列方式，如图 10-11 所示。

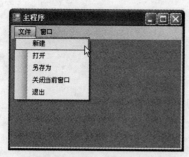
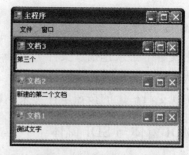

图 10-10　"主程序"窗口　　　　　图 10-11　创建子文档

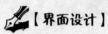【界面设计】

该项目的主窗体、子窗体及主要控件的属性见表 10-3。

表 10-3　【例 10-2】窗体及主要控件属性

控 件 名 称	属 性 名 称	属 性 值
frmMain	Name	frmMain
	Text	主程序
	IsMdiContainer	true
frmChild	Name	frmChild
	Text	动态变化
"文件" 菜单	Name	menuItemFile
	Text	文件
"新建" 菜单	Name	menuItemNew
	Text	新建
"打开" 菜单	Name	menuItemOpe
	Text	打开
"另存为" 菜单	Name	menuItemSaveAs
	Text	另存为
"关闭当前窗口" 菜单	Name	menuItemCloseChild
	Text	关闭当前窗口
"退出" 菜单	Name	menuItemCloseExit
	Text	退出
"窗口" 菜单	Name	menuItemWindow
	Text	窗口
"水平平铺" 菜单	Name	menuItemTileH
	Text	窗口
"层叠" 菜单	Name	menuItemCascade
	Text	退出
"垂直平铺" 菜单	Name	menuItemTileV
	Text	退出
RichTextBox 控件	Dock	Fill
	Text	" "
	Modifiers	public

（1）新建项目。设置 Form1 为主窗体，通过 IsMdiContainer=true 设置主窗体是一个子窗体容器。

（2）添加主菜单控件 Mainmenu 到主窗体。增加顶级菜单项：文件，为文件菜单增加菜单项：新建、打开、另存为、关闭当前窗口、退出；增加顶级菜单项：窗口，为窗口菜单增加菜单项：水平平铺、层叠、垂直平铺。

（3）新添加一个子窗体，窗体文件名称为 FormChild.cs。此窗体作为主窗体的子窗体。

（4）添加 RichTextBox 控件到子窗体。通过属性 Modifiers=public 使 RichTextBox 为公有成员，在主窗体可以访问该 RichTextBox。

（5）在主窗体添加 OpenFileDialog 控件和 SaveFileDialog 控件。

参照图 10-10 和图 10-11 设计的程序界面如图 10-12 所示。

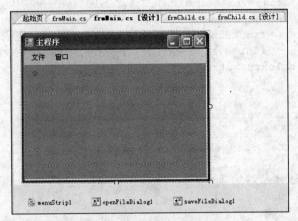

图 10-12　【例 10-2】窗体设计效果

【功能实现】

分别对"文件"菜单和"窗口"菜单中的子菜单编写单击事件处理代码。程序的完整代码如下所示。

```
1    ...
2    namespace WordDemo
3    {
4        public partial class frmMain:Form
5        {
6            int iCount=1;
7            public frmMain()
8            {
9                InitializeComponent();
10           }
11           private void menuItemNew_Click(object sender, EventArgs e)
12           {
13               frmChild fChild = new frmChild();
14               fChild.Text = "文档" + (iCount++);
15               fChild.MdiParent = this;
16               fChild.Show();
17           }
18           private void menuItemOpen_Click(object sender, EventArgs e)
19           {
20               if (openFileDialog1.ShowDialog(this) == DialogResult.OK)
21               {
22                   frmChild fChild = new frmChild();
23                   fChild.MdiParent = this;
24                   fChild.richTextBox1.LoadFile(openFileDialog1.FileName,
```

```
25                RichTextBoxStreamType.PlainText);
                  fChild.Show();
26            }
27        }
28        private void menuItemSaveAs_Click(object sender, EventArgs e)
29        {
30            if (saveFileDialog1.ShowDialog(this) == DialogResult.OK)
31            {
32                frmChild fChild = (frmChild)this.ActiveMdiChild;
33                fChild.richTextBox1.SaveFile(saveFileDialog1.FileName,
                  RichTextBoxStreamType.PlainText);
34            }
35        }
36        private void menuItemCloseChild_Click(object sender, EventArgs e)
37        {
38            this.ActiveMdiChild.Close();
39        }
40        private void menuItemExit_Click(object sender, EventArgs e)
41        {
42            Close();
43        }
44        private void menuItemTileH_Click(object sender, EventArgs e)
45        {
46            this.LayoutMdi(MdiLayout.TileHorizontal);
47        }
48        private void menuItemCascade_Click(object sender, EventArgs e)
49        {
50            this.LayoutMdi(MdiLayout.Cascade);
51        }
52        private void menuItemTileV_Click(object sender, EventArgs e)
53        {
54            this.LayoutMdi(MdiLayout.TileVertical);
55        }
56    }
57 }
```

【代码分析】

- 第 6 行：通过 iCount 变量设置新建的文档的序号；
- 第 13 行：创建 frmChild 的一个实例；
- 第 14 行：根据 iCount 值，设置新建窗口的标题；
- 第 15 行：使用 fChild.MdiParent = this 语句，将"主程序"窗口设置了新建窗口实例的父窗口。
- 第 18～27 行："打开"菜单项的单击事件处理，显示打开文件对话框，并将选择的文件内容显示在富文本框中；
- 第 28～35 行："另存为"菜单项的单击事件处理，显示保存文件对话框，并将当前富文本框中的内容保存至指定的文件；
- 第 32 行：通过 this.ActiveMdiChild 获取当前活动的子窗体；
- 第 36～39 行："关闭当前窗口"菜单项的单击事件处理，关闭当前活动的子窗体；

- 第 40～43 行: "退出"菜单项的单击事件处理, 退出当前程序;
- 第 46 行: 使用 MdiLayout.TileHorizontal 设置子窗体水平平铺排列;
- 第 50 行: 使用 MdiLayout.Cascade 设置子窗体层叠排列;
- 第 54 行: 使用 MdiLayout.TileVertical 设置子窗体垂直平铺排列。

程序运行结果如图 10-10 和图 10-11 所示。

课堂实践 2

1. 操作要求

(1) 在"课堂实践 1"的基础上, 新添加一个子窗体, 用于显示或输入文件内容。
(2) 参照"【例 10-2】", 使用多文档窗口方式设置主窗体和子窗体。
(3) 尝试实现"文件"操作的相关功能。

2. 操作提示

(1) 以"记事体"为原型, 设计程序界面和程序功能。
(2) 体会 MDI 和 SDI 的区别和联系。

10.2 后台主界面的设计与实现

10.2.1 界面设计

后台主界面主要包括 MenuStrip、StatusStrip、ToolStrip 等控件, 将窗体设置为 MDI 窗体。后台主界面的设计效果如图 10-13 所示。

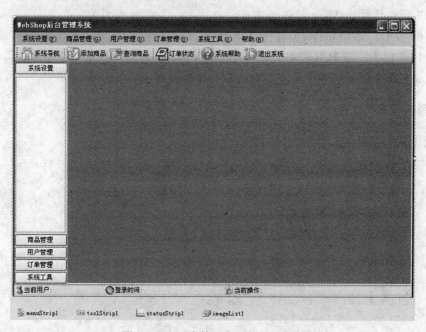

图 10-13 后台管理主界面设计效果

10.2.2　功能实现

1．窗体初始化

窗体初始化代码如下所示:

```
1   private void frm_Main_Load(object sender, EventArgs e)
2   {
3       this.tSSl_CurrentUser.Text = "当前用户:" + Program.UserName;
4       this.tSSl_Logintime.Text = "登录时间:" + DateTime.Now.
        ToShortDateString() + " " + DateTime.Now.ToShortTimeString();
5       listView1.Clear();
6       listView1.LargeImageList = imageList1;
7       listView1.Height = panel1.Height - button1.Height * 5-2;
8       listView1.Items.Add("公告管理", "公告管理", 0);
9       listView1.Items.Add("支付方式", "支付方式", 2);
10      ds = db.getDataSet("select u_Power from Users where u_Name='" + Program.
        UserName + "'");
11      string strPower = ds.Tables[0].Rows[0]["u_Power"].ToString();
12      arrPower = strPower.ToCharArray();
13  }
```

【代码分析】

- 第3～4行: 设置状态栏上的"当前用户"与"登录时间";
- 第5～9行: 设置 listView 控件相关属性值;
- 第5行: 清除 listView 控件中原有的所有项;
- 第6行: 设置 listView 控件中要显示的图片列表;
- 第7行: 计算 listView 控件的高度;
- 第8～9行: 添加 listView 控件具体的项;
- 第10～12行: 获取当前登录用户的权限并将其保存到窗体级变量 arrPower 中, 用于以后判断当前登录用户是否具有相应的操作权限。

2．"系统设置"功能

"系统设置"按钮单击事件代码如下所示:

```
1   private void button1_Click_1(object sender, EventArgs e)
2   {
3       listView1.Dock = DockStyle.None;
4       button1.SendToBack();
5       button1.Dock = DockStyle.Top;
6       button5.SendToBack();
7       button5.Dock = DockStyle.Bottom;
8       button4.SendToBack();
9       button4.Dock = DockStyle.Bottom;
10      button3.SendToBack();
11      button3.Dock = DockStyle.Bottom;
12      button2.SendToBack();
```

```
13      button2.Dock = DockStyle.Bottom;
14      listView1.Dock = DockStyle.Bottom;
15      listView1.Clear();
16      listView1.Items.Add("公告管理", "公告管理", 0);
17      listView1.Items.Add("支付方式", "支付方式", 2);
18    }
```

3."商品管理"功能

"商品管理"按钮单击事件代码如下所示:

```
1   private void button5_Click_1(object sender, EventArgs e)
2   {
3       listView1.Dock = DockStyle.None;
4       button5.SendToBack();
5       button5.Dock = DockStyle.Top;
6       button1.SendToBack();
7       button1.Dock = DockStyle.Top;
8       button4.SendToBack();
9       button4.Dock = DockStyle.Bottom;
10      button3.SendToBack();
11      button3.Dock = DockStyle.Bottom;
12      button2.SendToBack();
13      button2.Dock = DockStyle.Bottom;
14      listView1.Dock = DockStyle.Bottom;
15      listView1.Clear();
16      listView1.Items.Add("商品类别管理", "商品类别管理", 3);
17      listView1.Items.Add("添加新商品", "添加新商品", 4);
18      listView1.Items.Add("查看/修改商品", "查看/修改商品", 5);
19      listView1.Items.Add("商品信息统计", "商品信息统计", 6);
20      listView1.Items.Add("商品信息打印", "商品信息打印", 7);
21    }
```

左边导航按钮的功能基本相似,其他按钮的代码这里就不再一一解释,读者可以通过所附的 WebShop 系统查看项目源代码。

4.菜单功能

WebShop 后台管理系统的菜单如图 10-14 所示。

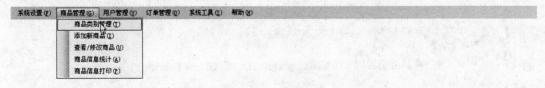

图 10-14 系统菜单

"商品类别管理"菜单项的代码如下所示:

```
1   private void 商品类别管理TToolStripMenuItem_Click(object sender,
    EventArgs e)
2    {
```

```
3            if (arrPower[2] == '0')
4            {
5                 MessageBox.Show("对不起,你不具有该操作的权限! \n 请及时向管理员申请该
                  权限!", "提示");
6                 return;
7            }
8            if (!isload("Operation.frmPayments"))
9            {
10             fpm = new WebShop_admin.Operation.frmPayments();
11             fpm.MdiParent = this;
12             fpm.Text = "商品类别管理";
13             this.tSS1_CurrenOption.Text = "当前操作:商品类别管理";
14             fpm.Show();
15           }
16        }
```

【代码分析】

- 第 3 行: 判断当前登录用户是否具有操作该项的权限;
- 第 8 行: 判断要打开窗体是否已经被打开;
- 第 11 行: 设置父窗体;
- 第 13 行: 更改状态栏的信息。

其他菜单的操作基本相似这里不再一一列出,读者可以通过所附的 WebShop 系统查看项目源代码。

5. 导航栏功能

实现左边导航栏功能其实就是实现 listView 控件的单击事件,其具体代码如下所示:

```
1       private void listView1_Click_1(object sender, EventArgs e)
2       {
3           if (listView1.SelectedItems[0].Text == "公告管理")
4           {
5                 公告管理 IToolStripMenuItem_Click(sender, e);
6           }
7           if (listView1.SelectedItems[0].Text == "支付方式")
8           {
9                 支付方式 CToolStripMenuItem_Click(sender, e);
10          }
11          if (listView1.SelectedItems[0].Text == "商品类别管理")
12          {
13                商品类别管理 TToolStripMenuItem_Click(sender, e);
14          }
15          if (listView1.SelectedItems[0].Text == "添加新商品")
16          {
17                添加新商品 IToolStripMenuItem_Click(sender, e);
18          }
19          if (listView1.SelectedItems[0].Text == "查看/修改商品")
20          {
```

```
21              查看修改商品 UToolStripMenuItem_Click(sender, e);
22          }
23          if (listView1.SelectedItems[0].Text == "商品信息统计")
24          {
25              商品信息统计 AToolStripMenuItem_Click(sender, e);
26          }
27          if (listView1.SelectedItems[0].Text == "前台会员管理")
28          {
29              前台会员管理 FToolStripMenuItem_Click(sender, e);
30          }
31          if (listView1.SelectedItems[0].Text == "后台用户管理")
32          {
33              后台用户管理 UToolStripMenuItem_Click(sender, e);
34          }
35          if (listView1.SelectedItems[0].Text == "网站员工管理")
36          {
37              网站员工管理 WToolStripMenuItem_Click(sender, e);
38          }
39          if (listView1.SelectedItems[0].Text == "操作日志管理")
40          {
41              操作日志管理 LToolStripMenuItem_Click(sender, e);
42          }
43          if (listView1.SelectedItems[0].Text == "订单状态查询")
44          {
45              订单状态查询 SToolStripMenuItem_Click(sender, e);
46          }
47          if (listView1.SelectedItems[0].Text == "订单处理")
48          {
49              订单处理 PToolStripMenuItem_Click( sender, e);
50          }
51          if (listView1.SelectedItems[0].Text == "压缩数据库")
52          {
53              压缩数据库 CToolStripMenuItem_Click(sender, e);
54          }
55          if (listView1.SelectedItems[0].Text == "备份数据库")
56          {
57              备份数据库 BToolStripMenuItem_Click(sender, e);
58          }
59          if (listView1.SelectedItems[0].Text == "恢复数据库")
60          {
61              恢复数据库 RToolStripMenuItem_Click(sender, e);
62          }
63          if (listView1.SelectedItems[0].Text == "修改密码")
64          {
65              密码修改 PToolStripMenuItem_Click(sender, e);
66          }
67          if (listView1.SelectedItems[0].Text == "数据导入/导出")
68          {
```

```
69              数据导入导出 DToolStripMenuItem_Click(sender, e);
70          }
71          if (listView1.SelectedItems[0].Text == "退出系统")
72          {
73              toolStripButton1_Click(sender, e);
74          }
75      }
```

【代码分析】

● 第 3 行：判断单击 listView 控件中项的文本是否是"公告管理"；

● 第 4 行：调用具体菜单项功能。

工具栏上按钮的功能与导航栏按钮功能基本类似，这里就不再一一列出，读者可以通过所附的 WebShop 系统查看项目源代码。

6. 实现用户名的传递

用户登录成功之后就进入系统主界面，在主界面的状态栏上显示当前用户的登录名，从登录界面怎样实现将用户传递给主界面。

通过定义一个全局变量，用来存放用户登录成功之后的登录名，在登录时保存用户的语句如下：

```
Program.UserName = this.cmbUser.Text.ToString();
```

在主界面上，将全局变量中保存的用户名赋值给状态，则实现从登录界面到主界面时，用户名显示在主界面的状态栏上，其语句如下：

```
this.tSSl_CurrentUser.Text = "当前用户:" + Program.UserName;
```

10.3 知 识 拓 展

10.3.1 TreeView 控件

TreeView 控件显示 Node 对象的分层列表，每个 Node 对象均由一个标签和一个可选的位图组成。TreeView 一般用于显示文档标题、索引入口、磁盘上的文件和目录或能被有效地分层显示的其他种类信息。创建了 TreeView 控件之后，可以通过设置属性与调用方法对各 Node 对象进行操作，这些操作包括添加、删除、对齐和其他操作。可以编程展开与折回 Node 对象来显示或隐藏所有子节点。Collapse、Expand 和 NodeClick 三个事件也提供编程功能。Node 对象使用 Root、Parent、Child、FirstSibling、Next、Previous 和 LastSibling 属性。在代码中可通过检索对 Node 对象的引用，从而在树上定位。也可以使用键盘定位。UP ARROW 键和 DOWN ARROW 键向下循环穿过所有展开的 Node 对象。从左到右、从上到下地选择 Node 对象。若在树的底部，选择便跳回树的顶部，必要时滚动窗口。RIGHT ARROW 键和 LEFT ARROW 键也穿过所有展开的 Node 对象，但是如果选择了未展开的 Node 之后再按 RIGHT ARROW 键，该 Node 便展开；第二次按该键，选择将移向下一个 Node。相反，若扩展的 Node 有焦点，这时再按 LEFT ARROW 键，该 Node 便折回。如果按下 ANSI 字符集中的键，焦点将跳转至以那个字母开头的最近的 Node。后续的按该键的动作将使选择向下循环，穿过以那个字母开头的所有展开节点。

控件的外观有八种可用的替换样式，它们是文本、位图、直线和 +/- 号的组合，Node 对象可以任一种组合出现。TreeView 控件使用由 ImageList 属性指定的 ImageList 控件，来存储显示于 Node 对象的位图和图标。任何时刻，TreeView 控件只能使用一个 ImageList。这意味着，当 TreeView 控件的 Style 属性被设置成显示图像的样式时，TreeView 控件中每一项的旁边都有一个同样大小的图像。

1. 常用属性

（1）Nodes 属性。Nodes 属性返回对 TreeView 控件的 Node 对象的集合的引用。

（2）Style 属性。Style 属性返回或设置图形类型（图像、文本、+/-号、直线）以及出现在 TreeView 控件中每一 Node 对象上的文本的类型。

（3）Sorted 属性。Sorted 属性返回或设置一值，此值确定 Node 对象的子节点是否按字母顺序排列；返回或设置一值，此值确定 TreeView 控件的根层节点是否按字母顺序排列。

2. 常用方法

（1）Add 方法。Add 方法在 Treeview 控件的 Nodes 集合中添加一个 Node 对象。

（2）GetVisibleCount 方法。GetVisibleCount 方法返回固定在 TreeView 控件的内部区域的 Node 对象的个数。

NodeClick 事件在一个 Node 对象被单击时，这个事件便发生。在单击节点对象之外的 TreeView 控件的任何部位，标准的 Click 事件发生。当单击某个特定的 Node 对象时，NodeClick 事件发生；NodeClick 事件也返回对特定的 Node 对象的引用，在下一步操作之前，这个引用可用来使这个 Node 对象可用。

10.3.2 ListView 控件

ListView 控件是 Windows 中最常用的一个控件之一。Windows 为显示文件和文件夹提供了许多其他方式，ListView 控件就包含其中一些方式，例如，显示大图标、详细视图等。

列表视图通常用于显示数据，用户可以对这些数据和显示方式进行某些控制。还可以把包含在控件中的数据显示为列和行（像网格那样），或者显示为一列，或者显示为图标表示。最常用的列表视图就是用于导航计算机中文件夹的视图。

ListView 控件的常用属性见表 10-4。

表 10-4　ListView 控件的常用属性

属 性 名 称	说　　明
Activation	使用这个属性，可以控制用户在列表视图中激活选项的方式。可能的值如下： ● Standard：这个设置是用户为自己的机器选择的值 ● OneClick：单击一个选项，激活它 ● TwoClick：双击一个选项，激活它
Alignment	这个属性可以控制列表视图中的选项对齐的方式。有 4 个可能的值： ● Default：如果用户拖放一个选项，它将仍位于拖动前的位置 ● Left：选项与 ListView 控件的左边界对齐 ● Top：选项与 ListView 控件的顶边界对齐 ● SnapToGrid：ListView 控件包含一个不可见的网格，选项都放在该网格中
AllowColumn Reorder	如果把这个属性设置为 true，就允许用户改变列表视图中列的顺序。如果这么做，就应确保即使改变了列的属性顺序，填充列表视图的例程也能正确插入选项
AutoArrange	如果把这个属性设置为 true，选项会自动根据 Alignment 属性排序。如果用户把一个选项拖放到列表视图的中央，且 Alignment 是 Left，则选项会自动左对齐。只有在 View 属性是 LargeIcon 或 SmallIcon 时，这个属性才有意义

属 性 名 称	说　明
CheckBoxes	如果把这个属性设置为 true，列表视图中的每个选项会在其左边显示一个复选框。只有在 View 属性是 Details 或 List 时，这个属性才有意义
CheckedIndices CheckedItems	利用这两个属性分别可以访问索引和选项的集合，该集合包含列表中被选中的选项
Columns	列表视图可以包含列。通过这个属性可以访问列集合，通过该集合，可以增加或删除列
FocusedItem	这个属性包含列表视图中有焦点的选项。如果没有选择任何选项，该属性就为 null
FullRowSelect	这个属性为 true 时，单击一个选项，该选项所在的整行文本都会突出显示。如果该属性为 false，则只有选项本身会突出显示
GridLines	把这个属性设置为 true，则列表视图会在行和列之间绘制网格线。只有 View 属性为 Details 时，这个属性才有意义
HeaderStyle	可以控制列标题的显示方式，有 3 种样式： ● Clickable：列标题显示为一个按钮 ● NonClickable：列标题不响应鼠标单击 ● None：不显示列标题
HoverSelection	这个属性设置为 true 时，用户可以把鼠标指针放在列表视图的一个选项上，以选择它
Items	列表视图中的选项集合
LabelEdit	这个属性设置为 true 时，用户可以在 Details 视图下编辑第一列的内容
LabelWrap	如果这个属性是 true 时，标签就会自动换行，以显示所有的文本
LargeImageList	这个属性包含 ImageList，而 ImageList 包含大图像。这些图像可以在 View 属性为 LargeIcon 时使用
MultiSelect	这个属性设置为 true 时，用户可以选择多个选项
Scrollable	这个属性设置为 true 时，就显示滚动条
SelectedIndices SelectedItems	这两个属性分别包含选中索引和选项的集合
SmallImageList	当 View 属性为 SmallIcon 时，这个属性包含了 ImageList，其中 ImageList 包含了要使用的图像
Sorting	可以让列表视图对它包含的选项排序，有 3 种可能的模式： ● Ascending ● Descending ● None
StateImageList	ImageList 包含图像的蒙板，这些图像蒙板可用作 LargeImageList 和 SmallImageList 图像的覆盖图，表示定制的状态
TopItem	返回列表视图顶部的选项
View	列表视图可以用 4 种不同的模式显示其选项： ● LargeIcon：所有的选项都在其旁边显示一个大图标（32x32）和一个标签 ● SmallIcon：所有的选项都在其旁边显示一个小图标（16x16）和一个标签 ● List：只显示一列。该列可以包含一个图标和一个标签 ● Details：可以显示任意数量的列。只有第一列可以包含图标 ● Tile：（只用于 Windows XP 和较新的 Windows 平台）显示一个大图标和一个标签，在图标的右边显示子项信息

ListView 控件的常用方法见表 10-5。

表 10-5　ListView 控件的常用方法

方 法 名 称	说　明
BeginUpdate()	调用这个方法，将告诉列表视图停止更新，直到调用 EndUpdate 为止。当一次插入多个选项时使用这个方法很有用，因为它会禁止视图闪烁，大大提高速度
Clear()	彻底清除列表视图，删除所有的选项和列
EndUpdate()	在调用 BeginUpdate 之后调用这个方法。在调用这个方法时，列表视图会显示出其所有的选项
EnsureVisible()	在调用这个方法时，列表视图会滚动，以显示指定索引的选项
GetItemAt()	返回列表视图中位于 x，y 的选项

ListView 控件的常用事件见表 10-6。

表 10-6　ListView 控件的常用事件

事件名称	说明
AfterLabelEdit	在编辑了标签后，引发该事件
BeforeLabelEdit	在用户开始编辑标签前，引发该事件
ColumnClick	在单击一个列时，引发该事件
ItemActivate	在激活一个选项时，引发该事件

ListViewItem 包含要显示的信息，如文本和图标的索引。ListViewItems 有一个 SubItems 属性，其中包含另一个类 ListViewSubItem 的实例。如果 ListView 控件处于 Details 或 Tile 模式下，这些子选项就会显示出来。每个子选项表示列表视图中的一个列。子选项和主选项之间的区别是，子选项不能显示图标。

【提示】

● 可以通过 Items 集合把 ListViewItems 添加到 ListView 中，通过 ListViewItem 上的 SubItems 集合把 ListViewSubItems 添加到 ListViewItem 中；

● ListView 控件和 TreeView 控件的详细用法，请参阅本书所附资源。

课外拓展

1．操作要求

（1）设计图书管理系统的主模块界面，添加主菜单、工具栏和状态栏。
（2）实现主模块中状态栏显示功能。
（3）实现主模块中菜单栏的功能，将所完成的各子模块功能集成到主模块。
（4）实现主模块中工具栏的功能。
（5）实现主模块中导航栏的功能。

2．操作提示

（1）状态栏要实现动态显示数据。
（2）建议使用包含图形的菜单。
（3）参照 WebShop 电子商城后台管理系统完成。

第 11 章 WebShop 报表制作

学习目标

本章主要讲述应用 Crystal Report 制作普通报表和图表报表的方法。主要包括水晶报表设计器的使用、水晶报表数据源和报表数据的访问模式。通过本章的学习，读者应能掌握利用水晶报表显示数据、统计数据的方法，掌握拉模式与推模式两种报表数据的访问模式。本章的学习要点包括：

- 拉模式与推模式；
- 水晶报表向导；
- 水晶报表设计器；
- 报表文档；
- 水晶报表预览控件；
- 制作商品信息普通报表；
- 制作商品统计图表报表。

教学导航

本章主要讲述一般的信息系统中需要用到的数据报表的制作方法，本章主要内容及其在 C# Windows 程序开发技术中的位置如图 11-1 所示。

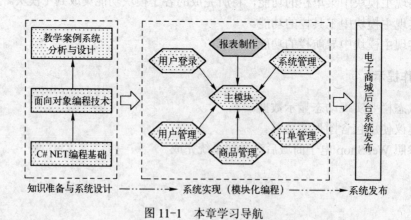

图 11-1 本章学习导航

任务描述

本章主要任务是完成 WebShop 后台管理系统的各类报表的设计，其中商品信息报表如图 11-2 所示。

图 11-2　水晶报表

11.1　水晶报表基础知识

Crystal Reports 水晶报表是内置于 Visual Studio.NET 开发环境中的一种报表设计工具，它能帮助程序员在.NET 平台上创建高度复杂且专业级的互动式报表。

11.1.1　水晶报表简介

1．水晶报表 Crystal Reports

使用 Crystal Reports 水晶报表可以创建简单的报表，也可创建复杂的、专业的报表，可以从任何数据源生成所需要的报表。Crystal Reports 水晶报表可以用各种形式发布，像 Word、Excel 和 Web 等。将 Crystal Reports 水晶报表整合到数据库应用程序中，不仅可以使开发人员节省开发时间，还可以更大程度地满足用户需求。Crystal Reports 水晶报表支持大多数流行的开发语言。

2．水晶报表的作用

（1）设计各种样式的统计分析图表，如直方图、折线图、饼图等统计图表。

（2）设计各种样式的数据报表，如标准、前导分隔、尾随分隔、表、下落式表等样式数据报表。

（3）预览数据报表。

（4）打印数据报表。

（5）导出数据报表，如导出到 Word、Excel 等文字处理器。

3．水晶报表设计步骤

（1）使用报表向导进入报表设计器（原始报表）。

（2）用水晶报表设计器（Crystal Report）设计数据报表。

（3）在应用程序中使用水晶报表查看器（CrystalReportViewer）连接报表文档控件，预览、打印数据报表。

11.1.2 水晶报表设计器（Crystal Report）环境介绍

Crystal Report 报表设计器环境，如图 11-3 所示。

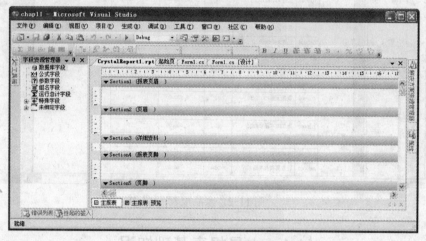

图 11-3　Crystal Report 报表设计器

在 Crystal Report 报表设计器环境中，有一个"字段资源管理器"窗口，该窗口中显示了包含可以添加到报表中的数据。在该窗口中会在已经被引用的字段旁边显示一个选中标记。在开发环境中如果没有显示"字段资源管理器"窗口，可以通过单击菜单"视图"、"其他窗口"、"文档大纲"命令显示出来。右侧为报表设计区，该区域中显示了报表的不同部分，即报表的节。将"字段资源管理器"中的不同字段直接拖放到报表，即可设置在报表的不同部分所显示的数据内容，用户可以根据需要设计各种样式的报表。

报表设计区分为 5 部分，分别为报表页眉、页眉、详细资料、报表页脚和页脚。用户在设计过程中，可以选择创建其他区域，也可以隐藏已有的区域。

1．报表页眉

该区域中的信息只在报表的开头显示一次，通常包含报表的标题和其他在报表开始位置出现的信息，图表和交叉表包含整个报表的数据，放在该区域的公式只在报表开始进行一次求值。

2．页眉

该区域中的信息显示在每个新页的开始位置，通常包含只出现在每页顶部的信息，放在该区域的公式在每个新页的开始进行一次求值。

3．详细资料

该区域中的信息随记录动态变化，包含报表正文数据，图表和交叉表不能放在该区域，放在该区域的公式对每条记录进行一次求值。

4．报表页脚

该区域中信息只在报表的结束位置显示一次，通常用来输出统计信息，图表和交叉表包含整个报表的数据，放在该区域的公式只在报表结束位置进行一次求值。

5．页脚

该区域中的信息显示在每页的底部，通常包含页码等。图表和交叉表不能放在该区域，放在该区域中的公式在每个新页的结束位置进行一次求值。

11.2　水晶报表数据源和数据库的操作

11.2.1　水晶报表的数据源

Crystal Report 水晶报表通过数据库驱动程序与数据库进行连接，用户可以根据下列数据源中的数据进行报表设计。

- 使用 ODBC 驱动程序的任何数据库；
- 使用 OLEDB 提供程序的任何数据库；
- Microsoft Access 数据库；
- Microsoft Excel 工作表；
- ADO.NET 记录集。

11.2.2　报表数据的"拉"模式和"推"模式

Crystal Report 水晶报表的数据访问模式可以分为"拉模式"和"推模式"两种。

"拉模式"就是驱动程序会自行连接数据库并根据需要来提取数据。当采用"拉模式"时，Crystal Report 本身将自动连接到数据库并执行用来提取数据的 SQL 命令，开发人员不需要另外编写代码。

"推模式"就是开发人员必须自行编写代码来连接数据库，执行 SQL 命令来创建数据集或记录集，并将该对象传递给报表。

"拉模式"只能访问 ODBC、OLEDB、Access 和 Excel 数据源，"推模式"可以通过 ADO.NET 来访问各种类型的数据源。

后面将通过实例来说明拉模式和推模式的操作方式。

11.2.3　CrystalReportViewer 控件

在 Windows 应用程序中显示报表时，在正式打印到打印机之前，一般要进行预览操作，即将需要打印的数据在显示屏幕上显示出来，这种情况下就需要使用报表查看器（CrystalReportViewer）控件。CrystalReportViewer 作为一个控件，它需要一个承载它的窗体或页面。在 Windows 应用程序中一般通过窗体来承载。CrystalReportViewer 控件也提供了相关的属性和方法来对其进行操作，其中的属性既可以设计阶段也可在运行阶段进行设置。

（1）报表数据源属性 ReportSource。使用方式如下：

```
crystalReportViewer1.ReportSource= crystalReport1;
```

（2）报表数据绑定属性 DataBindings。使用方式如下：

```
crystalReportViewer1.DataBindings
```

（3）打印方法 PrintReport()。使用方式如下：

```
crystalReportViewer1.PrintReport();
```

（4）刷新报表方法 RefreshReport()。使用方式如下：

```
crystalReportViewer1.RefreshReport();
```

使用 CrystalReportViewer 一般步骤是：

（1）添加控件到窗体。依次选择"工具箱"、"Crystal Report"、"CrystalReportViewer"。

（2）设置 ReportSource 属性绑定报表文档控件，并通过报表文档绑定到水晶报表，从而预览和打印水晶报表。

```
crystalReportViewer_Student.ReportSource = crystalReport_Student11;
```

以下给出"打印预览"按钮的参考事件代码：

```
private void tbtn_PrintView_Click(object sender, EventArgs e)
{
  crystalReport_Student11.SetDataSource(table_Student);
  crystalReportViewer_Student.ReportSource = crystalReport_Student11;
  crystalReportViewer_Student .Visible = true;
  dataGridView_Student.Visible = false;
}
```

【例 11-1】使用拉模式访问 SQL Server 数据库

下面通过实例说明使用拉模式访问 SQL Server 数据库的具体操作步骤。

1. 使用报表向导创建报表

（1）新建一个项目，命名为"chap11"，添加一个窗体，命名为 Demo11_1.cs。

（2）添加"Crystal 报表"项。在"解决方案资源管理器"窗口中，选中当前项目名，右键单击鼠标，在弹出的菜单中选择"添加新项"，在"添加新项"对话框中选择"Crystal 报表"项，并使用默认的名称，如图 11-4 所示。

（3）单击"添加"按钮，弹出"Crystal Report 库"对话框，在该对话框中设置报表的属性，选择"作为空白报表"单选按钮，如图 11-5 所示。

使用报表向导创建报表的三种方式。

方法一：使用报表向导；

方法二：使用空白报表；

方法三：使用现有报表。

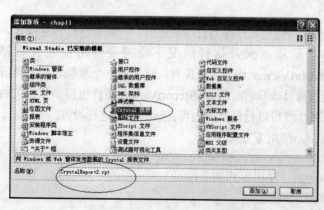

图 11-4 "添加新项"对话框

图 11-5 "Crystal Report 库"对话框

（4）单击"确定"按钮，进入"报表设计器"对话框，如图 11-6 所示。

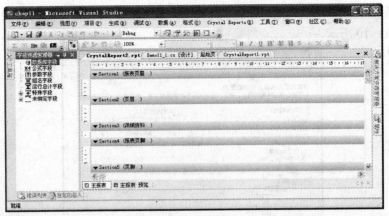

图 11-6　"Crystal Report 报表设计器"对话框

（5）连接数据库，在报表设计区域的任意空白处右击，在弹出的菜单中选择"数据库"、"数据库专家"命令，弹出"数据库专家"对话框，如图 11-7 所示。

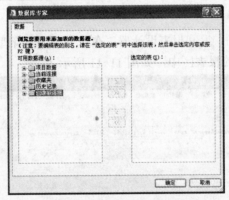

图 11-7　"数据库专家"对话框

（6）根据所要连接的数据库的数据源来选择相应的"提供程序"，展开"创建新连接"项，双击"OLEDB(ADO)"项下的"建立新连接"，弹出"OLEDB(ADO)"对话框，在提供程序列表框中选择"Microsoft OLE DB Provider for SQL Server"项，如图 11-8 所示。

（7）在"OLEDB(ADO)"对话框中单击"下一步"按钮，弹出"OLEDB 连接信息"对话框，设置相关信息（用户名为 sa，密码为 12，数据库为 WebShop），如图 11-9 所示。

图 11-8　"OLE DB(ADO)"对话框

图 11-9　"OLE DB 连接信息"对话框

（8）单击"完成"按钮，返回"数据库专家"对话框，将需要使用的数据表添加到选定表中，如图 11-10 所示。

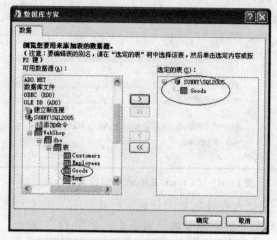

图 11-10　选择需要使用的表

（9）单击"确定"按钮，返回报表设计器，在"字段资源管理器"窗口中"数据库字段"下所需的字段拖放到相应的报表区中，如图 11-11 所示。

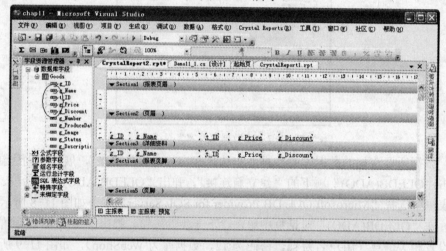

图 11-11　报表器设计

2．使用报表设计器设置报表

（1）报表页面组成。报表页面由 Section1（报表页眉）、Section2（页眉）、Section3（详细资料）、Section4（报表页脚）、Section5（页脚）五个部分组成。

- Section1（报表页眉）：显示数据统计图表与报表总标题等内容；
- Section2（页眉）：显示每页标题、打印日期与字段名称等内容；
- Section3（详细资料）：显示每页字段详细内容；
- Section4（报表页脚）：显示每页报表的统计信息等内容；
- Section5（页脚）：显示页码等信息。

程序员可以根据需要对报表页面进行相关配置。

（2）Crystal Reports 菜单。在"报表设计器"界面，可以通过"Crystal Reports"菜单，

完成相关内容的插入和相关的设计工作。如选择"设计"、"标尺"可以设置是否显示标尺。选择"数据库"完成数据库的相关操作等，如图 11-12 所示。

（3）完善页面布局。依次选择"Crystal Reports"、"插入"、"特殊字段"、"打印日期"可以在报表的页眉或页脚位置添加打印日期。并可以在"打印日期"字段位置单击鼠标右键，选择"设置对象格式"，打开"格式化编辑器"对话框，设置日期格式，如图 11-13 所示。

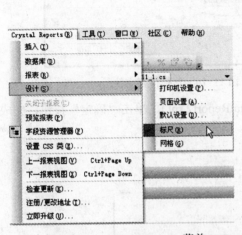

图 11-12　Crystal Reports 菜单

图 11-13　设置日期格式

也可以通过插入线或插入框，为表格添加边框和表格线。通常的做法是先使用框把页眉区和详细资料区的所有内容框住（避免使用线来制作边框时位置不好调整的问题），这样可以方便地设置表格的边框；再根据需要为输出字段及其标题添加分隔线，如图 11-14 所示。

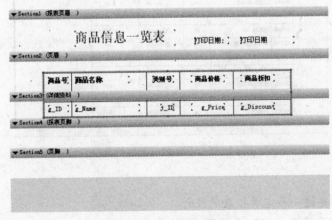

图 11-14　设置表格线

【提示】
● 在进行报表的设计时，程序员很大的时间需要在报表设计器中完成"样表"的绘制工作；
● 在进行表格线和表格边框设计时，请尽量使用复制和粘贴的方法完成对相关对象的操作；
● 关于表格设计器的其他的详细用法，请读者自行进行练习。

3. 使用 CrystalReportViewer 控件显示报表

（1）为了能够在 CrystalReportViewer 中显示数据，需要配置数据源，在 Demo11_1.cs 窗

体中，从工具箱中拖放一个 CrystalReportViewer 控件，并单击该控件右上角的三角形按钮，弹出菜单，选择"选择 Crystal 报表…"项，如图 11-15 所示。弹出"选择 Crystal Report"对话框，如图 11-16 所示。

图 11-15 报表器设计

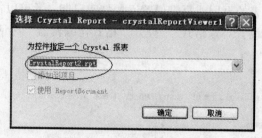

图 11-16 选择报表文件

（2）选择到所创建好的 Crystal 报表（如 CrystalReport2.rpt），单击"确定"按钮，完成 CrystalReportViewer 控件和报表的关联操作。

（3）运行程序。

程序运行后的结果如图 11-17 所示。

	商品信息一览表		打印日期：	2010年5月15日
商品号	商品名称	类别号	商品价格	商品折扣
010001	诺基亚6500 Slide	01	1,500.00	.90
010002	三星SGH-P520	01	2,500.00	.90
010003	三星SGH-F210	01	3,500.00	.90
010004	三星SGH-C178	01	3,000.00	.90
010005	三星SGH-T509	01	2,020.00	.80
010006	三星SGH-C408	01	3,400.00	.80
010007	摩托罗拉 W380	01	2,300.00	.90
010008	飞利浦 292	01	3,000.00	.90
020001	联想旭日410MC520	02	4,680.00	.80
020002	联想天逸F30T2250	02	6,680.00	.80
030001	海尔电视机HE01	03	6,680.00	.80
030002	海尔电冰箱HDFX01	03	2,468.00	.90
030003	海尔电冰箱HEF02	03	2,800.00	.90
040001	劲霸西服	04	1,468.00	.90

总页数: 1   缩放百数: 100%

图 11-17 【例 11-1】运行结果

【提示】
● 可以根据需要进一步完善报表的设计；
● 也可以通过设置 CrystalReportViewer 控件的 ReportSource 属性配置报表源；
● 在"拉模式"中，数据源固定，但缺乏灵活性。

课堂实践 1

1．操作要求

（1）完善【例 11-1】中的报表，在页脚区添加制表人的信息和页码信息，并把打印日期放在页脚区。

（2）尝试实现不同行以不同的颜色进行显示。

（3）尝试报表设计器中其他设计选项的使用。

2．操作提示

（1）可以在设计模式下选择"主报表预览"及时查看报表效果。

（2）注意表格线的操作。

【例 11-2】使用推模式访问 SQL Server 数据库

使用推模式与拉模式在创建 rpt 文件的过程是一样，只是报表数据最后是通过程序创建的 DataSet 获取。

（1）新添加一个窗体 Demo11_2.cs。

（2）创建一个空白的"Crystal 报表"，操作过程同"例 11-1"，这里就不再重复介绍。

（3）在 Demo11_2.cs 窗体中，从工具箱中拖放一个 CrystalReportViewer 控件。

（4）编辑 Demo11_2.cs 中的 Load 事件。其代码如下所示：

```
1   private void Demo11_2_Load(object sender, EventArgs e)
2   {
3     string strProvider = "Server=.\\sql2005;DataBase=webshop;UID=sa;
           PWD=12;";
4     SqlConnection myConn = new SqlConnection(strProvider);
5     myConn.Open();
6     string strSql = "select * from goods";
7     SqlDataAdapter myAdapter = new SqlDataAdapter(strSql, myConn);
8     DataSet ds = new DataSet();
9     myAdapter.Fill(ds, "goods");
10    ReportDocument studentsReport = new ReportDocument();
11    studentsReport.Load("d:\\code\\chap11\\chap11\\CrystalReport2.rpt");
12    studentsReport.SetDataSource(ds);
13    this.crystalReportViewer1.ReportSource = studentsReport;
14  }
```

 【代码分析】

● 第 10 行：创建报表文档对象；

● 第 11 行：指定加载报表文件，其中的路径根据实际情况进行修改，可以使用绝对路径，也可以使用相对路径（把报表文件复制到当前应用程序文件夹中）；

● 第 12 行：设置报表对象的数据源；

● 第 13 行：设置水晶报表预览控件的数据源。

运行结果和拉模式相同，如图 11-17 所示。

【提示】

● 在"拉模式"中，可以动态改变数据源，因此可以方便实现对查询结果的打印。

● 比较"拉模式"和"推模式"的异同。

【例 11-3】制作图表报表

【实例说明】

该程序主要用来演示利用水晶报表对 WebShop 电子商城的商品信息进行图表分析，以帮助读者初步了解水晶报表中的图表技术。程序运行结果如图 11-18 所示。

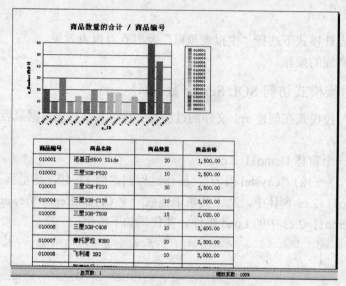

图 11-18　【例 11-3】运行结果

【功能实现】

（1）新建一个 Windows 应用程序，将其命名为 ChartDemo，默认主窗体为 frmChart。

（2）在 frmChart 窗体中添加一个 CrystalReportViewer 控件，用于查看报表。

（3）在当前项目中添加一个 Crystal 项，打开报表向导后，选择"作为空白报表"项，进入报表设计器界面。

（4）使用数据库专家为报表添加数据源后，在报表设计器的"字段资源管理器"中的"数据库字段"节点下会显示指定对象中所包含的字段，如图 11-19 所示。可以通过拖放的方式，把字段添加到报表设计器的适当位置。

（5）添加需要显示的字段后，在报表页眉、报表页脚、组页眉或组页脚区域中任意位置单击鼠标右键，选择"插入"、"图表"，如图 11-20 所示。

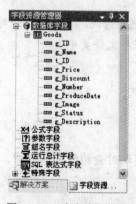

图 11-19　字段资源管理

图 11-20　选择"插入"→"图表"

（6）打开"图表"对话框，如图 11-21 所示。可以通过"自动设置图表选项"复选按钮来选择是否显示"坐标轴"和"选项"选项卡。图 11-22 所示的为未选择"自动设置图表选项"复选按钮的情况。

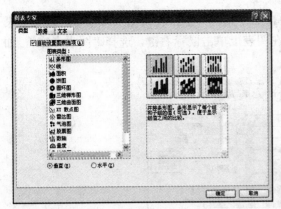

图 11-21　"图表专家"对话框

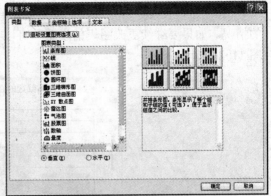

图 11-22　未选择"自动设置图表选项"
图表专家对话框

（7）为了能够对图表进行相关设置，首先必须设置图表的数据。单击"数据"选项卡，设置"放置报表"、"变更主体"（商品编号）、"显示值"（商品数量）等内容，如图 11-23 所示。

（8）如果要完成商品数量的求和运算，选中显示值中的内容（如 Goods.g_Number 的合计），单击"设置汇总运算"按钮，打开编辑汇总对话框，如图 11-24 所示。

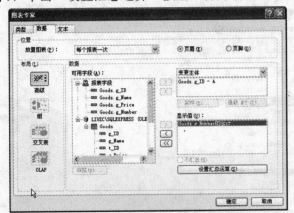

图 11-23　设置图表变更主体和显示值

图 11-24　"编辑汇总"对话框

（9）选择"文本"选项卡，在该页面中可以自定义各项标题文本，并可以设置各项标题的格式，如图 11-25 所示。

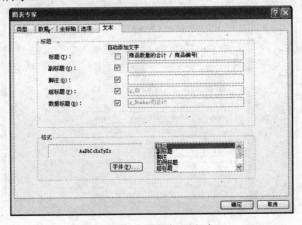

图 11-25　设置标题文本

（10）在报表设计器完成以上设置后，单击右下角的"主报表浏览"可以即时查看报表的情况。如果要继续更改图表的设置，可以在图表上单击鼠标右键，选择"图表专家"，如图 11-26 所示。

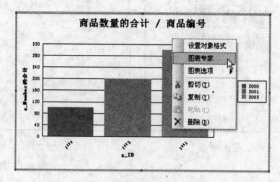

图 11-26　选择"图表专家"

（11）重新回到 frmChart 窗体，设置 CrystalReportViewer 的 ReportSource 为所创建的图表报表，如图 11-27 所示。

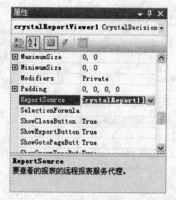

图 11-27　设置 CrystalReportViewer 的 ReportSource

运行程序，显示出根据商品编号统计的商品数量柱形图，如图 11-28 所示。

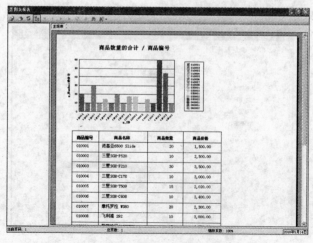

图 11-28　【例 11-3】运行结果

1. 操作要求

（1）参照【例 11-2】为第 8 章完成的"订单管理"功能，添加"打印订单"功能（使用推模式）。

（2）参照【例 11-3】为第 8 章完成的"订单管理"功能，按订单编号统计订单总额，并添加"打印订单额"功能（使用图表报表）。

2. 操作提示

（1）制作报表文件时注意格式的设置。

（2）使用数据库专家对要显示的字段进行管理。

课 外 拓 展

1. 操作要求

（1）为图书管理系统中的图书信息制作一个水晶报表（使用拉模式）。

（2）为图书管理系统中的借阅信息制作一个水晶报表（使用推模式）。

（3）为图书管理系统中的库存信息制作一个图表报表。

（4）为图书管理系统中的其他信息制作报表。

2. 操作提示

（1）制作报表文件时注意格式的设置。

（2）借阅信息中应归还日期的先后排序。

第 12 章　WebShop 电子商城后台

系统的发布

学习目标

本章主要讲述 WebShop 电子商城后台系统的安装程序的制作，以及增强 C/S 应用程序安全的相关技术。包括安装项目的创建和配置、.NET 中 MD5 相关类的使用、通过读写注册表的方法限制软件的试用次数、通过机器硬件参数设计软件注册程序等。通过本章的学习，读者应能为开发完成的软件制作安装程序，正确快速地发布软件，并能应用软件试用和软件注册等手段保护软件的知识产权。本章的学习要点包括：

- .NET 环境安装项目的创建和配置；
- MD5 相关类的使用；
- 限制软件的试用次数；
- 设计软件注册程序。

教学导航

本章主要介绍 WebShop 电子商城后台管理系统的安装程序的制作及 C/S 应用程序安全相关的技术。本章主要内容及其在 C# Windows 程序开发技术中的位置如图 12-1 所示。

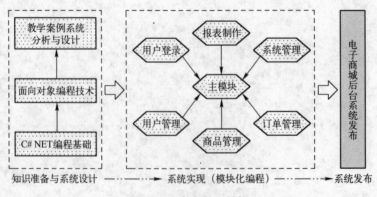

图 12-1　本章学习导航

任务描述

本章主要任务是完成 WebShop 后台管理系统安装程序制作，如图 12-2 所示。

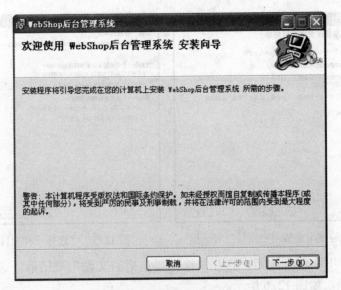

图 12-2 本章学习导航

12.1 发布应用程序

12.1.1 新建安装项目

（1）打开 Visual Studio 2005，依次选择"文件"→"新建"→"项目"，打开"新建项目"对话框，依次选择"其他项目类型"→"安装与部署"→"安装向导"（或安装项目），如图 12-3 所示。

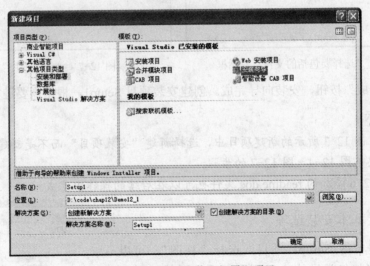

图 12-3 新建"安装和部署"项目

（2）单击"确定"按钮，打开"欢迎使用安装项目向导"对话框，如图 12-4 所示。

（3）单击"下一步"按钮，打开"选择一种项目类型"对话框，使用默认的"为 Windows 应用程序创建一个安装程序"，如图 12-5 所示。

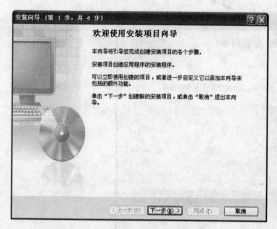

图 12-4　"欢迎使用安装项目向导"对话框

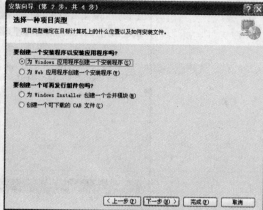

图 12-5　"选择一种项目类型"对话框

（4）单击"下一步"按钮，打开"选择要包括的文件"对话框，选择该程序相关的 Readme.doc 文档，如图 12-6 所示。

（5）单击"下一步"按钮，打开"创建项目"对话框，如图 12-7 所示。

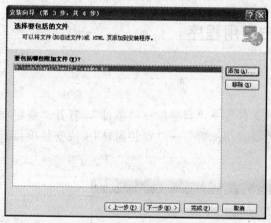

图 12-6　"选择要包括的文件"对话框

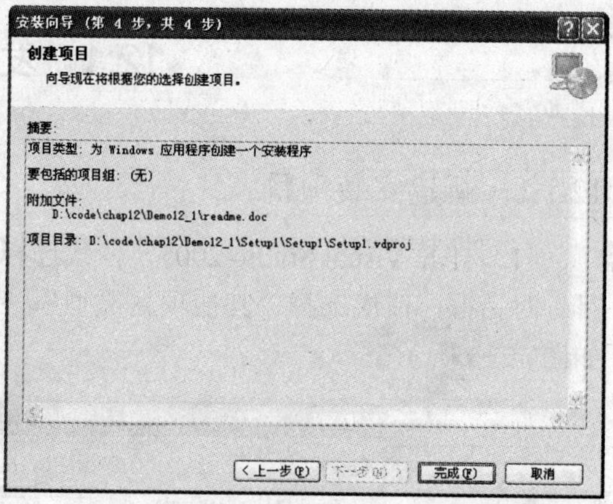

图 12-7　"创建项目"对话框

单击"完成"按钮，安装向导完成。创建安装项目 Setup1，根据需要进行相关设置。

【提示】

● 如果在图 12-3 所示的新建项目中，选择新建"安装项目"而不是新建"安装向导"，将会忽略图 12-4～图 12-7 的步骤；

● 如图 12-6 添加的 readme.doc 文件也可以在后续的操作中完成。

12.1.2　配置基本安装选项

　　鼠标右键单击 Setup1 项目，选择"视图"，可以查看到制作安装包常见的 6 种视图（文件系统、注册表、文件类型、用户界面、自定义操作和启动条件），如图 12-8 所示。

　　其中最常用的视图有"文件系统"，"用户界面"和"启

图 12-8　安装项目的配置视图

动条件"。下面从指定安装属性、文件系统视图、用户界面视图和启动条件视图等几个方面介绍安装项目的配置。

1．指定安装属性

（1）在"解决方案资源管理器"中选定安装项目 setup1 时，可以进行设置的属性见表12-1。

表 12-1　安装项目的主要属性

属　　性	说　　明
AddRemoveProgramsIcon	指定要在目标计算机上的"添加/删除程序"对话框中显示的图标
Author	指定应用程序或组件的作者的名称
Description	指定任意形式的安装程序说明
DetectNewerInstalledVersion	指定安装期间是否检查应用程序的更新版本
FriendlyName	为 Cab 项目中的 .cab 文件指定公共名称
InstallAllUsers	指定是为计算机的所有用户安装应用程序，还是只为当前用户安装应用程序
Keywords	指定用于搜索安装程序的关键字
Localization	指定字符串资源和运行时用户界面的区域设置
Manufacturer	指定应用程序或组件的制造商名称
ManufacturerUrl	指定包含有关应用程序或组件制造商信息的网站的 URL
ModuleSignature	为合并模块指定唯一标识符
PostBuildEvent	指定在生成安装项目之后执行的命令行
PreBuildEvent	指定在生成安装项目之前执行的命令行
ProductCode	为应用程序指定唯一标识符
ProductName	指定描述应用程序或组件的公共名称
RemovePreviousVersions	指定安装程序在安装期间是否移除应用程序的早期版本
RestartWWWService	指定在安装过程中 Internet 信息服务是否停止并重新启动
RunPostBuildEvent	确定何时运行 PostBuildEvent 属性中指定的命令行
SearchPath	指定用于搜索开发计算机上的程序集、文件或合并模块的路径
Subject	指定描述应用程序或组件的其他信息
SupportPhone	指定用于应用程序或组件的支持信息的电话号码
SupportUrl	指定包含应用程序或组件支持信息的网站的 URL
TargetPlatform	指定打包的应用程序或组件的目标平台
Title	指定安装程序的标题
UpgradeCode	指定表示应用程序的多个版本的共享标识符
Version	指定安装程序、合并模块或 .cab 文件的版本号
WebDependencies	指定选定 Cab 项目的依赖项

【提示】

● Version 属性在每次版本更新时 Version 值必须后面的版本大于前面的版本。每次更改 Version 值时 Projectcode 会更改一次；

● Manufacturer 属性指定制造商名称；

● ProductName 属性为应用程序的名称（将会显示在安装程序的标题中）；

- DetectNewerInstalledVersion 一般设置为 True;
- RemovePreviousVersions 一般设置为 True。

（2）鼠标右键单击项目名称，选择"属性"，打开"Setup1 属性页"，可以对安装项目进行的输出文件名等进行配置，如图 12-9 所示。

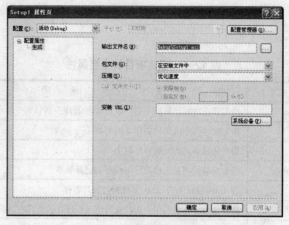

图 12-9　安装项目属性页

（3）单击"系统必备"按钮。打开"系统必备"对话框，如图 12-10 所示。在打开的系统必备页中，选中".NET Framework 2.0"复选框和"从与我的应用程序相同的位置下载系统必备组件"单选按钮。这样就可以保证在生成的安装文件包中包含 .NET Framework 组件。

2. 文件系统视图

文件系统视图左侧根目录树下有 3 个子节点可以用来对应用程序文件和快捷方式进行配置。

（1）应用程序文件夹：用来保存应用程序相关文件和文件夹。

双击"应用程序文件夹"，在右边的空白处单击鼠标右键，选择"文件夹"可以新建文件夹，项目安装完毕以后的文件夹结构将和该目录下结构一致；选择"文件"可以将待打包的应用程序的可执行文件和相应的类库和组件添加到该目录下，如图 12-11 所示。错误添加的项目，也可以通过特定项目的右键菜单选择"删除"操作，如图 12-12 所示。

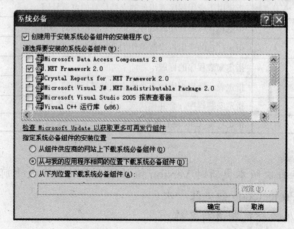

图 12-10　"系统必备"对话框

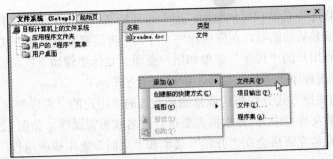

图 12-11　应用程序文件夹"添加"菜单

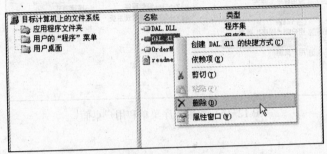

图 12-12　应用程序文件夹"删除"菜单

这里以第 8 章完成的订单管理程序为例，将执行文件 OrderManage.exe 和所用到的数据访问类库 DAL.dll 添加到应用程序文件夹。并分别创建 data 文件夹和 image 文件夹用来保存程序需要的数据库和相关图片，如图 12-13 所示。

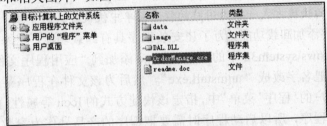

图 12-13　配置好的应用程序文件夹

应用程序文件夹中的文件和文件夹配置完成后（仍可修改），右键单击左边的"应用程序文件夹"选择"属性窗口"打开属性对话框，可以通过 DefaultLocation 属性指定在目标计算机上安装文件夹的默认位置。安装程序默认安装目录设置为 [ProgramFilesFolder] [Manufacturer]\ [ProductName]（即"c:\programm file\制造商名称\安装解决方案名称"）。为简单起见，一般情况下将 DefaultLocation 属性中的"[manufacturer]"去掉，如图 12-14 所示。

属性	
应用程序文件夹 文件安装属性	
(Name)	应用程序文件夹
AlwaysCreate	False
Condition	
DefaultLocation	[ProgramFilesFolder]\[ProductName]
Property	TARGETDIR
Transitive	False

DefaultLocation
指定在目标计算机上安装文件夹的默认位置

图 12-14　设置安装项目的 DefaultLocation 属性

（2）用户的"程序"菜单和用户桌面：用于在开始菜单和桌面创建文件快捷方式。

根据应用程序安装后的需要，在应用程序文件夹中将需要生成快捷方式的文件添加快捷方式并改名后拖放到用户的"程序"菜单和用户桌面。具体步骤如下：

① 右键单击应用程序的可执行文件，创建快捷方式。

② 把创建好的快捷方式分别剪切或复制到左边的"用户的'程序'菜单"和"用户桌面"中（或建立好的文件夹中），并根据需要进行改名或设置属性，如图 12-15 所示。

这样安装程序安装完成后会在"开始"菜单和"桌面"上生成应用程序的快捷方式。

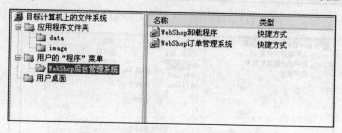

图 12-15　设置程序菜单和用户桌面

【提示】

- 可以参照已有的应用程序，在开始菜单中建立一个文件夹，然后把相关的快捷方式（如主程序、卸载程序、帮助文档和自述文档等）统一放在该文件夹中；
- 建议把快捷方式的名称修改为具体的名称（如 Webshop 订单管理系统、WebShop 卸载程序等）；
- 用户桌面中的快捷方式一般为用户的程序菜单中快捷方式的子集。

（3）为应用程序添加卸载功能。为了让安装程序具有卸载功能，在添加应用程序项目的时候，将 c:\windows\system32 下的 msiexec.exe 添加到"应用程序文件夹"。为了让它更像个卸载程序，把名字改成"uninstall.exe"。然后为该文件在程序菜单添加一个快捷方式，并拖放在"用户的'程序'菜单"中，指定该快捷方式的 Icon 等属性。由于 msiexec.exe 是一个通用的卸载程序，所以启动程序时需要把程序的产品号作为参数。为卸载程序快捷方式指定参数的具体步骤如下：

① 单击安装项目名称，在安装项目的属性页上找到 ProductCode，复制该属性值的内容（如{623D620D-C916-4F02-B3BF-697C9C6A9A26}）。

② 打开创建的卸载程序的快捷方式（注意不是 uninstall.exe）的属性页，在 Aguements 属性中输入"/x {ProductCode}"（可以通过粘贴的方式完成）。完成后的情况如图 12-16 所示。

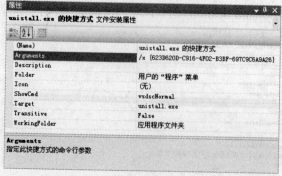

图 12-16　设置卸载程序快捷方式的参数

3．用户界面视图

通过用户界面视图可以配置安装的启动、进度和结束等对话框的外观。右键单击安装项目（如 Setup1），依次选择"视图"→"用户界面"，进入用户界面视图。

如果要为安装程序添加新的对话框，可以在用户界面视图中的"启动"、"进度"或"结束"节点上单击鼠标右键，选择"添加对话框"后打开"添加对话框"窗口，程序员可以根据需要添加指定类型的对话框，如图 12-17 所示。

这里选择添加"自述文件"对话框。为了能够显示应用程序的自述文档，需要设置"自述文件"对话框的 ReadmeFile 属性，如图 12-18 所示。

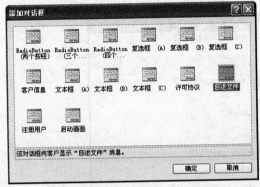
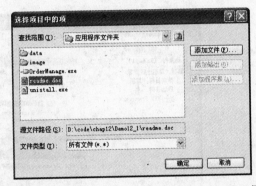

图 12-17　为安装程序添加对话框　　图 12-18　设置"自述文件"对话框的 ReadmeFile 属性

【提示】

- 选择"自述文件"对应的文件时，默认为在当前安装项目中的"应用程序文件夹"中查找，默认的文件扩展名为.rtf，这里选择在安装向导过程中添加的 readme.doc 文件；
- 其他对话框的操作与"自述文件"对话框大致相同。

用户界面视图中的安装对话框的顺序可以通过右键菜单中的"上移"或"下移"进行调整，如图 12-19 所示。

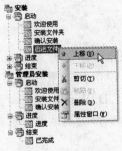

图 12-19　调整安装对话框的顺序

将新添加的"自述文件"对话框上移到"欢迎使用"对话框之后，完成"自述文件"对话框的设置。

4．启动条件视图

通过启动条件视图可以设置安装程序启动的基本条件。右键单击安装项目（如 Setup1），依次选择"视图"→"启动条件",进入启动条件视图。右键单击"启动条件",选择"添加启动条件"可以为应用程序添加新的启动条件,如图 12-20 所示。

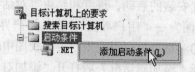

图 12-20 添加启动条件

对于已添加的启动条件,可以指定其属性。例如,如果要为安装程序设置所需的.NET Framework 最低版本,可以通过如图 12-21 所示的方式来完成。

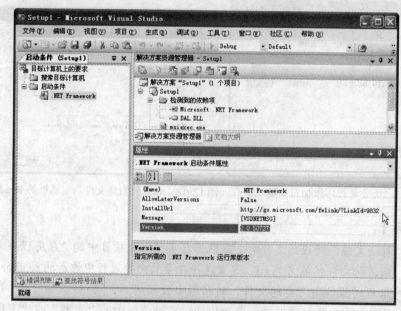

图 12-21 设置所需的.NET Framework 的最低版本

12.1.3 使用特殊文件夹

特殊文件夹是"文件系统编辑器"中表示预定义的 Windows 文件夹的文件夹。Windows 文件夹的物理位置可能会因计算机而异,例如,系统文件夹可能在某台计算机上位于 C:\Windows 中,在另一台计算机上位于 D:\Windows 中,而在第三台计算机上则位于 C:\Winnt 中。不论物理位置如何,Windows 都通过读取特殊属性将该文件夹识别为系统文件夹。

使用安装项目中的特殊文件夹可以指定目标计算机上的目标文件夹,而不必知道指向该文件夹的实际路径。自定义文件夹是表示目标计算机上的文件夹的特殊文件夹。与特殊文件夹不同,自定义文件夹不一定依赖于目标计算机上的指定文件夹。可以在安装时创建新文件夹。也可创建这样的自定义文件夹,它将预定义的 Windows 文件夹而不是定义为特殊文件夹的文件夹作为目标。

安装程序需要用到的特殊文件夹的含义见表 12-2。

表 12-2　特殊文件夹

特殊文件夹	表　示
应用程序文件夹	Program Files 文件夹下的一个应用程序文件夹。通常为 C:\Program Files\Company Name\App Name
Common Files 文件夹	跨应用程序共享的组件的文件夹。通常为 C:\Program Files\Common
Common Files (64 位)文件夹	与"Common Files 文件夹"相同，但只适用于 64 位安装程序
自定义文件夹	用户在目标计算机上创建的文件夹，或若非特殊文件夹的预定义 Windows 文件夹。默认为与"应用程序"文件夹在同一位置
Fonts 文件夹	包含字体的虚拟文件夹。通常为 C:\Winnt\Fonts
Module Retargetable 文件夹	可以用来为合并模块指定备用位置的自定义文件夹
Program Files 文件夹	程序文件的根节点。通常为 C:\Program Files
Program Files (64 位)文件夹	与"Program Files 文件夹"相同，但只适用于 64 位安装程序。有关更多信息，请参见如何：为 64 位平台创建 Windows Installer
System 文件夹	用于共享系统文件的 Windows 系统文件夹。通常为 C:\Winnt\System32
System (64 位)文件夹	与"System 文件夹"相同，但只适用于 64 位安装程序
用户的 Application Data 文件夹	针对每位用户，用作应用程序特定数据的储备库的文件夹。通常为 C:\Documents and Settings*username*\Application Data
用户桌面	针对每位用户，包含在桌面上出现的文件和文件夹的文件夹。通常为 C:\Documents and Settings*username*\桌面
用户的 Favorites 文件夹	作为用户喜爱的项的储备库的文件夹。通常为 C:\Documents and Settings*username*\收藏夹
用户的 Personal Data 文件夹	作为每位用户的文档储备库的文件夹。通常为 C:\Documents and Settings*username*\My Documents
用户的"程序"菜单	包含用户的程序组的文件夹。通常为 C:\Documents and Settings*username*\「开始」菜单\程序
用户的"发送到"菜单	包含用户的"发送到"菜单项的文件夹。通常为 C:\Documents and Settings*username*\SendTo
用户的"开始"菜单	包含用户的"开始"菜单项的文件夹。通常为 C:\Documents and Settings*username*\「开始」菜单
用户的 Template 文件夹	针对每位用户，包含文档模板的文件夹。通常为 C:\Documents and Settings*username*\Templates
Windows 文件夹	Windows 或系统根目录。通常为 C:\Winnt
Web 自定义文件夹	Web 服务器上的自定义文件夹（按 HTTP 地址进行识别）

【提示】

● 上述典型路径表示 Windows 2000 Professional 的标准安装。在其他操作系统或非标准安装中位置可能会不同；

● 使用特殊文件夹的主要目的是将应用程序的相关文件保存到指定的文件夹中。

添加特殊文件夹的操作步骤如下：

（1）在安装项目所在的"文件系统"视图中，选择"目标计算机上的文件系统"节点。

（2）依次单击主菜单上的"操作"→"添加特殊文件夹"，然后根据需要选择特定文件夹类型，如图 12-22 所示。

12.1.4　生成安装文件

安装项目配置完成好，依次选择"生成→生成解决方案"，完成安装项目的生成。项目正常生成后，打开解决方案文件夹下的 debug 文件夹，就可以看到生成的安装文件，如图 12-23 所示。

图 12-22　添加"特殊文件夹"

图 12-23　生成后的安装项目

【提示】

- 安装程序制作完成后，试运行安装过程，发现问题后重新修改安装项目；
- 要注意程序安装前后的相关文件的工作目录，项目调试时的目录一般为 Debug，程序安装后要保证相关的文件（数据库文件和图片文件等）与应用程序工作目录的相对位置一致；
- 在制作安装程序时，最好在 Release 模式下生成程序的发行版本。

在 Visual Studio 2005 创建安装项目时，有两种方法：一种是创建独立的解决方案（本章所演示的）。另一种是在将要打包的应用程序解决方案中添加一个安装项目，这种方式的优点是不需要逐一添加将要打包的文件，安装项目会自动识别将要打包的文件及这些文件的改动，并且会自动添加改动后的文件。在制作安装程序时，程序员可以根据实际情况进行选择。

课堂实践 1

1．操作要求

（1）打开第 10 章所完成的 WebShop 程序。
（2）参照本章安装程序制作方法，采用在已有解决方案中添加项目的方式创建安装程序。

2．操作提示

（1）注意安装选项的配置。
（2）比较两种安装方式的异同。

12.2　C/S 应用程序安全

【例 12-1】 使用 MD5 加密

加密可以保护数据不被查看和修改，并且可以帮助在本不安全的信道上提供安全的通信方式。例如，可以使用加密算法对数据进行加密，在加密状态下传输数据，然后由预定的接收方对数据进行解密。如果第三方截获了加密的数据，解密数据是很困难的。

在一个使用加密的典型场合中，双方（小红和小明）在不安全的信道上通信。小红和小明想要确保任何可能正在侦听的人无法理解他们之间的通信。而且，由于小红和小明相距遥远，因此小红必须确保她从小明处收到的信息没有在传输期间被任何人修改。此外，她必须确定信息确实是发自小明而不是有人模仿小明发出的。应用加密可以达到以下目的。

● 保密性：帮助保护用户的标识或数据不被读取。
● 数据完整性：帮助保护数据不更改。
● 身份验证：确保数据发自特定的一方。

为了达到这些目的，可以使用算法和惯例的组合（称作加密基元）来创建加密方案。在.NET 中提供了 MD5 相关的类来完成 MD5 的加密操作。其中 MD5 表示 MD5 哈希算法的所有实现均从中继承的抽象类；MD5CryptoServiceProvider 使用加密服务提供程序 (CSP) 提供的实现，计算输入数据的 MD5 哈希值。有关于 System.Security.Cryptography 名称空间的相关内容，读者请参阅 MSDN 进行详细学习。

下面的代码示例计算 data 的 MD5 哈希值并将其返回。

```
byte[] MD5hash (byte[] data)
{
    MD5 md5 = new MD5CryptoServiceProvider();
    byte[] result = md5.ComputeHash(data);
    return result;
}
```

【实例说明】

该程序主要用来演示在利用.NET 提供的相关类来实现 MD5 加密，程序运行后，输入要加密的文本，单击"加密"按钮，显示 MD5 的 16 位加密和 32 位加密的信息，如图 12-24 所示。

【功能实现】

该实例由两个方法分别实现 16 位的和 32 位的 MD5 加密，完整的程序代码如下所示：

图 12-24　商品信息查询

```
1   ...
2   using System.Collections.Generic;
3   using System.ComponentModel;
4   using System.Security.Cryptography;
5   namespace Md5Demo
6   {
7       public partial class Form1:Form
8       {
9           public Form1()
10          {
11              InitializeComponent();
12          }
13          private void button1_Click(object sender, EventArgs e)
14          {
15              if (textBox1.Text == "")
16              {
```

```
17              MessageBox.Show("请输入加密数据"); return;
18          }
19       textBox2.Text = Md5of16(textBox1.Text);
20       textBox3.Text = Md5of32(textBox1.Text);
21    }
22    public static string Md5of16(string str)
23    {
24       MD5CryptoServiceProvider md5 = new MD5CryptoServiceProvider();
25       string t2 = BitConverter.ToString(md5.ComputeHash (UTF8Encoding.
         Default.GetByt es(str)), 4, 8);
26       t2 = t2.Replace("-", "");
27       return t2;
28    }
29    public static  string Md5of32(string str)
30    {
31       string cl = str;
32       string pwd = "";
33       MD5 md5 = MD5.Create();//实例化一个 MD5 对象
34       // 加密后是一个字节类型的数组，这里要注意编码 UTF8/Unicode 等的选择
35       byte[] s = md5.ComputeHash(Encoding.UTF8.GetBytes(cl));
36       // 通过使用循环，将字节类型的数组转换为字符串
37       for (int i = 0; i < s.Length; i++)
38       {
39           // 将得到的字符串使用十六进制类型格式，并以大写输出
40           pwd = pwd + s[i].ToString("X");
41       }
42       return pwd;
43    }
44  }
45 }
```

【代码分析】

- 第 4 行：引入 Security.Cryptography 名称空间，以便使用 MD5 加密相关类；
- 第 13～21 行："加密"按钮的单击事件处理；
- 第 22～28 行：MD5 的 16 位加密算法；
- 第 29～43 行：MD5 的 32 位加密算法。

程序运行后，输入加密字符，单击"加密"按钮，显示的密文如图 12-24 所示。读者可以应用 MD5 加密技术对保存在数据库中的密码进行加密，进一步增强应用程序的安全性。

【例 12-2】限制软件试用次数

软件作为具有著作权的产品，其使用需要得到许可。在软件开发完成后的推广阶段，会提供试用版让用户使用，而试用版通常是功能上有某些限制或者是使用次数有限制。在用户使用软件超过预先设定的次数后，提示用户进行注册。

【实例说明】

该程序主要用来演示通过读写注册表信息，实现对软件的试用次数的限制。程序第一次

启动时，显示"欢迎新用户使用本软件"，每单击"进入"按钮一次，注册表记录该软件试用次数的键值加 1，如图 12-25 所示。在用户使用 10 次（这里是单击"进入"按钮 10 次）后，程序试用结束。程序将会弹出"试用期已到"的消息框。

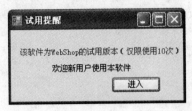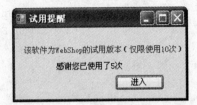

图 12-25　软件试用提醒

【功能实现】

该实例主要涉及对注册表信息的读写操作，完整的程序代码如下所示：

```
1   …
2   using Microsoft.Win32;
3   namespace TrialDemo
4   {
5       public partial class Form1:Form
6       {
7           public Form1()
8           {
9               InitializeComponent();
10          }
11          private void Form1_Load(object sender, EventArgs e)
12          {
13              try
14              {
15                  Int32 tLong = (Int32)Registry.GetValue("HKEY_LOCAL_MACHINE
                        \\SOFTWARE\\webshop", "TrailTimes", 0);
16                  label3.Text = "感谢您已使用了" + tLong + "次";
17              }
18              catch
19              {
20                  Registry.SetValue("HKEY_LOCAL_MACHINE\\SOFTWARE\\ webshop",
                        "TrailTimes", 0, RegistryValueKind.DWord);
21                  label3.Text = "欢迎新用户使用本软件";
22              }
23          }
24          private void btnTry_Click(object sender, EventArgs e)
25          {
26              Int32 tLong = (Int32)Registry.GetValue("HKEY_LOCAL_MACHINE\\
                    SOFTWARE\\webshop", "TrailTimes", 0);
27              if (tLong < 10)
28              {
29                  int Times = tLong + 1;
30                  Registry.SetValue("HKEY_LOCAL_MACHINE\\SOFTWARE\\webshop
```

```
                        ","TrailTimes", Times);
31              }
32          else
33          {
34              MessageBox.Show("试用期已到");
35              Application.Exit();
36          }
37      }
38  }
39  }
```

【代码分析】

- 第 4 行：引入 Microsoft.Win32 名称空间，以便使用注册表操作相关类；
- 第 11~23 行：窗体装载时，如果为新用户，则通过 Registry.SetValue 方法写入试用次数的键值；否则，通过 Registry.GetValue 读取注册表中保存的试用次数；
- 第 24~37 行："进入"按钮的单击事件处理，读取保存在注册表中试用次数与 10 进行比较，如果小于 10，试用次数加 1 后写入到注册表，超过 10 次，显示"试用期已到"。

程序运行界面如图 12-25 所示。读者可以将此功能加入到自己开发的软件中，实现软件的试用版的发布。

【例 12-3】设计软件注册程序

软件开发者为了使开发的软件能够通过正常途径得到广泛的使用，经常会提供软件的试用版本，这样既可以宣传软件，也可以从试用者得到软件质量的反馈。同时，为了保障开发者或所在单位的权益，要求软件试用者软件在试用期结束后，通过注册的方式成为授权用户。这就需要软件提供注册的功能。

软件注册的基本思想就是修改保存在用户计算机中的软件使用信息，而这些信息的保存位置和保存算法都应该是不易于被使用者所了解的，才能达到保护软件安全的目的。基于以上目的，软件注册程序会有以下几种方式。

- 利用 INI 文件设计软件注册程序；
- 利用注册表设计软件注册程序；
- 利用网卡 MAC 地址设计软件注册程序；
- 利用 CPU 序列号和磁盘序列号设计软件注册程序。

【实例说明】

该程序提取每台计算机唯一的 CPU 序列号和硬盘序列号，经过一定的算法处理后生成一组无规律的注册码，软件使用者可以根据生成的注册码实现应用程序的注册。程序启动后，显示本机硬盘序列号和 CPU 序列号，如图 12-26 所示。单击"生成机器码"，程序自动生成一个机器码；单击"生成注册码"，程序自动生成一个注册码；如图 12-27 所示。在注册码输入框中输入所生成的注册码后，单击"注册"按钮，如果输入正确显示"注册成功"，否则显示"注册失败"。

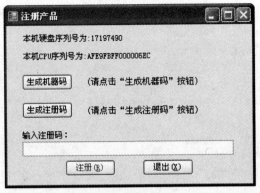

图 12-26　注册产品（1）　　　　　　　图 12-27　注册产品（2）

📖【功能实现】

（1）为了能够正常使用 ManagementClass 类，首先添加 System.Management 类库的引用。依次选择"项目"→"添加引用"菜单项，打开"添加引用"对话框，查找到 System.Management 后单击"确定"按钮，如图 12-28 所示。

图 12-28　添加 System.Management 引用

（2）该实例首先获取 CPU 和硬盘的序列号，再通过一个简单的算法产生机器码和注册码，完整的程序代码如下所示：

```
1   ...
2   using Microsoft.Win32;
3   using System.Management;
4   namespace RegisterDemo
5   {
6       public partial class Form1:Form
7       {
8           public int[] iNumber = new int[25];//用于存机器码的 Ascii 值
9           public char[] cCode = new char[25];//存储机器码字
10          public int[] iCode = new int[127];//用于存密钥
11          public Form1()
12          {
```

```
13              InitializeComponent();
14          }
15      private void Form1_Load(object sender, EventArgs e)
16          label4.Text = "本机硬盘序列号为:"+GetDiskNumber();
17          label5.Text = "本机CPU序列号为:"+GetCpuNumber();
18          }
19      public string GetDiskNumber()
20      {
21       ManagementClass mc = new ManagementClass("Win32_NetworkAdapter
         Configuration");
22       ManagementObject disk = new ManagementObject("win32_logical
         disk.deviceid=\"d:\"");
23       disk.Get();
24       return disk.GetPropertyValue("VolumeSerialNumber").ToString();
25      }
26      public string GetCpuNumber()
27      {
28          string strCpu = null;
29          ManagementClass myCpu = new ManagementClass("win32_Processor");
30          ManagementObjectCollection myCpuConnection = myCpu.GetInstances();
31          foreach( ManagementObject myObject in myCpuConnection)
32          {
33              strCpu = myObject.Properties["Processorid"].Value.ToString();
34              break;
35          }
36          return strCpu;
37      }
38      public void SetIntCode()
39      {
40          Random ra = new Random();
41          for (int i = 1; i < iCode.Length;i++ )
42          {
43              iCode[i] = ra.Next(0, 9);
44          }
45      }
46      private void btnMachCode_Click(object sender, EventArgs e)
47      {
48          label2.Text = GetCpuNumber() + GetDiskNumber();//获得24位Cpu
         和硬盘序列号
49          string[] strid = new string[24];//
50          for (int i = 0; i < 24; i++)//把字符赋给数组
51          {
52              strid[i] = label2.Text.Substring(i, 1);
53          }
54          label2.Text = "";
55          Random rdid = new Random();
56          for (int i = 0; i < 24; i++)//从数组随机抽取24个字符组成新的字符
```

生成机器码

```
57              {
58                  label2.Text += strid[rdid.Next(0, 24)];
59              }
60          }
61      private void btnRegiCode_Click(object sender, EventArgs e)
62      {
63          if (label2.Text != "")
64          {
65              SetIntCode();//初始化127位数组
66              for (int i = 1; i < cCode.Length; i++)//把机器码存入数组中
67              {
68                  cCode[i]=Convert.ToChar(label2.Text.Substring(i-1,1));
69              }
70              for (int j = 1; j < iNumber.Length; j++)//把字符的ASCII值
                 存入一个整数组中
71              {
72                  iNumber[j] = iCode[Convert.ToInt32(cCode[j])] + Convert.
                     ToInt32(cCode[j]);
73              }
74              string strAsciiName = null;//用于存储机器码
75              for (int j = 1; j < iNumber.Length; j++)
76              {
77                  if (iNumber[j] >= 48 && iNumber[j] <= 57)//字符ASCII值
                     是否0～9之间
78                  {
79                      strAsciiName +=Convert.ToChar(iNumber[j]).ToString();
80                  }
81                  else if (iNumber[j] >= 65 && iNumber[j] <= 90)//字符ASCII
                     值是否A～Z之间
82                  {
83                      strAsciiName +=Convert.ToChar(iNumber[j]).ToString();
84                  }
85                  else if (iNumber[j] >= 97 && iNumber[j] <= 122)//字符
                     ASCII值是否a～z之间
86                  {
87                      strAsciiName += Convert.ToChar(iNumber[j]).To
                         String();
88                  }
89                  else//字符ASCII值不在以上范围内
90                  {
91                      if (iNumber[j] > 122)//字符ASCII值是否大于z
92                      { strAsciiName += Convert.ToChar(iNumber[j] - 10).
                         ToString(); }
93                      else
94                      { strAsciiName += Convert.ToChar(iNumber[j] - 9).
                         ToString(); }
95                  }
```

```
96                    label3.Text = strAsciiName;//得到注册码
97                }
98            }
99            else
100           { MessageBox.Show("请生成机器码", "注册提示"); }
101       }
102       private void btnRegister_Click(object sender, EventArgs e)
103       {
104           if (label3.Text != "")
105           {
106               if (textBox1.Text.TrimEnd().Equals(label3.Text.TrimEnd()))
107               {
108
109                   RegistryKey retkey = Microsoft.Win32.Registry.CurrentUser
                          .OpenSubKey("software", true).CreateSubKey("WEBSHOP ")
                          .CreateSubKey("WEBSHOP.INI").CreateSubKey(textBox1.T
                          ext.TrimEnd());
110                   retkey.SetValue("Webshop", "迅驰");
111                   MessageBox.Show("注册成功");
112               }
113               else
114               {
115                   MessageBox.Show("注册失败");
116               }
117           }
118           else { MessageBox.Show("请生成注册码", "注册提示"); }
119       }
120       private void btnExit_Click(object sender, EventArgs e)
121       {
122           Application.Exit();
123       }
124   }
125 }
```

【代码分析】

- 第 2～3 行：引入 Microsoft.Win32 名称空间和 System.Management，以便使用系统管理和注册表操作相关类；
- 第 19～25 行：取得设备硬盘的卷标号；
- 第 26～37 行：获得 CPU 的序列号；
- 第 38～45 行：给数组赋值小于 10 的随机数作为密钥；
- 第 46～60 行："生成机器码"按钮单击事件处理，根据算法生成机器码；
- 第 61～101 行："生成注册码"按钮单击事件处理，根据密钥生成注册码；
- 第 102～119 行："注册"按钮单击事件处理，完成注册判断；
- 第 120～123 行："退出"按钮单击事件处理。

程序运行界面如图 12-26 和图 12-27 所示。读者可以将此功能加入到自己开发的软件中，实现软件的注册功能。

● 实际软件注册在用户机器中根据硬件参数和特定的算法生成机器码，软件开发者或软件公司根据用户提交的机器码按照一致的算法生成一个注册码返回给用户；

● 其他使用网卡 MAC 地址等设计注册程序的方法，请读者自行参阅相关资料。

课堂实践 2

1．操作要求

（1）将【例 12-3】所示的软件注册程序分成两个程序 CreateMachineNo 和 CreateRegister NO。

（2）CreateMachineNo 程序要求根据本机 CPU 序列号产生机器码，并提供注册的入口和注册处理。

（3）CreateRegisterNO 程序要求根据 CreateMachineNo 程序产生的机器码计算得到一个注册码。

（4）将 CreateRegisterNO 程序产生的注册码应用到 CreateMachineNo 程序的注册处理中，检验注册码的正确性。

2．操作提示

（1）以两人一个小组形式完成，每人完成其中一个程序，并进行测试。

（2）可以在【例 12-3】的基础上修改完成。

课外拓展

1．操作要求

（1）为已完成的"图书管理系统"添加试用和注册功能。

（2）将完成的"图书管理系统"各模块进行集成测试，并生成解决方案。

（3）在"图书管理系统"的现有解决方案中，添加一个安装部署项目，制作"图书管理系统"的安装程序。

（4）运行"图书管理系统"安装程序，完成该系统的安装。

（5）试用安装后的软件。

2．操作说明

（1）理解程序的编写和软件发布的含义。

（2）应用各种安全技术进一步增强应用程序的安全性。

参 考 文 献

[1] 明日科技. 张跃廷等编著. 《C#程序开发范例宝典》. 北京：人民邮电出版社. 2007.9

[2] 刘志成. 编著. 《UML 建模实例教程》. 北京：电子工业出版社. 2009.11

[3] 刘志成. 主编. 《SQL Server 2005 实例教程》. 北京：电子工业出版社. 2007.9

[4] [微软公司]著. 《Visual C#.NET 语言参考手册》. 北京：清华大学出版社. 2002.8

[5] 李德奇. 主编. 《Windows 程序设计案例教程（C#）》. 大连：大连理工大学出版社. 2008.1